MELTDOWN

WHY OUR SYSTEMS FAIL AND WHAT WE CAN DO ABOUT IT

by Chris Clearfield, András Tilcsik

巨大システム 失敗の本質

「組織の壊滅的失敗」を防ぐ たった一つの方法

クリス・クリアフィールド／
アンドラーシュ・ティルシック 著
櫻井祐子 訳

東洋経済新報社

内部告発者、異人、聞く耳をもつリーダーたちに捧ぐ。
世界はあなたたちのような人をもっと必要としている。

リネア、トーバルド、ソレンへ
——クリス・クリアフィールド

両親とマービンへ
——アンドラーシュ・ティルシック

メルトダウン meltdown / mέltdàʊn / 名詞

1：原子炉の事故の一つで、核燃料の過熱により炉心が融解する現象。大地震や津波、無謀な実験、平凡なミス、または単なる弁の固着などによって引き起こされる。炉心溶融ともいう。

2：システムが崩壊または故障すること。

Original Title:
Meltdown: Why Our Systems Fail and What We Can Do About It
by Christopher Clearfield & András Tilcsik

プロローグ

いつもどこかで「メルトダウン」

「私の目を引いたのは、空(から)という言葉を囲んでいた引用符だった」

1 消えた車両

6月下旬のある暖かな月曜のラッシュアワー直前、アンとデイビッドのウェアリー夫妻は、病院ボランティアのオリエンテーションを受けた帰り、ワシントンD.C.行きのメトロ第112列車の先頭車両に乗った。[1] 若い女性が最前部近くの座席を譲ってくれ、ウェアリー夫妻は高校時代からずっとそうだったように、仲むつまじく寄り添ってすわった。62歳のデイビッドは退役したばかりで、夫妻は結婚40周年の記念日とヨーロッパ旅行を心待ちにしていた。

デイビッドは元空軍将校で、戦闘機パイロットとして勲章を授与されている。アメリカ同時多発テロの際、ワシントン上空にジェット戦闘機を緊急発進させ、都市を脅かす旅客機をみずからの判断で撃墜せよ、とパイロットたちに命じたあの将校こそ、彼である。[2]だが彼は軍高官だったときも、運転手による送迎を断わっていた。メトロに乗るのが好きだったのだ。

午後4時58分、車輪のリズミカルな音を、キキーッという鋭い音がかき消した。運転士が非常ブレーキを全力でかけたのだ。ガラスが割れ金属がひしゃげる音に、人々の悲鳴と絶叫が重なった。112列車は何かに激突した。前方の線路上に、なぜか別の列車が止まっていた。112列車は前方の列車にのめり込み、この衝撃によって粉砕された座席、天井パネル、金属製の柱のかたまりが、厚さ4mのがれきの壁となって112列車の車内になだれ込み、デイビッドとアンのほか7人の命を奪った。

起こるはずのない衝突だった。数百㎞の路線からなるワシントン・メトロの鉄道系全体が、列車を検知し制御するシステムになっている。接近する列車を自動的に減速させ、衝突を防ぐのだ。だがこの日は、カーブを曲がった112列車の前方に、別の列車が停車していた――現実世界に存在するのに、なぜか線路センサーには感知されない列車が。112列車は自動的に加速した。なにしろセンサーは、前方に列車がいないと検知したのだ。停車している列車に気づいた運転士が非常ブレーキを作動させたときには、もう衝突は避けられなかった。

救助隊が負傷した乗客を列車の残骸から救出する間に、メトロのエンジニアは仕事を開始した。ほかの乗客に危険がないことを確認しなくてはならない。そのためには、謎を解き明かす必要があった。サッカー競技場2つ分もの長さの列車が、いったいなぜ消えてしまったのだろう？

2

日常的なメルトダウン

112列車衝突事故のような不安を感じさせる失敗は、しょっちゅう起こっている。次の見出しは、どれも同じ1週間に出たものだ。

ブラジルで大規模な炭鉱事故
今日も今日とてハッキング　クレジットカード情報を盗み出すマルウェア、ホテルチェーンを攻撃
ヒュンダイ車、ブレーキスイッチの不具合でリコール
ミシガン州フリント市の水道危機、「政府の失敗」がワシントンで明らかに
パリ同時多発テロ事件、「諜報活動の大失敗」が原因
カナダ政府、冤罪で30年近く投獄された男性との訴訟で和解

エボラ出血熱対策　科学者は「危険なまでに脆弱なグローバル体制」を批判

7歳児殺害事件の調査、制度による保護怠慢が明らかに

インドネシアの焼畑農法で大規模な山火事、生態系に大打撃

食品医薬品局、ワシントン州とオレゴン州のメキシコ料理店で発生した大腸菌感染を調査

例外的にひどい1週間だと思うかもしれないが、ごくふつうの週だ。昨今はメルトダウンが起こらない週の方がめずらしい。業務上の災害が起こることもあれば、企業倒産や重大な医療過誤が起こることもある。小さな問題が大混乱を巻き起こすこともある。ここ数年も航空会社がシステム障害によりすべてのフライトをキャンセルし、利用客を数日間足止めするという事故が相次いでいる。[3] 私たちはこうした問題を腹立たしく思うことはあっても、もはや驚きはしない。21世紀を生きるためには、電力網から浄水場、交通システム、通信ネットワーク、医療制度、法律まで、私たちの暮らしに重大な影響をおよぼす無数のシステムに頼るしかないのだ。だがときにシステムは期待を裏切ることがある。

これらの失敗や、メキシコ湾原油流出事故、福島の原子力災害、世界金融危機などの大規模なメルトダウンでさえ、まったく違う問題に端を発したように見えて、じつはその根本原因は驚くほどよく

似ている。このようなできごとに共通のＤＮＡがあることが、研究によって解明され始めている。ＤＮＡが共通しているということは、ある業界での失敗を、別の分野の教訓として活かせるということだ。歯科医はパイロットの教訓から、マーケティングチームは特殊部隊（ＳＷＡＴ）の教訓から学ぶことができる。深海掘削や高所登山のような生死に関わる特殊な領域の失敗でも、その原因を深く掘り下げれば、一般的なシステムの失敗についての教訓が得られる。じつのところ、挫折したプロジェクトや誤った人材採用、惨憺たるディナーパーティーといった日常的なメルトダウンは、原油流出や山岳遭難の事故と共通する点がたくさんあるのだ。さいわいここ数十年の間に、意思決定やチームづくり、システム設計の方法を変え、あまりにも一般的になったメルトダウンを防ぐ方法が、世界中の研究により明らかになっている。

本書は2部構成をとる。第1部では、なぜシステムが失敗するかを見ていこう。スターバックスのソーシャルメディア炎上事件や、スリーマイル島原子力発電所事故、ウォール街のメルトダウン、イギリスの田舎町の不可解な事件など、似ても似つかないようなできごとの背後に、同じ原因があることを明らかにする。また進歩のパラドックスについても考えよう。今日のシステムは能力を高める一方で、ますます複雑化し容赦がなくなり、その結果小さなまちがいが大きな失敗を招くような環境が生まれている。かつて無害だったシステムが、今ではまかりまちがえば人を殺し、企業を倒産に追い込み、無実の人を投獄することがある。第1部では、システムを失敗しやすくしているさまざまな変化が、ハッキングや詐欺などの意図的な不正行為の温床になっていることも説明する。

本書の大部分を占める第2部では、誰にでも利用できる解決策を紹介しよう。小さなエラーから学び、大きなリスクがくすぶる場所を探す方法や、受付係がボスに率直に疑問をぶつけて人命を救った物語、パイロットに当初「マナー講座」とからかわれていた研修プログラムが飛行の安全性を高めた方法などを紹介する。多様性が大きなあやまちを避ける助けになる理由、エベレスト登山者とボーイングのエンジニアが教える単純さの力についても説明する。映画の撮影スタッフや救急救命チームがサプライズに対処する方法、そしてその手法を使えばフェイスブックIPOやターゲットのカナダ進出の失敗を避けられたことを説明する。また消えたメトロ列車の謎に立ち戻り、エンジニアがもう少しで悲劇を防げたことを見ていこう。

私たち2人はこの本を書くために、別々の分野から合流した。クリスはデリバティブのトレーダーとしてキャリアを開始し、2007年から2008年の金融危機の間、リーマン・ブラザーズが破綻し、世界の株式市場が大混乱に陥るさまを、トレーディングデスクから目の当たりにした。また同じ頃パイロットになるための訓練を開始し、惨事を招くようなまちがいを避けることに、個人的にも関心をもつようになった。アンドラーシュは学術界の人間で、なぜ組織が複雑性にうまく対応できないのかをテーマに研究している。大学で数年前に開設した「組織における壊滅的失敗」という講座で、経歴も背景も多様な企業経営者たちとともに世間の注目を浴びた失敗について考え、日常的なメルトダウンの経験を分かち合っている。

本書を書くために利用した原資料は、事故報告書や学術論文のほか、企業のCEOから初めて家を買う人までのさまざまな人たちに対して行ったインタビューである。そこから得られたアイデアは、あらゆる種類の失敗を解き明かし、また誰もが役立てられる実用的な手がかりを与えてくれる。このメルトダウンの時代に、仕事やプライベートで適切な判断を下し、組織を成功させ、グローバルな課題の解決を図るうえで欠かせないアイデアである。

3 システムの複雑性のもとで

この本を書くために私たちが最初にインタビューした1人が、NASAの研究員で、航空会社の機長、元事故調査官、ハーバード経済学士のベン・バーマンだ。バーマンによれば、航空はいろいろな意味で、小さな変更によって大きなメルトダウンを防止できることを理解するのにうってつけの実験室だという。[4]

1度のフライトが失敗する確率は無視できるほど小さいが、[5] 1日に運航される商業フライトの数は10万便を超える。それに、惨事につながらないような失敗はしょっちゅう起こっている。つまり事態の収拾がつかなくなる前に、チェックリストや警報システムなどでエラーをとらえることができるケースだ。

それでも大事故は起こる。そして起こってしまった事故は、「何がうまくいかなかったか」を知るためのデータの宝庫になる。コックピットのボイスレコーダーやブラックボックスからは、乗員の行動記録や、機内で（多くの場合、墜落直前まで）実際に起こっていたことを知るための情報が得られる。未来の事故を防ぐために、人間が招いた悲劇を墜落現場で徹底検証するバーマンのような調査官にとって、こうした記録は欠かすことができない。

１９９６年のある美しい5月の午後、家族とニューヨーク市で過ごしていたバーマンのポケットベルが鳴った。当時ベンは国家運輸安全委員会（ＮＴＳＢ）が大事故に派遣する調査団、「ゴーチーム」の一員だった。彼はまもなく痛ましい事故の詳細を知る。[6] 乗員乗客１００人以上が乗ったバリュージェット航空５９２便が、マイアミ国際空港を離陸して約10分後にフロリダのエバーグレーズ湿地に墜落したのだ。機上で火災が発生したことは、パイロットから航空管制官への無線連絡でわかっていたが、その原因は不明だった。

次の日バーマンが事故現場に到着すると、ジェット燃料のにおいがまだあたりに立ちこめていた。がれきが草深い沼地に散乱していたが、機体や飛行機に見えるようなものは何も見当たらない。バラバラになった残骸は、腰までの深さの水や生い茂るススキ、泥の層に埋もれ、水面にはスニーカーやサンダルが浮かんでいた。

捜索隊が真っ黒な泥水のなかをくまなく探す間、バーマンはチームをマイアミ国際空港に集め、フライトを担当した地上スタッフの聞き取り調査を開始した。バリュージェット航空の空港支店長室に設置した調査本部に、地上スタッフを1人ずつ呼んだ。インタビューはどれもこんな感じで進んだ。

バーマン：飛行機のことで何か気がついたことはありますか？

スタッフ：いえ何も、とくには……。

バーマン：機体の点検で何か変わったことに気づきませんでしたか？　遅延への対応時はどうでしたか？　それ以外のときは？

スタッフ：いえ、すべて正常でした。

バーマン：なんでもいいんです、何か気になったことはありませんでしたか？

スタッフ：いいえ、ほんとに何もありませんでした。

誰も、何も見ていなかった。

その後聞き取り調査の合間にコーヒーを飲んでいたとき、空港支店長のデスクに積まれた書類の山にちらりと見えた何かが、バーマンの関心を引いた。山からはみ出した紙の一番下に署名があった。フライトの機長、キャンダリン・キューベックのものだ。バーマンはトレイから束ごと引き抜き、パラパラとめくって目を通した。何の変哲もない、バリュージェット航空592便のフライト書類だ。

だが1枚の紙が彼の注意を引いた（図表0-1）。

それはバリュージェット航空の下請け整備会社、セイバーテックの出荷伝票[7]で、事故機に積載されたバリュージェットの「COMAT」（社用貨物）が記されていた。機内で火災が発生したことがわかっ

図表0–1

セイバーテック™

出荷伝票　NO: 01401

出荷先：バリュージェット航空，コンコースC，28番ゲート
ハーツフィールド国際空港，アトランタ GA30320

日　付：1996年5月10日

経　由：バリュージェット（COMAT）

番号	数量	単位	品番	製造番号	状態	内容
1	5	個	〝5箱〟			酸素容器
						〝空〟

……
……
……

ていて、そしてここには機上に酸素容器があったことを示す書類がある。それだけではない。「私の目を引いたのは、空（から）という言葉を囲んでいた引用符だった」とバーマンは話してくれた。

調査チームは空港のセイバーテックの事務所に車で向かい、出荷伝票に署名した事務員を探し出した。そして伝票に「酸素容器」として記載された品が、じつは緊急用の酸素発生装置だったことを知る。機体の与圧が失われたとき、頭上から降りてくるマスクに酸素を供給する装置だ。

「それで、容器は空だったんですね？」とバーマンは尋ねた。

「使用中止でした……あの、使用不能で、使用期限切れでした」

大きな危険信号が灯った。酸素発生装置は作動すると高温を発するため、本来ならば人命を救うはずの酸素が、不適切な条件下では大火災を起こ

すことがあるのだ。もしも箱に入っていたのが空の容器ではなく、認可された使用期限を過ぎた期限切れの酸素発生装置だったとしたら、強力な時限爆弾が積載されていたのと同じだ。なぜそんなことが？　いったいどんな経緯で、この危険きわまりない貨物が旅客機に積まれるはめになったのか？

　その後の調査によって、過失と偶然、混乱の泥沼の実態が明らかになった。バリュージェットは3機の航空機を購入し、セイバーテックと整備契約を結んでマイアミ国際空港の格納庫で整備させた。航空機に積載されていた酸素発生装置の多くは期限切れで、交換が必要だった。バリュージェットはセイバーテックに対し、使用ずみでない（つまりまだ酸素を発生できる）発生装置には、安全キャップを取りつける必要があると伝えた。

　だが期限切れの容器と使用ずみでない容器の区別に混乱があった。まず、「期限切れだが使用ずみでない」容器が多くあった。また「期限切れで使用ずみ」のものもあった。さらに、「使用ずみだが期限切れでない」ものもあった。それに「使用ずみでも期限切れでもない」交換用容器もあった。「まぎらわしければ、区別しようとするだけ時間の無駄だ――セイバーテックの整備工は区別しようとしなかったし、区別することを期待されてもいなかった」と、ジャーナリスト兼パイロットのウィリアム・ランゲビーシュが、『アトランティック』誌に書いている。[8]

　もちろん、もしも整備工がバリュージェットの作業命令書を読み、MD―80型機の分厚い整備用マニュアルの第35―22―01章「h」行を調べていたなら、「酸素発生装置の保管または廃棄」

に関する説明にたどり着いていたはずだ。そしてもしも丁寧に選択肢を検討してマニュアルをめくっていたなら、「すべての使用可能／使用不可な（使用ずみでない）酸素発生装置（容器）は、高温や損傷の危険にさらされない場所に保管すること」を学んでいたはずだ。またもしも括弧でくくられた「(使用ずみでない)」の意味をじっくり考えていたなら、「使用ずみでない」容器が「使用不可」な容器でもあることを察していたはずだ。そして出荷用のキャップをもっていないのだから、これらの容器を安全な場所に移し、セクション2・Dに説明された手順に従って「起動させる」べきだと察していたはずだ。

記事はこのあともまだまだ続く。詳細、区別、用語、警告、エンジニア用語の羅列。

酸素発生装置は安全キャップをつけられないまま段ボールに入れられ、数週間後、セイバーテックの入出荷部に引き渡された。そこでしばらく放置されたのち、出荷係が片づけを命じられた。箱はバリュージェットのアトランタ本部に送るのが当然だろうと、出荷係は考えた。

酸素容器には緑の札がついていた。決まりでは、緑の札は「修理可能」の意味だったが、整備工が何を考えてこの札をつけたのかはわからない。出荷係は、きっと「使用不可」か「使用中止」の意味だろうと考えた。そして容器は空だと判断した。別の係が出荷伝票に記入し、〝空〟と〝5箱〟を引用符で囲んだ。言葉に引用符をつけるのは、彼のいつものクセだった。

箱は整備工から出荷係へ、地上スタッフから貨物室へと、システムを一歩ずつ進んでいった。乗員は問題に気づかず、キューベック機長がフライト書類に署名した。「こうして乗客の最後の砦が落ちた」とランゲビーシュは書いている。「乗客は運に見放され、システムによって殺されたのだ」。

ワシントン・メトロ112列車とバリュージェット航空592便の調査を通して、これらの事故が同じ原因から生じたことが明らかになった。その原因とは、システムの複雑性が増していることだ。112列車の事故時、追突した先頭車両の数台うしろに、ナショナル・パブリック・ラジオ（NPR）のプロデューサー、ジャスミン・ガースドが偶然乗っていた。[9]「列車が衝突したときは、まるで早回しの映画がいきなり終わったような感じでした」と彼女は語る。「あのとき、2つのことを思い知らされました。私たちは自分たちのつくったこの巨大な機械の世界のなかの、なんてちっぽけで弱い存在なのかということ、そして私たちがその弱さをまったく自覚していないということです」。

しかし希望はある。過去数十年の間に、複雑性や組織行動、認知心理学に対する理解が深まったおかげで、小さなまちがいがとほうもなく大きな失敗を招くしくみが明らかになりつつあるのだ。またこの種の事故がどのようにして起こるかだけでなく、小さな対策をとることによって、そうした事故を防止できることもわかってきている。世界の少数の企業、研究者、チームが、メルトダウンを防止する方法を見つけ出す革命を先導している。そしてその取り組みには先進技術も、巨額の予算も必要ないのだ。

2016年の春、私たちはベン・バーマンを大学に招き、航空から学ぶリスク管理上の教訓について、場内を埋め尽くす聴衆に語ってもらった。聴衆は人事担当者から公務員、起業家、医師、非営利組織（NPO）の責任者、弁護士、ファッション業界人までのじつに多様な集団だった。しかしバーマンの教訓は分野を超えて通用する。「システムの失敗は信じがたいほど高くつくのに、軽視されがちです。みなさんもキャリアや人生で、きっとこういう経験をするでしょう」と彼はいい、それから少し間を置いて聴衆を見渡した。「でもさいわい、みなさんは変化を起こすことができる。そう私は信じています」。

『巨大システム　失敗の本質』目次

プロローグ　いつもどこかで「メルトダウン」　3

「私の目を引いたのは、空(から)という言葉を囲んでいた引用符だった」

第1部　失敗はどこにでもある ―― FAILURE ALL AROUND US

第1章　デンジャーゾーンを生み出す複雑系と密結合　25

「こいつぁおもしろくなりそうだ」

第2部 複雑性を克服する——CONQUERING COMPLEXITY

第10章 サプライズも仕事の一環

エピローグ メルトダウンの黄金時代

Part 1
FAILURE ALL AROUND US

第1部
失敗はどこにでもある

第1章 デンジャーゾーンを生み出す複雑系と密結合

「こいつぁおもしろくなりそうだ」

1 『チャイナ・シンドローム』は予言していた

ロサンゼルスから64㎞ほど東にそびえる雄大なサンガブリエル山脈のふもとに、ベンタナ原子力発電所はある。1970年代末のある日、発電所を激しい震動が襲った。けたたましい警報が鳴り響き、警告灯が一斉に点滅するなか、制御室は騒然となる。パネルにところ狭しと並んだ計器の一つが、原子炉内の水位が危険なまでに上昇していることを示していた。制御室の操作員である、カリフォルニア・ガス・アンド・エレクトリックの従業員は、余剰水を排出するために安全弁を開いた。ところが実際には水位は上昇するどころか低下していて、あと数十㎝であわや炉心が露出するところだった。制御室の責任者が、水位計の誤表示にすんでのところで気がついた。水位を示す針が高い値で引っかかっていたのだ。操作員はメルトダウン（炉心溶融）を防ぐために、安全弁を閉じようと奔走する。恐怖の数分間、発電所は原子力事故の瀬戸際にあった。

「思うに、あなたがたが今生きているのは奇跡ですよ」と、事故当時発電所に居合わせた2人のジャーナリストに、原子力の専門家がいった。「それに、南カリフォルニアの全住民も」。

さいわい、これは実際に起こった事故ではない。ジャック・レモンが主演した1979年のサスペンス映画『チャイナ・シンドローム』のシナリオだ。[1] そんなものはまったくのつくり話だと、公開前から映画を目の敵にしていた原子力業界幹部らは、少なくともそう考えていた。ある幹部はストーリーが科学的な信憑（しんぴょう）性に欠けるといい、別の幹部は「業界全体への誹謗中傷だ」と息巻いた。[2]

映画の製作と出演を務めたマイケル・ダグラスは、そうは思わなかった。「この映画で描かれたことの多くが、今後2、3年以内に現実になりそうな予感がする」。[3]

そんなに長くかからなかった。『チャイナ・シンドローム』の公開からわずか12日後のこと、26歳のハンサムな赤毛の長髪の青年トム・カウフマンが、スリーマイル島原子力発電所に出勤した。[4] この建物はペンシルベニア州を流れるサスケハナ川の中州に建てられた、コンクリートの要塞である。水曜の朝6時半だったが、カウフマンは何かがおかしいと感じた。巨大な冷却塔から上がる水蒸気がいつもよりずっと少なかった。セキュリティのボディチェックを受ける間、非常警報器が鳴り響いていた。「下の2号炉で何か問題が起こったようだ」と警備員が教えてくれた。[5]

制御室では、操作員が慌ただしく走り回り、巨大コンソールの百個以上の警報ランプがせわしく点滅していた。[6] 発電所内の放射能警報が一斉に鳴り響いた。午前7時少し前、監督者が発電所内緊急事態を宣言した。所内で「制御不能な放射能流出」のおそれがあるということだ。午前8時には2基ある原子炉のうちの1基で、炉心の核燃料の半分が溶融し、[7] 10時半には放射性のガスが制御室に漏れ出していた。

アメリカ史上最悪の原発事故である。[8] エンジニアは過熱した原子炉を冷やして安定化させようと何日も奔走し、当局者の一部は最悪を覚悟した。科学者は原子炉内に充満した水素ガスが爆発する可能性について検討した。炉内に溜まった揮発性ガスを逃すために手動でバルブを開くにも、人が近づけば死ぬレベルの放射線量だった。

ホワイトハウス危機管理室での緊迫した会議のあと、カーター大統領の科学技術補佐官が、原子力規制委員会のビクター・ギリンスキー委員をわきに呼んで、バルブを開くために末期がん患者を送り込んではどうだろうと、声を潜めてもちかけた。[9] ギリンスキーは彼をまじまじと見つめ、本気でいっているのだと悟った。

発電所の周辺地域は住民約14万人が避難し、一時はゴーストタウンと化した。危機発生の5日目にカーター大統領が国民のパニックを鎮めようと、夫人を伴って現地入りした。夫妻は地面に落ちた微量の放射性物質による汚染を防ぐために、鮮やかな黄色の靴カバーをつけて施設を視察し、国民の不安解消を図ろうとした。同日、水素爆発の差し迫った脅威はないと判断された。冷却水が再注入されると炉心の温度は低下し始めたが、最も高温の部分が冷め始めるまでにはひと月かかった。最終的にすべての一般勧告が解除されたものの、スリーマイル島は最悪の恐怖が現実になりかけた場所として、今も多くの人の記憶に残っている。

スリーマイル島のメルトダウンは、単純な配管の問題から始まった。所内の原子炉ではない部分で作業員が定期の保守点検を行っていたとき、いまだ完全に解明されていない原因により、蒸気発生器への給水ポンプが停止した。保守作業中に、原子炉の計器やポンプ等を制御する空気系に蒸気が混入したのが原因ではないかとも考えられている。その結果蒸気発生器に水が送られず、炉心の除熱ができなくなったため、原子炉内の温度と圧力が上昇し、これに対応して加圧器〔原子炉の上部に設置された装置〕の圧力を逃がす小さな弁が自動的に開いた。だが続いて別の異常が発生した。圧力が正常に戻ったとき、閉じるはずの弁が開いたまま固着してしまったのだ。そのせいで、開いた弁から炉心を覆っていた冷却水が漏れ始めた。[10]

制御室の計器は「閉」のランプが点灯していたため、操作員は弁が閉じているものと思っていた。だがじつはこのランプは、弁に対して閉じる指令が送られたことを示しているだけで、実際に閉じていることを示すものではなかった。またこのタイプの原子炉には構造上、炉心の水位計が存在しないため、操作員は加圧器の水位計で代用していた。だが加圧器の上部の開きっぱなしの弁に向かって熱水が吹き上げたせいで、炉心の水位は低下していたのに、加圧器の水位計は上昇を示していた。それを見た操作員は、実際には冷却水が大量に失われ続けているにもかかわらず、炉内の冷却水が満水状態になっていると誤解したのだ。非常用炉心冷却装置が自動的に動作して、炉心に冷水を注入し始めたが、操作員は冷却水過剰と誤認していたため、手動で装置を停止してしまう。炉心は溶け始めた。

操作員は何かがおかしいことはわかっていたが、何がおかしいのかはわからず、冷却水の流出に気づいたのは数時間後のことだった。警報のサイレンやクラクションが鳴り響き、多数の警告ランプが一斉に点滅する混乱のなかで、重大な警報と軽微な警報を区別するのは難しい。また制御室で高い放射線量が計測され、全員が保護マスクを着用した状態では、意思疎通もままならない。

それに炉心の温度がどれだけ上昇したかも不明だった。高温を示す温度計も、低温を示す温度計もあった。炉内の温度を監視するコンピュータからは、こんな行が打ち出されるばかりだった。[11]

??

??

??

??

??

??


原子力規制委員会の状況も似たようなものだった。「不確かで矛盾することの多い情報を処理するのは難しかった」[12]とギリンスキーはのちに告白している。「多方面から助言を得たが、どれも役に立たなかった。何が起こっているのか、何をすべきかを把握している人は、誰一人としていないように思われた」。

あれは不可解な未曾有(みぞう)の危機だった。そしてあの事故は、現代のシステムの失敗に関する常識を完全に覆したのである。

2 どう考えても組織の問題

スリーマイル島での事故から4か月が経った頃、ニューヨーク州ヒルズデールに位置するバークシャー山地のふもとにある、人里離れた山小屋をめざして、1台の郵便トラックが曲がりくねった山道を上っていった。8月の暑い日で、配達夫は行きつ戻りつしてようやくその場所を見つけた。トラックが止まると、山小屋からすらりとしたくせ毛の50代半ばの男性が出てきて、サインをして荷物を受け取った。大きな箱には産業事故に関する本や記事がぎっしり入っていた。

男性の名はチャールズ・ペロー、仲間うちでは「チック」の愛称で通っている。[13]ペローは壊滅的失敗に関する研究を一変させるような人物にはとても見えない。エンジニアではなく社会学教授で、過去に事故や原子力、安全について研究したこともなく、災害ではなく組織を専門とし、最新の論文のタイトルは「もたざる者たちの反乱：1946年から1972年の農業労働組合運動」だった。スリーマイル島事故が起こった当時は、19世紀ニューイングランドの織物工場の組織を研究していた。

原子力安全のような生死に関わる問題に、社会学者が大きな影響を与えるようなことはほとんどない。『ニューヨーカー』誌はこの学問分野を揶揄(やゆ)して、男性が「社会学者スト決行!!! 国家的危機!!」というあり得ない見出しの新聞を読んでいる風刺画を載せたほどだ。[14] だが山小屋にあの箱が届けられたわずか5年後、ハイリスク産業における災害の研究をまとめたペローの著書 *Normal Accidents*「ノーマル・アクシデンツ」（未邦訳）は、一種の学術書のカルトと化していた。原子力技術者からソフトウェア開発者、医療研究者まで、幅広い分野の専門家が争ってこれを読み、議論を戦わせた。ペローはイエール大学に教授職を得、その後発表した災害に関する2作目の著書は、『アメリカン・プロスペクト』誌によれば「アイコン的地位を確立した」。[15] ある推薦文は、彼を「誰もが認める災害の大家」と呼んだ。[16]

ペローがメルトダウンに初めて関心をもったのは、スリーマイル島事故に関する大統領諮問委員会から、事故調査の依頼を受けたときだ。委員会は当初、技術者と法律家だけから意見を聞く予定だったが、委員会唯一の社会学者のメンバーが、ペローにも助言を求めるべきだと主張した。このメンバーは、現実世界における組織の実際のふるまいを研究する社会科学者の意見が、きっと役に立つにちがいないと直感したのだ。

ペローは委員会による公聴会の記録を受け取ると、午後のうちにすべての資料に目を通した。その夜は何時間も寝返りを打ち、やっと眠りに落ちたかと思うと、第二次世界大戦での軍隊時代以来の悪夢にうなされた。「操作員の証言が胸から離れなかった」と彼は何年もあとに述べている。[17]「彼らは恐ろしいほどに壊滅的なリスクをはらむ技術を扱っていたのに、何時間もの間状況をまったく理解していなかった。……私はふと、自分がこの問題にどっぷりのめり込んでいること、そのまったただなかに身を置いていることに気がついた。あの事故はどこからどう考えても組織の問題にほかならなかった」。

10枚の報告書を3週間でまとめる約束だったが、研究室の大学院生に箱一杯の資料を山小屋に送ってもらい、期限までに40枚の文書を書き上げた。それから彼は「意見を戦わせることのできる、辛辣で毒気のある大学院生の研究助手の集団」を集めた。[18]彼らはペローにいわせれば「キャンパス中で最も陰鬱な集団で、毒舌で知られた。月曜のミーティングでは、誰かが『このプロジェクトにとっては最高の週末だった』といって、最新の災害を嬉々として説明したものだ」。

この集団には、ペローの人となりがそっくりそのまま表れていた。ある学者は彼を気むずかし屋と呼んだが、彼の研究を「道しるべ」と評した。[19]学生は彼を厳しい教師だといったが、学ぶべきことの多い彼の授業を気に入っていた。学者の間では、並外れて強烈だが建設的な批評を与えるという評判を得ていた。[20]「チックが私の研究に与える批判的評価は、私にとって自分の成功を計るものさしとなっている[21]」と、ある研究者は書いている。「彼はいつも痛烈な批評を何枚も書いてくる。それはおおむね理路整然としていて、『愛を込めて、チックより』や『いつもの賢明な自分より』の文句で結ばれている」。

3 複雑系と線形系――システムの構成要素

ペローはスリーマイル島事故について知れば知るほど、ますます関心を引かれた。重大な事故ではあったが、原因はささいなことだった。巨大地震や大きな技術的欠陥ではなく、配管のトラブルとバルブの固着、計器ランプ、曖昧な計器の表示という、小さな失敗の組み合わせだ。

またこの事故は信じられないほど速く進行した。考えてもみてほしい。最初の配管のトラブルと、その結果として生じた蒸気発生器への給水ポンプの停止、原子炉内の圧力上昇、圧力を逃がす弁の開口と固着、弁の状態を示す表示の誤認――このすべてがたった13秒間で起こったのだ。そして10分と経たないうちに炉心の損傷が始まった。

操作員に非を負わせるのが不当だということは、ペローにはわかっていた。公式調査は発電所職員を槍玉に挙げたが、ペローは彼らのミスが、あとから振り返ってみて初めてわかるミスだと気がついた。彼はこれを「あとになってわかる過失[22]」と名づけた。

たとえばこの事故での最大の失態、「水が少なすぎるのではなく多すぎるという推定」について考えてみよう。この推定を行ったとき操作員が確認できた表示は、冷却水の水位低下を示してはいなかった。彼らの知る限り、炉心露出のリスクはなかった。だから彼らは別の深刻な問題である、「冷却水過剰」のリスクに集中した。問題の本質を解明するのに役立ったかもしれない表示もあったが、操作員は計器が誤作動しているのだろうと考えた。そしてその推測は理にかなっていた。計器は実際に誤作動していたのだ。このように操作員の下した判断は、発電所で起こった小さな失敗の間の不可解な相乗効果が調査官によって明らかにされるまでは、しごく賢明に思われていた。

これは空恐ろしい結論だ。史上最悪の原子力事故の一つが起こったというのに、明白な人為的ミスや大きな外的ショックに原因があったと片づけることはできない。小さな不運がおかしな方法で重なった結果、なぜかこんな事態になったというのだ。

ペローによれば、この事故は異例なできごとではなく、システムとしての原子力発電所につきものの現象である。失敗を引き起こしたのは、システムの構成要素そのものではなく、要素間のつながりだった。[23] 空気系に混入した蒸気は、それ自体は問題ではなかった。だがポンプや蒸気発生器、多くの弁、そして原子炉とのつながりを通して、重大なインパクトをおよぼした。

ペローと学生たちは、航空機墜落事故から化学工場爆発までの数百の事故を徹底調査し、同じパターンがくり返し見られることを発見した――システムの構成要素間に思いがけない相互作用が発生し、小さな失敗が予期せぬ方法で組み合わさった。そして人々は何が起こっているかを理解していなかった。

ペローの立てた理論は、システムがこの種の失敗に陥りやすいかどうかは、二つの変数によって決まる、というものだ。これらの変数を理解すれば、どのシステムが最も脆弱なのかを知ることができる。

一つめの変数は、システムの構成要素間の相互作用と関係がある。ペローは構成要素が相互作用する方法によって、システムを**線形系**（リニアシステム）と**複雑系**（コンプレックスシステム）の二つに大別した。線形系の典型例は、自動車工場の組立ラインだ。そこでは容易に予測可能な順序でものごとが進行する。車は第1ステーションから第2、第3ステーションへと送られ、それぞれの工程でちがう部品が取りつけられていく。ステーションに不具合が生じても、何が故障したのかはすぐわかり、どんな影響がおよぶかも一目瞭然だ。車はそのステーションに送られず、前のステーションに滞留する。こうしたシステムでは、構成要素はたいてい目に見える予測可能な方法で相互作用する。

複雑系（コンプレックスシステム）の典型例は、原子力発電所だ。この種のシステムの構成要素は、隠れた予期せぬ方法で相互作用することが多い。複雑系は組立ラインというよりは、入り組んだ網に近い。構成要素の多くが分かちがたく結びつき、相互に影響がおよびやすい。一見無関係な要素が間接的につながり、サブシステムがシステムの多くの構成要素と結びついている場合が多い。したがって何か不具合が発生すると、あちこちで問題が生じ、何が起こっているかを把握するのが難しい。

さらに困ったことに、複雑系内で起こっている多くのことは、肉眼では見えない。たとえばあなたが崖っぷちのハイキングコースを歩いているところを想像してほしい。コースは断崖から数歩しか離れていないが、体の感覚を働かせて安全を保っている。足を踏み外したり縁に近づきすぎたりしないよう、頭と目でつねに注意を払っている。

では次に、双眼鏡を目に当てながら同じ道を歩くとしよう。景色全体はもう見えず、狭く間接的な視野を通してあちこちに注意を向けなくてはならない。下を向いて左足を下ろす場所を確認する。それから双眼鏡の向きを変えて、断崖からどれくらい離れているかを確かめる。次に右足を動かすために、もう一度道に焦点を向けなくてはならない。では今度は、こうした断片的で間接的な視野に頼りながら、同じ道を駆け降りるとしたらどうだろう。まさにそれが、複雑系を管理しようとするとき、私たちのやっていることなのだ。

ペローは複雑系と線形系を区別するのが、精密さではないことにすぐ気づいた。たとえば自動車の組立工場は決して単純ではないが、その構成要素は主に線形的で明白な方法で相互作用する。ダムも最先端の土木工学の結晶だが、ペローの定義では複雑系にはあてはまらない。

複雑系では、システムのなかに入って何が起こっているかを確かめることはできない。ほとんどの場合、状況を把握するために間接的な指標に頼ることになる。原子力発電所では、炉心で起こっていることを知るために、誰かをなかに送り込むわけにはいかない。圧力計や水量計といった、ほんの小さな隙間から垣間見た部分を組み合わせて、全体像を理解するしかない。見えるものもあるが、すべてではない。そのため見立てを誤りやすい。

また相互作用が複雑な場合、小さな変化が大きな影響をおよぼしやすい。スリーマイル島では、放射能を含まない1カップの水のせいで、放射能を含む数千リットルの冷却水が失われた。まさに「ブラジルで1匹の蝶が羽ばたくとテキサスで竜巻が起こる」という、カオス理論のバタフライ効果だ。[24] 人間のつくったモデルや測定法では、羽ばたきの効果を予測できるほどの精度が得られないことを、カオス理論の提唱者は理解していた。ペローの主張もこれと似ている。たとえ小さな失敗であったとしても、それがおよぼしうるすべての影響を予測できるほど、複雑系を十分に理解することはできないのだ。

4 システムの失敗を生み出す複雑系と密結合

ペローの理論の二つめの変数は、システム内のスラック（緩み）の大きさと関係がある。彼は工学用語の**密結合**（タイト・カップリング）と**疎結合**（ルース・カップリング）を借りてこれを表した。システムが密に結合しているとき、構成要素間にスラックやバッファー（緩衝）がほとんどないため、一つの要素の不具合がほかに影響をおよぼしやすい。逆に疎結合では、要素間のスラックが大きいため、一つの要素が故障してもほかの要素は生き残れることが多い。

密結合のシステムでは、ものごとをほぼ正しく行うだけでは不十分だ。正確な量のインプットを、決まった順序で、決まった期間内に組み合わせる必要がある。タスクが正しく行われなかった場合、それをやり直すという選択肢はまずない。代用品や代替策がうまく機能することはほとんどない。つまり、ものごとを正しく行う方法は一つしかないのだ。いろいろなことがあっという間に起こるうえ、問題を解決する間システムを停止させておくことなどできない。

たとえば原子力発電所を考えよう。原子炉内の核分裂連鎖反応を制御するには、特定の条件がそろっている必要があり、また正しいプロセスからのわずかな逸脱（たとえば弁が固着して開いたままになるなど）が大きな問題を生じることがある。そして実際に問題が生じても、システムを一時停止させたりプラグを引き抜いたりはできない。連鎖反応は独自のペースで進行し続け、たとえ中断させることができたとしても、崩壊熱〔放射性物質の崩壊によって生じる熱〕はその後も発生し続ける。タイミングも重要だ。原子炉が過熱したら、ただちに冷却水を注入する必要がある。数時間後に注入しても無駄だ。そして炉心が溶融すれば放射能が漏れ、問題はすばやく拡散する。

航空機製造工場は、疎結合の例だ。たとえば尾部と機体は別々に製造され、片方に問題が生じても、二つの部分を接合する前に修正できる。またどちらを先に製造してもかまわない。何か問題が起こったらさっさと作業を中断して、まだ製造が完了していない尾部などの半製品を保管し、あとから作業を再開すればいい。また機械を全部止めればシステムは停止する。

ペローの分類に完全にマッチするようなシステムは存在しないが、ほかと比べて複雑性と結合性が高いシステムはある。これは程度の問題で、この2つの軸によって、さまざまなシステムをマトリックス上に配置することができる。ペローが最初に示した図（図表1－1）はこんなものだった[25]。

マトリックスの上方にあるダムと原子力発電所は、どちらも密に結合しているが、ダムは（少なくとも従来型のものは）複雑性がずっと低い。構成要素の数が少なく、予見されず目に見えない相互作用が起こる機会は少ない。

マトリックスの下方にある郵便局と大学は、疎に（緩く）結合している。ものごとを正確な順番で行う必要はなく、問題を修復できる時間もたっぷりある。「郵便局では、郵便物が一時的に保管所に滞留しても心配はいらない」とペローは書いている。なぜなら「人々はクリスマスシーズンの混雑に慣れているからだ。学生が秋の登録シーズンの行列に慣れているのと同じだ」。

図表1-1

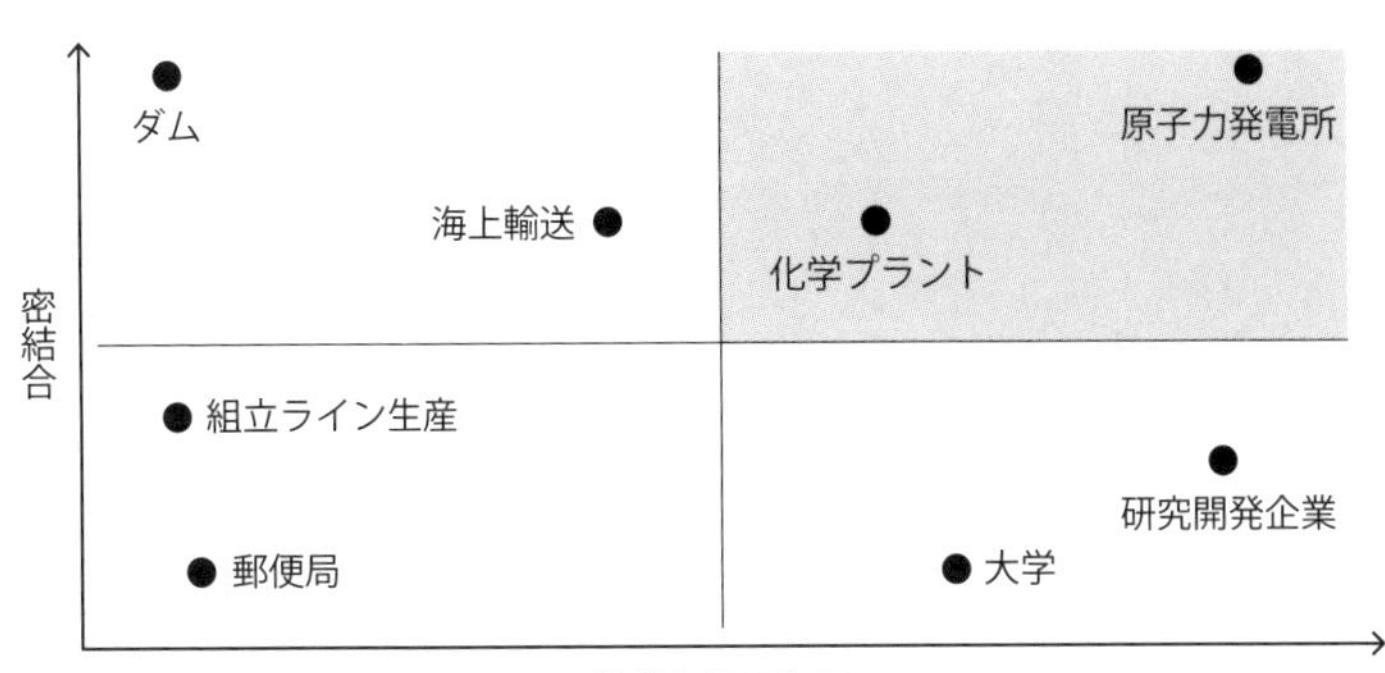

だが郵便局は大学に比べて複雑性の低い、かなり単純なシステムだ[26]。これに対して大学は入り組んだ官僚的機構で、途方に暮れるほど多くの部門と、その下位の部署、役職、規則、そしてさまざまな動機をもった研究者から教師、学生、事務方までの人々が、ややこしく予測不能な方法で結びついていることが多い。ペローはこのシステムのなかで何十年も過ごした経験を踏まえて、学術界でのよくあるできごと——たとえば学生や地域住民の間で人気が高いが研究実績の少ない准教授に終身在職権を与えない決定など——が、学部長に厄介で思いがけない問題をもたらすというケースを、生々しく描いている。だが一方で、大学は疎結合でもあるため、時間をとって柔軟に問題に対応することができるから、そうしたできごとの影響はシステムの残りの部分におよばない。社会学部のスキャンダルはふつう医学部に影響しない。

ペローのマトリックスの右上の象限が、「**デンジャーゾーン**（危険領域）」である。メルトダウンを引き起こすのは、複雑系と密結合の組み合わせなのだ。複雑系では小さなエラーは避けられず、いったん歯車が狂い始めると、システムは不可解な兆候を見せる。どんなに手を尽くしても問題を診断するのは難しく、ときにはまちがった問題を解決しようとして事態をさらに悪化させることもある。複雑系が密に結合されているとき、倒れ始めたドミノを止めることはできない。失敗はすばやく制御不能な方法で波及する。

ペローはこの種のメルトダウンを、「**ノーマルアクシデント**（起こるべくして起こる事故）」と名づけた。「ノーマルアクシデントとは、安全を期すためにどんなに力を尽くしても、（複雑な相互作用のせいで）複数の失敗の間の思いがけない相互作用が、（密結合のせいで）失敗の連鎖を招いてしまうような状況をいう[27]」と彼は書いている。そうした事故を「ノーマル」と呼ぶのは、頻繁に起こるという意味ではなく、あたりまえで避けがたいという意味だ。「私たちにとって死ぬのはノーマルなことだが、たった一度しか起こらない[28]」と彼は茶化して書いている。

ペローが認めるように、ノーマルアクシデントはきわめてまれである。ほとんどの大惨事は防止可能であり、大惨事の直接の原因になるのは複雑性と密結合ではなく、避けられたはずのミスだ。たとえば経営判断の失敗や、警告サインの見落とし、伝達ミス、訓練不足、無謀なリスクテイクなど。だがペローの枠組みは、この種の事故を理解するのにも役立つ。複雑性と密結合は、防止できたはずのメルトダウンを招くことがあるのだ。システムが複雑であれば、そのしくみや状態を正確に理解できる可能性は低く、ミスは不可解な方法でほかのエラーと結びつくことが多い。またシステムが密に結合していると、起こった失敗を食い止めるのは難しい。

たとえば保守作業員がうっかりして、まちがった弁を閉めるという、小さなミスを犯してしまったとする。多くのシステムが、こうしたささいなミスを毎日のように吸収している。だがスリーマイル島原発事故は、条件がそろえば小さなミスがとてつもなく大きな被害をもたらし得ることを、如実に物語っている。複雑性と密結合がデンジャーゾーンを生み出し、そこでは小さなミスがメルトダウンにつながりかねない。

またメルトダウンは、大規模な産業災害に限らない。複雑で密に結合したシステムは、そしてそうしたシステムの失敗は、私たちの身近な、思いもよらない場所にも見られるのだ。

5

ハッシュタグで炎上したスターバックス

2012年冬、スターバックス・イギリスはコーヒー愛好家のホリデー気分を盛り上げるソーシャルメディア・キャンペーンを始めた。[29] ハッシュタグ「#喜びを広めよう」をつけて、楽しいメッセージをツイッターに投稿して下さいと呼びかけた。また同社が協賛するロンドン自然史博物館のスケートリンクに設置された巨大スクリーンに、ハッシュタグのついたすべてのツイートを流すことにした。

巧妙なマーケティング戦略だ。顧客がスターバックスのコンテンツを無償で作成し、来たるホリデーシーズンとスターバックスのお気に入りドリンクにまつわる、楽しくほのぼのとしたメッセージをインターネットに大量に送り込んでくれる。メッセージはネットに流れるだけでなく、スケートリンクの巨大スクリーンにも映し出され、スケーターやカフェと博物館の客、通行人の目にもとまる。また不適切なメッセージはコンテンツフィルターで取り除かれるため、ホリデー気分と、それを連想させるスターバックスの温かいドリンクにまつわるすてきなツイートが、ネットを埋め尽くすだろう。

12月中旬の土曜の夜、スケートリンクではすべてが順調に進んでいた……が、それもつかの間のことだった。スターバックスの知らないうちにコンテンツフィルターが壊れ、こんなメッセージが巨大スクリーンに現れ始めたのだ。

私は税金を納める店でおいしいコーヒーを買いたい。だから@スターバックス#喜びを広めようには行かないわ。

おい#スターバックス、税金を払いやがれ#喜びを広めよう

スターバックスのような企業がちゃんと税金を払えば、博物館は広告主にこびを売らずにすむのに#喜びを広めよう

#喜びを広めよう脱税野郎

これらのメッセージが槍玉に挙げていたのは、当時物議を醸していたスターバックスの合法的な節税対策だった。

たまたま近くを通りかかった20代前半の地域社会オーガナイザー、ケイト・タルボットが、スマホでスクリーンを撮影し、こんな言葉を添えてツイートした。「あらあらスターバックスが自然史博物館のスクリーンに、こんな#喜びを広めようのツイートを流しちゃってる」。そうこうするうちに、タルボットト自身のツイートもスクリーンに現れた。そこで彼女はもう一つ投稿した。「まあ私のツイートまで！ 広報の人、誰か気がついて～……#喜びを広めよう#スターバックス#税金を払え」。

大炎上が起こっているというニュースは瞬く間にツイッターで広まり、ますます多くの人たちをたきつけた。「ロンドンのスターバックスは、#喜びを広めようのハッシュタグのついたどんなツイートもスクリーンに表示するようだぞ」とある男性がツイートした。「こいつぁおもしろくなりそうだ」。

ツイートの雪崩は止めようがなかった。

スターバックスはこのクリスマスに店員の搾取をやめ、税金を納めることで#喜びを広めようとするだろうか？ #税金逃れ#生活賃金

親愛なる@スターバックス・イギリス、あなた宛の全ツイートを博物館のスクリーンに流しち

やって大丈夫？　#喜びを広めよう#税金を払え

スターバックスをぶっつぶせ！　革命バンザイ、お前らはバカ高いシロップ漬けのミルキーコーヒー以外、失うものは何もない#喜びを広めよう

スターバックスは最低賃金、手当なし、有給の昼食休憩なしで雇った「バリスタ」に#喜びを広めようのツイートをチェックさせた方がいいかも

これぞ広報の大失敗#喜びを広めよう

スターバックスはチック・ペローのデンジャーゾーンに陥っていた。

ソーシャルメディアは複雑系だ。まったくちがう考え方や動機をもった無数の人が参加するのだから。彼らがどんな人たちで、キャンペーンをどう受け止めるかは知りようがないし、コンテンツフィルターの故障のようなミスにどう反応するかは予測しようがない。ケイト・タルボットがスクリーンの写真を撮ってシェアした。それを見た人たちは、特定のハッシュタグをつけてツイートすれば目立つ場所に表示されるという知らせに飛びついた。続いて従来のメディアが雪崩のようなツイートに反応し、PR戦略がなぜ裏目に出たかという記事を報じたため、キャンペーンの失敗は大ニュースになり、さら

に多くの人たちのもとに届いた。これらが、コンテンツフィルターの故障とタルボットの写真、その他のツイッターユーザーの反応、それを受けたメディア報道の間に起こった、予期せぬ相互作用である。

コンテンツフィルターが壊れると、密結合が強化された。なぜならすべてのツイートがスクリーンに自動的に表示されるようになったからだ。またスターバックスのＰＲキャンペーンが大炎上しているというニュースは、設計上密結合のシステムであるツイッターを通じてすばやく広まった。最初その情報を知っていたのはほんの数人だったが、彼らのフォロワーがそれをシェアすると、そのフォロワーやそのまたフォロワーが次々とシェアしていった。コンテンツフィルターが修正されたあとでさえ、ネガティブなツイートは殺到し続けた。そしてスターバックスには、それを止めることはできなかった。

ホリデー気分のキャンペーンほど、原子力発電所とかけ離れたものはないと思うかもしれないが、ここでもペローの考えは通用する。実際、複雑性と密結合はどんな場所にも見られるのだ。家庭さえ例外ではない。たとえば感謝祭のディナーという、ふつう「システム」とは見なされないものを例にとってみよう。まず、交通という構成要素がある。休暇の前後数日間は、１年でもとくに交通量の激しい週だ。アメリカでは感謝祭の日は毎年11月の第４木曜と決まっている。つまりペローの用語でいえば、スラックはほとんどない――その休暇を楽しめるのはたった１日だ。また膨大な交通量が複雑な相互作用を生み出す。道路を走る車のせいで大渋滞が起こり、航空輸送のネットワーク構造のせいで、シカゴやニューヨーク、アトランタのような主要なハブでの悪天候がたちまち連鎖反応を生じ、全米の旅行者を足止めするかもしれない。

そしてディナーそのものがある。多くの家にオーブンは一つしかないから、七面鳥、キャセロール、パイといった感謝祭の典型的なオーブン料理は、互いに結びついている。キャセロールや七面鳥の料理に思いのほか手間取れば、ほかの料理にも遅れがおよぶ。また料理は互いに依存関係にある。詰めものは七面鳥のなかで加熱され、グレービーソースはローストされた七面鳥の肉汁を使ってつくる。ミートソーススパゲティのような単純な料理には、こういう相互依存関係はない。

それにシステムの内部で何が起こっているかを知るのは難しい。七面鳥には火が通ったのか、それともまだ何時間もかかるのか。この問題を解決するための安全機構として、七面鳥に差し込んで、なかまで火が通るとポンと飛び出すタイマーを開発した企業もある。だがこうしたタイマーはほかの多くの安全機構と同様、あてにならない。手慣れた料理人は七面鳥の内部の状態を知る指標として肉用温度計を使うが、それでも所要時間をピンポイントで知るのは難しい。

また料理は密に結合している。ほとんどの場合、料理の工程をいったん中断して、あとで再開するなどということはできない。料理には火が通り続け、客はこちらに向かっている。何かのミス、たとえば七面鳥の焼きすぎや材料の買い忘れが発生しても、後戻りはできない。

ペローが予測するように、料理全体があっという間に制御不能に陥ることがある。数年前、グルメフード雑誌の『ボナペティ』誌が「感謝祭料理の大失敗物語」を読者から募集したところ、とんでもない量の投稿があった。[30] 数百人の読者がありとあらゆる料理の失敗話を寄せてきた。七面鳥の炎上、味のしないグレービーソース、ふやけたパン粉味の詰めもの……。

誤診断はよくある問題だ。七面鳥がパサパサになっているのに、火が通っていないのではないかと心配する。逆に、火が通り過ぎるのを恐れて、なかは生焼けで詰めものもまだできていないということもある。両方の問題が同時に起こり、ムネは焼きすぎなのにモモには火が通っていないということもある。

刻々と時間が過ぎるなか、料理人は複雑性に圧倒されがちだ。まちがいを犯したことにずっとあとになるまで、ときには客が到着して料理を食べる段になるまで気がつかないこともある。「数百人のみなさんが、パイやグレービー、キャセロールにまちがった材料を入れた物語を送って下さいました[31]」と雑誌は書いている。「私たちのお気に入りは、アイスクリームにバニラエッセンスではなくヴィックス44（咳止めシロップ）を入れてしまった読者の話です」。

感謝祭の惨事を防ぐ方法として、システムのなかで最も明らかにデンジャーゾーンに位置する部分を単純化することを勧める専門家もいる。すなわち七面鳥だ。「七面鳥を小さく切り分けて別々に焼けば、成功する確率が高まりますよ[32]」とシェフのジェイソン・クインはいう。「ムネ肉とモモ肉を同時に完璧に焼くより、ムネ肉だけを完璧に焼く方が簡単でしょう」。詰めものも別に料理することができる。

その結果、七面鳥は複雑性の低いシステムになる。構成要素間のつながりは薄れ、それぞれの状態を把握しやすい。また結合の密度も低下する。たとえば手羽元や手羽先といった部分を先に焼いておくこともできる。そうすればあとでオーブンを使うときスペースに余裕ができ、モモ肉がちょうどいい具合に焼き上がるのを目で確認しやすい。予期せぬ問題が起こっても、ムネ肉、モモ肉、詰めものなどからなる複雑なシステムのことは気にせず、目の前の問題に集中できる。

複雑性を減らしスラックを追加するというこの手法を用いれば、デンジャーゾーンから逃れることができる。有効な解決策の1つとして、あとでくわしく説明しよう。しかしここ数十年の間、世界はそれとは正反対の方向に動いている。かつてデンジャーゾーンから遠く離れていた多くのシステムが、今やその中心に位置するのだ。

第2章 残酷な「複雑性の罠」が支配するシステム

「複雑なシステムのせいなのは明らかなのに、多くの人が投獄されている」

1 SNSで爆発的に拡散した「絶叫ガール」

エリカ・クリスタキスは学生寮の学生たちにメールを送信したとき、それがイェール大学全体に論争を巻き起こし、全米の注目を集め、彼女と夫のニコラス・クリスタキス教授に対する学生たちの糾弾を招くことになるとは想像もしていなかった。[1] 彼女とニコラスはイェール大学シリマン・カレッジの共同寮長を務めていた。400人超の学生が暮らし、図書室と映画館、レコーディング・スタジオ、食堂を備えた学生寮だ。

2015年のハロウィンの数日前、イェール大学の異文化問題委員会は、ハロウィンでは人種や文化に配慮しない仮装を避けてほしいと要請するメールを、学生たちに送った。このメールが送られた背景には、白人警官による黒人射殺事件や、9人の黒人礼拝者が白人主義者に殺されたサウスカロライナ州の教会銃乱射事件、「黒人の命も大切だ」運動に先導された対話や抗議などをきっかけとして、人種と特権に関する幅広い議論がアメリカ中で巻き起こっていたという事情があった。[2]

幼児教育の専門家であるエリカは、学生たちに適切な仮装を求めるこの委員会のメールに反論したことで、夫とともにハロウィン論争の渦中に巻き込まれた。エリカのメールは、委員会の懸念に理解を示しつつも、大学の管理運営者が学生の行動を制限する要請を送ることが果たして正しい判断なのだろうかと、疑問を投げかけた。「私たちは社会的規範の形成を通じて自己の行動を顧みる若者たちの――そしてあなたたちの――能力を信頼できなくなったのでしょうか？　また気がかりなものごとを受け流し、やり過ごすあなたたちの能力を信頼できなくなったのでしょうか？　……ハロウィンの仮装をめぐるこの議論は、若者たちに対する私たちの見方、彼らの力と判断に対する私たちの見方について、どんなメッセージを伝えるでしょう？」。

ある学生の集団がこれに反発して、抗議の公開書簡をネットに投稿し、共同寮長のニコラスとエリカの辞任を求める請願を始めた。数日後、論争はさらにエスカレートした。シリマン・カレッジの中庭を歩いていたニコラスに学生集団が詰め寄り、彼がエリカのメールを支持したことに抗議して、謝罪を要求したのだ。[3]

ニコラスは、自分は学生のいい分を聞く義務はあっても、謝罪する義務はないと伝え、自分の立場を次のように説明した。

君たちにつらい思いをさせてすまなかったといった。……でもそれは、自分の発言を後悔しているということではない。私は言論の自由を支持する……たとえその言論が攻撃的なものだったとしても、いや、攻撃的なものであればこそ支持する。……私は君たちの言論の内容に賛成だ。君たちと同じくらい人種差別には反対だし、君たちと同じくらい社会的不平等にも反対だ。人生をかけてこれらの問題に取り組んできた。……でもそれは言論の自由とはちがう。君たちを含む人々が自分のいいたいことをいえる自由を守る権利とはちがう。

だが群衆はますます激高した。誰かが叫んだ。「そいつの意見は聞く価値がない！」。別の女学生が意見をまくしたて、ニコラスが途中で割って入ると「うるさい！」と叫んで彼を黙らせた。

彼女は息巻いた。寮長の主な役目は、学生が安心できる場所を寮内につくることであって、自由に議論できる雰囲気をつくることではない、と。ニコラスが反論すると彼女は「ねえ、どうしてその役目を引き受けたの？　誰があんたを雇ったのよ？」と叫んだ。「あんたなんか夜眠れなくなるといいわ！最低よ！」。

驚きだったのは論争の内容ではなく、それが国民的注目を集めたスピードだ。よそから来ていた活動家が対決シーンを撮影した動画をネットに投稿すると、数年前ならキャンパス内に留まっていたはずのできごとが、SNSで爆発的に拡散した。

SNSは現実世界にも影響をおよぼした。エリカとニコラスは最終的に共同寮長の座を辞任した。[4]また拡散した動画は、カッとなった学生を苦しめ続けた。彼女は「絶叫ガール」のあだ名をつけられ、身元をさらされ、特権的な生活をしていることを槍玉に挙げられた。彼女の実家がコネチカット州の裕福な地域にある70万ドルの家だということがあるサイトでばらされると、[5]コメント欄は人種差別用語や脅し文句であふれた。そして物語は香港からハンガリーまで、世界中のメディアにすばやく広まった。それはイェール大学が求めていたような注目ではなかった。

チック・ペローがシステムの失敗に関する最初の論文を発表した1984年には、この論争をたきつけたテクノロジーは存在しなかった。今日のスマートフォン動画が複雑性を生み出すのは、それまで必ずしも関係がなかったものごとを——このケースでいえば大学の中庭と国際的注目とを——結びつけるからだ。こうした動画はソーシャルメディアの拡散力と組み合わさると密結合のシステムに取り込まれ、瞬く間にシェアされ、完全に消すことはできなくなる。

1984年当時、大学は疎結合のシステムの典型だった。今は一概にそうとはいえない。そして大学だけではない。ペローが最初の分析を行ってからこの方、線形系または疎結合に分類されたシステムの多くが、複雑性と結合性を増している。あらゆる種類のシステムがデンジャーゾーンに移りつつあるのだ。

たとえば密に結合しているが複雑性は低いとペローが見なした、ダムを考えよう。何か不具合が起これば、ダムは決壊して下流地域に壊滅的被害をもたらすおそれがある。だがペローによると、ダムは単純な線形系で、予期せぬ相互作用が少ないため、デンジャーゾーンには入らないという。もはやそうではない。

1980年代にダムを訪れた人は、ダムの近くに住んで安全を守る「ダムの番人」になかを案内してもらったかもしれない。だが最近のダムは人っ子1人いないこともある。ダムの操作員は遠隔の――原子力発電所の制御室にとてもよく似た――制御室にいて、ダムを直接見ることなく決定を下しているのだ。

連邦ダム検査官のパトリック・リーガンが最近になってペローの分析を再検証し、1990年代以降の新しい技術と規制によって、ダムの運営方法が一変していると指摘した。[6] 番人によって運営されていた頃のダムは単純だった。ダムがあふれそうになり水を放出する必要が生じれば、番人が歩いて堤頂まで行き、ゲートを開くスイッチを押した。番人は正しいゲートがきちんと動いているかどうかを、目で確認することができた。

だが今日のダムでは、離れた場所にいる操作員がコンピュータ画面上の仮想ボタンをクリックして、「ゲートが動いているという信号を、何らかの位置センサーから受信する」とリーガンは書いている。「センサーの情報が誤っていても、操作員はゲートが動いているのか、どれくらい動いているのかを本当には知ることができない」[7]。

何が起こるかは、お察しの通りだ。たとえばカリフォルニアのあるダムで、ゲートから位置スイッチが剥落した際、遠隔の操作員がゲートの位置を把握できなくなり、大量の水が放出されていることに気づかず、下流地域の住民が避難できずに取り残された[8]。さいわい悲劇は避けられたものの、これは典型的なシステム事故の始まりである。ちょっとした機器の故障と計器の誤表示だけで、システムはたちまち制御不能に陥るのだ。

リーガンによれば、今日のダムは原子力発電所が位置するのと同じ、複雑系と密結合のデンジャーゾーンに分類される。ダムの操作員は入り組んだシステムを間接的な指標に頼りながら動かしている。これは憂慮すべきことだと、リーガンは指摘する。「ダムを制御するシステムが複雑になればなるほど、失敗の可能性は高まる」。

2 コンピュータとアルゴリズムによる金融メルトダウン

ペローは1984年の著書で、金融にほとんど関心を払わなかった。ペローの複雑性と結合性のマトリックスに、金融システムは登場すらしない。だがその後の30年間で、金融は複雑で密に結合するシステムのまたとない例になった[9]。たとえば株価がたった1日で20%以上暴落した、1987年のブラックマンデーを考えよう。大暴落に至るまでの数年間に、大手機関投資家の多くがポートフォリオインシュアランス〔コンピュータによるプログラムを活用して、株価下落時のリスクを回避することを目的とする手法〕を導入し始めた。このトレーディング手法が、投資家の間に予期せぬ結びつきを生み出し、株式市場の複雑性を高めた。またいったん株価が下落し始めるとプログラムが自動的に先物を売り、相場をさらに押し下げたため、システムの結合性も高まった。

その10年後、売りが売りを呼ぶ同様のメカニズムが、[10]ヘッジファンドのLTCM（ロング・ターム・キャピタル・マネジメント）を揺るがした。この巨大ファンドはウォール街中の金融機関から借り入れた1000億ドルの資金を元手に、独自に開発したコンピュータモデルによって割安と判断される資産、たとえば高利回りのロシア国債などに投資した。かくしてLTCMは複雑な金融網のどまんなかに鎮座することになった。1998年8月、ロシアがデフォルト（債務不履行）に陥ると、網は崩れ始める。最終的にFRB（アメリカ連邦準備制度理事会）は危機を封じ込めるために、30億ドル超の救済融資をとりまとめるはめになった。

そのまた10年後、モーゲージ債の派生商品とクレジット・デフォルト・スワップがもたらした複雑性と結合性が、リーマン・ブラザーズの破綻を招き、世界金融危機の引き金を引いた。一歩まちがえばさらに悲惨な結果に終わっていたかもしれない。アンドリュー・ロス・ソーキンが『リーマンショック・コンフィデンシャル』[11]にくわしく書いているように、銀行間の深く不透明なつながりのせいで、世界金融システム全体があやうく破綻しかけたのだ。

２０１０年にペローはインタビューに答えて、金融システムは「これまで調査したどの原子力発電所の複雑性も超えている」[12]と認めた。そして２０１２年夏にはウォール街最大の企業の一つが、複雑系と密結合のせいでメルトダウンを起こしたのである。

２０１２年8月1日は、ウォール街の夏の退屈な1日になるはずだった。[13]進行中の欧州債務危機にはとくに進展がなく、重要な経済指標の発表も予定されていなかった。だがニューヨーク証券取引所の寄り付き後、スイスの製薬会社ノバルティスの株価が乱高下した。取引開始直後に急騰したかと思うと、瞬く間に急落した。たった10分間で通常の１日分の取引が行われ、その後も市場に注文が殺到し続けた。

ウォール街のはずれにあるネオクラシカルな超高層ビルの小さなオフィスで、自動売買システムがノバルティスに数千株の買い注文を出したのち、あらかじめ設定されたリスク許容水準に達したため取引を停止した。システムは大きな警告音を立てて、トレーダーのジョン・ミューラーの注意を引いた。マサチューセッツ工科大学（ＭＩＴ）卒のコンピュータ科学者ミューラーは、この会社のトレーディングプラットフォームのほとんどを設計し、システムは数百銘柄の超高速取引により利益を上げていた。

いったい、いったい何が起こってるんだ？　ミューラーはブルームバーグの情報端末でノバルティスの情報をチェックした。株価は暴落していたが、その原因となるような発表は行われていない。困惑していたのはミューラーだけではなかった。ウォール街中のトレーダーがこの不可解な値動きに頭をひねっていた。

ミューラーのモニター上のスプレッドシートは、2つの正反対の世界観を示していた。赤文字は、ノバルティスの株価が下げ止まらないなか、ノバルティス株の保有ポジションの莫大な含み損を表していた。一方、別の列の緑文字は彼のモデルによる分析で、現在の株価は低すぎる、できる限りこの銘柄を買い増せと指示していた。ミューラーは2つの列にすばやく目を走らせるうちに、ほかのトレーダーたちも気づき始めていたことを察知した。同じ不可解な動きが、ゼネラルモーターズからペプシまでのすべての銘柄で起こっていたのだ。つまり問題はおそらく個々の企業以外のところにあるということだ。まもなくウォール街中のトレーディングフロアに噂が広がった。大手証券仲介業者のナイト・キャピタル（ナイト）で、何かまずいことが起こったようだ、と。

ナイト・キャピタルのCEOトム・ジョイス、通称TJは、スポーツニュースを見ながらソファに寝そべっていた。いつもならジャージー・シティにあるナイトのオフィスにいる時間だが、この日はコネチカット州の高級なベッドタウン、ダリエンの自宅で、包帯を巻かれた膝に氷を置いて術後の回復を図っていた。

午前10時頃、ナイトのトレーディング部長から電話があった。「CNBC〔ニュース専門放送局〕をご覧になってますか？　うちで取引ミスがあったんです……巨額です」。この時点ではまだ詳細は不明だったが、コンピュータのバグのせいで、取引開始半時間で65億ドルもの意図しないポジションが積み上がってしまったというのだ。TJはそのことのもつ意味を考えてくらくらした。これほど巨額のポジションとなれば、当局からどんな処罰を受けるかもわからず、下手するとナイトの存続自体が危うくなる。

ナイトの自動取引システムは約30分にわたって障害を起こし、１４０銘柄に毎秒数百件の意図しない注文を出した。これが、ジョン・ミューラーをはじめ、ウォール街中のトレーダーが画面上で目撃した異常の原因である。しかもナイトの誤発注はあまりに目立ったため、市場のトレーダーがすぐに気づき、容易に反対ポジションをとることができた。まるでナイトが市場を相手にポーカーをしていて、札は相手から丸見えで、すでにオールイン〔所持金を全額賭けている状態〕しているようなものだ。同社は約30分間にわたり、毎分１５００万ドル超の損失を出し続けた。[14]

ＴＪはオフィスへと向かう車内から、彼の仕事人生で最も重要な電話をかけた。ＳＥＣ〔証券取引委員会〕委員長のメアリー・シャピロを相手に、ナイトの取引は明らかに誤発注なのだから無効にされるべきだと訴えた。ナイトのＩＴ担当者が、取引ソフトウェアの更新をすべてのサーバに正しくインストールしなかったのが原因だった。「あれは正真正銘のエラーでした」とＴＪは主張した。シャピロはスタッフと協議するといっていったん切り、１時間後に電話を返した。取引は有効です。

ＴＪは車から這い出し、松葉づえをつかむと顔をしかめた。オフィスへと上がるエレベーターのなかで首をひねった。なぜこれほどささいなミスがナイトを揺るがしたのか？　何をどうすれば、たった1人の従業員の不注意が会社に5億ドルもの損失をもたらせるのか？

ナイトの破綻を直接引き起こしたのはソフトウェアの小さなバグだったが、問題はそれよりずっと根深かった。ウォール街の過去十年間の技術革命が、メルトダウンに格好の条件を生み出したのだ。かって断片的で非効率で、人間関係に基づく活動だった株式取引は、近年の規制と技術によって、コンピュータとアルゴリズムの支配する、密結合の活動と化していた。それまでフロアトレーダー（場立ち）や電話を使って取引を執行していたナイトのような企業は、新しい世界への適応を迫られた。

２００５年から07年にかけて、全米市場システム（レギュレーションＮＭＳ）と呼ばれる新規則が段階的に導入されると、株式取引の大部分が電子化された。また一般に評論家は「株式市場」を一つのまとまりのように語るが、アメリカの市場は実際には10以上の取引所からなっている。それぞれの取引所は、少しずつ異なるルールの下で運営されているが、アメリカの株式ならどの銘柄でも執行することができる。

レギュレーションＮＭＳは2つの大きな変化をもたらした。第一に、迅速で自動的な注文の執行を取引所に義務づけることによって、取引から人間を排除した。それまでは人間が売り注文と買い注文を突き合わせ、手作業で取引を処理していたため、投資家の注文が完了するまで何分もかかることがあった。第二に、レギュレーションＮＭＳは、取引所に互いとの連携を図り尊重し合うことを義務づけることによって、取引所間の競争条件をより平等なものにした。たとえばある投資家がニューヨーク証券取引所（ＮＹＳＥ）にＩＢＭ株１００株の買い注文を出したとしよう。以前は、たとえほかの取引所により有利な気配値（この場合でいえばより低い売値）が提示されていたとしても、注文はＮＹＳＥでしか執行できなかった。だがレギュレーションＮＭＳは、最良気配値を出している取引所に注文を転送することを、すべての取引所に義務づけた。これによって真に全国的な市場が生まれた。

ナイト・キャピタルはウォール街以外ではあまり知られていないかもしれないが、イー・トレードやフィデリティ、TDアメリトレードといった大手ブローカーから送られた小口投資家の注文や、年金基金のような大口投資家からの注文を処理する、大手証券仲介業者である。これらの注文はナイトのサーバで受信され、そこでスマートオーダー・ルータ（SOR）と呼ばれるコンピュータコードが処理方法を判断した。つまり、別の取引所に直接転送するか、自社の内部取引システムの注文と突き合わせるか、それ以外の方法で処理するかを決定した。

ナイトは市場の変化に対応すべく、技術の刷新に余念がなかった。レギュレーションNMSを受けて、全米の証券取引所の数が急増した。またナスダックやNYSEなどの既存の取引所は、市場間競争の激化を受けて、ルールを細かく調整することによって、プロのトレーダーから巨大年金基金、個人の小口投資家までの幅広い顧客を引きつけようとしていた。

市場の完全電子化は、金融における革命だった。コンピュータの使用によりコストが下がり[15]、取引は高速化し、トレーダーは注文をより自在に制御できるようになった。だがレギュレーションNMSは、市場の複雑性と結合度を高め、そのせいで思いがけないできごとが起こるようになっているのだ。たとえば2010年5月6日、市場はいわゆる「フラッシュクラッシュ（瞬時の暴落）」に見舞われた[16]。小さな混乱をきっかけに、数百銘柄が瞬間的に数セントにまで急落し、瞬時に買い戻されるという現象である。あれはウォール街の歴史のなかでもとくに奇妙な日だった。つまり相当奇妙だということだ。

そして今度はナイトが、最新の劇的なメルトダウンを引き起こそうとしていた。

図表2-1

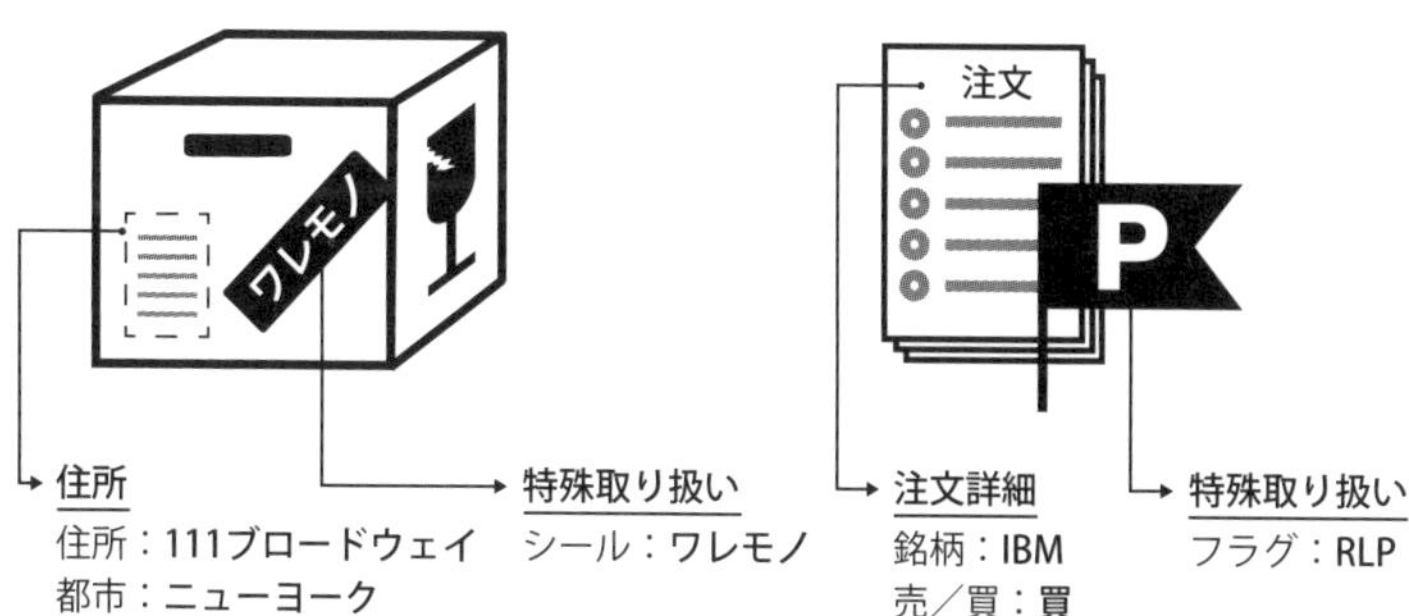

ナイトの失敗がどこから始まったかをピンポイントで示すのは難しいが、2011年11月を出発点にするのは悪くない。この月にNYSEは、小口投資家を呼び寄せることを狙った新制度の導入を発表した。それは個人投資家流動性プログラム（RLP）と呼ばれるもので、個人投資家のために一種の影の市場を設け、ほかの市場より数分の1セント有利な気配値を提示するというプログラムだ。ナイトのプログラマーは顧客がこの新しいプログラムを利用できるように、それまで年に何度も行ってきたように、このときも取引ソフトウェアに修正を加えた。

顧客がRLPを利用するためには、「この注文にRLPを適用する」という意思表示をする必要がある。これを簡単にできるようにするために、ナイトのプログラマーはシステムに「フラグ（旗）」を追加した。このフラグは、注文の特殊な取り扱いを指示する多くのフラグの一つで、ナイトのシステムに対し、注文をRLPに回すよう指示するものだった。フラグは小包の「ワレモノ」シールに似ていて、小包の中身に影響は与えず、たんに特殊な取り扱いが必要だということを知らせる。フィデリティなどのブローカーがナイトにRLP注文を送信する際、注文の特定の部分に（RLPのPを示す）「P」の文字のフラグを含める（図表2−1）。

ナイトのSORは、このフラグのついた注文を受信すると、システム内のRLP注文を処理する部分に送る（図表2−2）。

ナイトはRLPフラグとして、数年前に使用を停止した別のフラグを再利用することにした。それは「パワーペグ注文」という、別の種類の注文を特定するためのフラグだった。その当時ナイトのシステムは、トレーダーからパワーペグ注文を受信すると、それをいくつかの小さなバッチに分割したうえで、一続きの注文として各取引所に転送した。その狙いは、大口注文による価格変動を低減することにあった。パワーペグ注文は古い技術で、ナイトは2003年にサポートを停止したが、その際プログラマーはそのコードを取引システムから取り除かずに、アクセス不能にしたまま残しておいた。数年後、システムに別の変更が加えられたことにより、SORはパワーペグ注文の取引を追跡できなくなった。どのみちパワーペグ機能は無効にされていたのだから、これは何の問題も生じないはずだった。そして、誰も問題があることに気づかなかった。

これらの一見無害な一つひとつのステップ――RLPの導入、パワーペグ機能の保持、パワーペグ取引の追跡不能、パワーペグフラグの再利用――が、金融メルトダウンのお膳立てをした。RLPプログラム開始の数日前、ナイトのIT社員が更新プログラムのインストールに取りかかった。問題がないこ

図表2-2

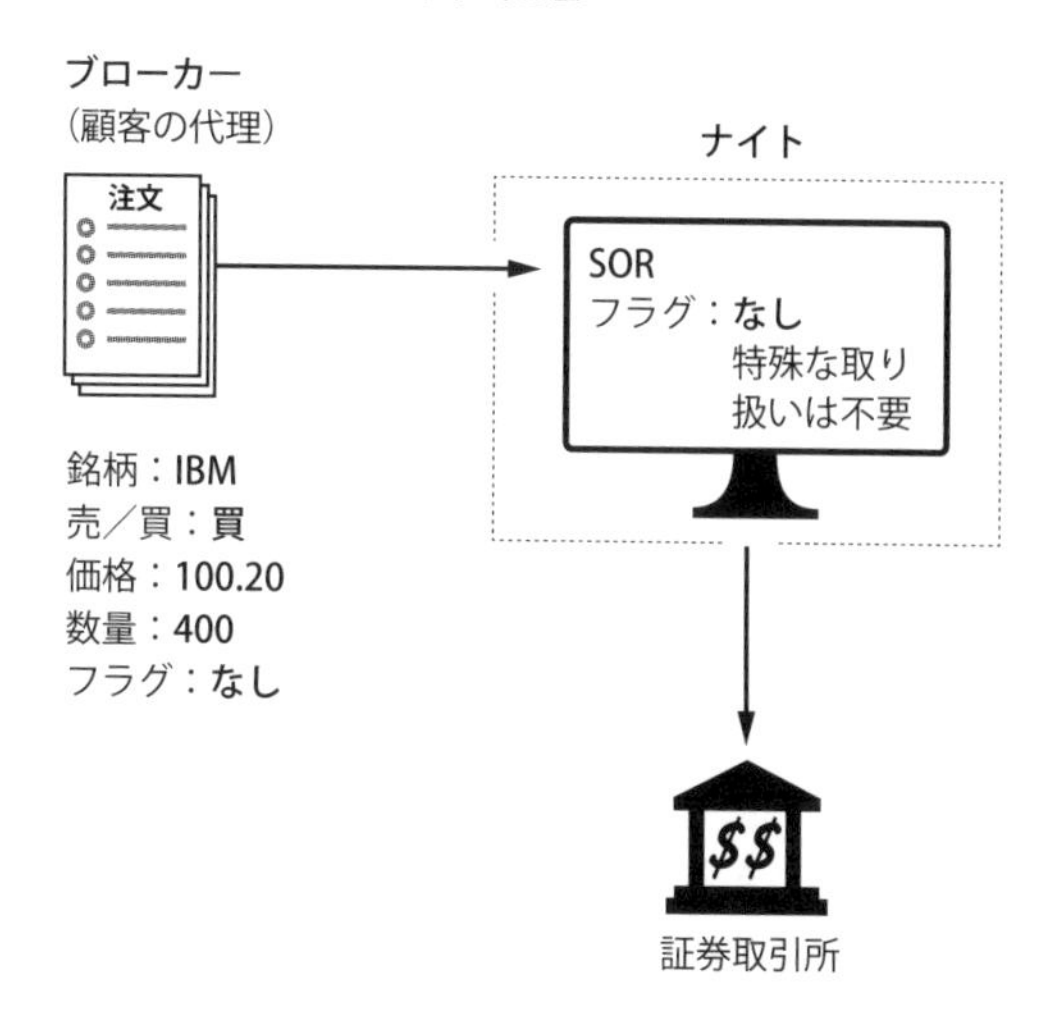
通常の注文の処理
ブローカー
（顧客の代理）
注文
ナイト
SOR
フラグ：なし
特殊な取り
扱いは不要
銘柄：IBM
売／買：買
価格：100.20
数量：400
フラグ：なし
証券取引所

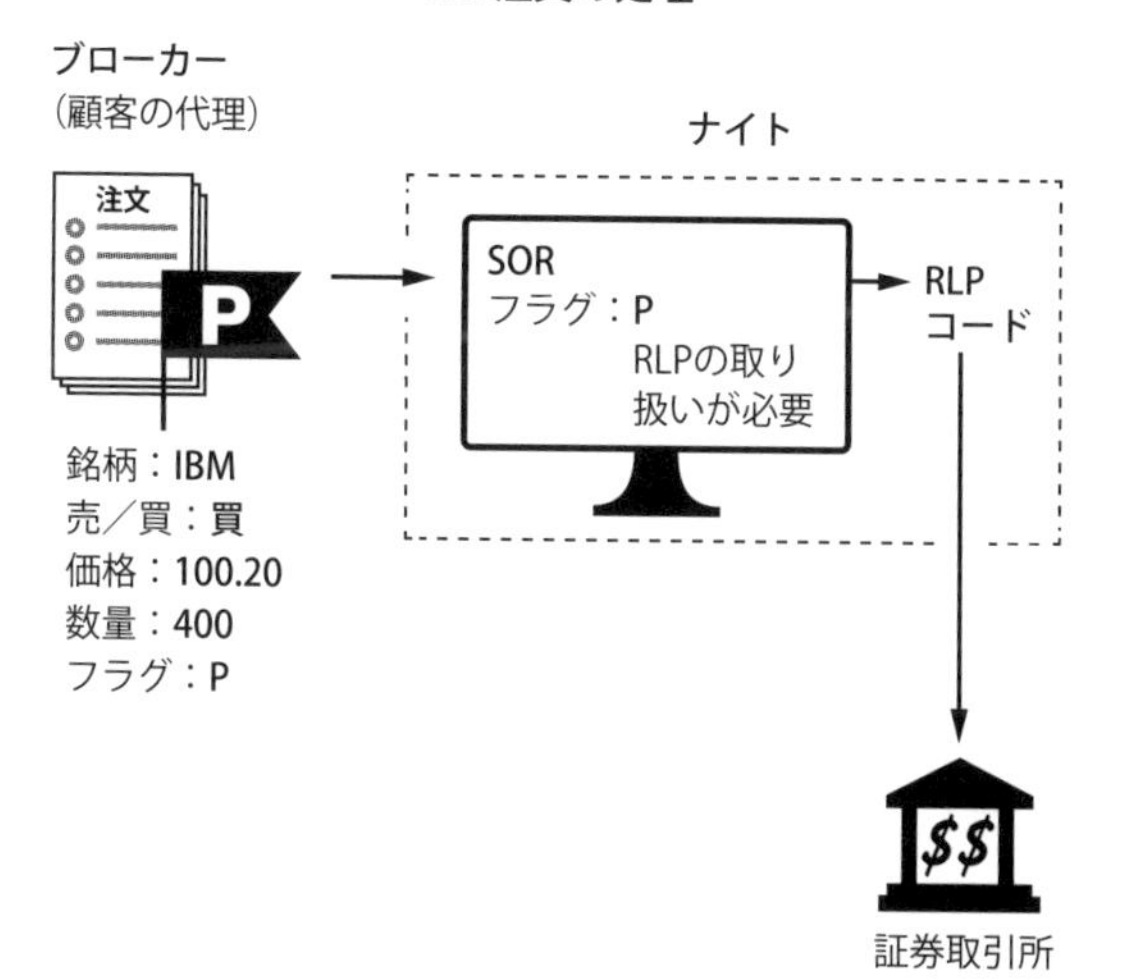
RLP注文の処理
ブローカー
（顧客の代理）
注文
P
ナイト
SOR
フラグ：P
RLPの取り
扱いが必要
RLP
コード
銘柄：IBM
売／買：買
価格：100.20
数量：400
フラグ：P
証券取引所

とを確認するために、まず一部のサーバで試し、正しく作動するのを見届けてから、8台のサーバのすべてにRLPコードを組み込んだ。いや、そうしたつもりだったが、実際には1台だけ追加し忘れた。7台のサーバは修正ずみのソフトウェアを実行したが、8台めのサーバは、パワーペグコードが残る、古いバージョンのままだった。

8月1日の朝、ナイトの取引システムに数百件の注文が到着した。7台のサーバでは注文は正しく処理され、RLPフラグのついたものはRLP注文としてNYSEに転送された。しかし、8台めでは大混乱が生じていた。

9時半に市場が取引を開始すると、8台めのサーバは顧客から送信されたRLP注文を処理し始めた。だがサーバにはRLPコードが組み込まれていなかったため、本来ならそれぞれのRLP注文を1件の指値注文としてNYSEに送信すべきところを、古いパワーペグコードを使って決定した価格で、同じ注文を毎秒数百件という高速でくり返しNYSEに送信し続けた。サーバはフォード、ゼネラルモーターズ、ペプシ、そしてジョン・ミューラーが見たノバルティスを含む、100以上の銘柄の注文をNYSEに出し続けたのだ。

これらの注文のうち、約定した注文は、ナイトの通常のシステムには表示されなかったが、迷子の取引を追跡する監視プログラムによってとらえられた。だがこのプログラムはポジションの詳細までは表示しなかったため、事の重大さに誰一人気づかなかった。例のクエスチョンマークだけをプリントアウトし続けたスリーマイル島のコンピュータのように、ナイトの監視プログラムはすぐに事態についていけなくなった。

問題がようやく修復されたとき、ナイトはすでに経営破綻の瀬戸際にあった。

ナイトのメルトダウンは、30年前には起こり得なかった。コンピュータが取引を独占する前は、ほとんどの取引が証券取引所の立会場で対面で行われていたため、取引はわかりやすく、予期せぬ複雑な相互作用は起こりにくかった。何かいつもとちがうこと、たとえば顧客からいつになく大量の注文が来るといったことが起こっても、トレーダーは取引執行前に事情を確認することができたため、市場の結合性は低かった。万一誤解が生じても、トレーダーが協議のうえ、誤った取引を取り消すこともできた。だが電子取引が主流になると、現代ファイナンスは複雑で不透明で容赦のないものになった。

TJはオフィスに到着すると、ナイト・キャピタル自身の株価が暴落するなか、経営陣とともに取引先に緊急支援を要請した。翌日、TJは負傷した膝もそのままにブルームバーグTVに出演し、投資家の不安を払拭しようとした。「技術は故障するものです。それはいいことじゃありません。うれしいはずがない。でも、技術は必ず故障するのです」。

TJは会社存続のために奔走し、週末の間に巨額の資金供給を確保した。しかし数か月後、ナイトはライバル会社GETCOへの身売りを発表した。合併後まもなくTJは新会社を去った。

「問題から逃れられる人は誰もいない」と、TJは私たちに話してくれた。「あとからなら、もっと賢明になれたはずだとか、もっと速く走れたはずだ、高く飛べたはずだなど、何とでもいえる。あの失敗が起こるまで、私たちは適切な措置を山ほどとっていた」。だがそれでは十分ではなかった。ナイトのような金融機関は、思った以上にデンジャーゾーンに入り込んでいるのだ。

3 原油流出よりコーヒー「流出」対策に時間をかけていたBP

2010年4月20日は、ケイレブ・ホロウェイにとってよい1日になりそうだった。ホロウェイは世界で最も先進的な洋上の石油掘削施設（リグ）、ディープウォーター・ホライズンで働く28歳のひょろ長い掘削作業員だ。ホロウェイらはブリティッシュ・ペトロリアム（BP）が採掘権をもつ油井、マコンド・プロスペクトの厄介な試掘井の掘削を終えようとしていた。プロジェクトの完了を誰もが心待ちにしていた。その朝、ホロウェイはリグの主任ジミー・ハレルにオフィスに呼ばれた。そこでリーダーたちを集めて行われた小さな式で、最近の点検中にボルトの摩耗を発見したことを表彰され、銀の腕時計を贈られたのだ。

それから12時間も経たずに、ホロウェイは死の危険にさらされた。[17] 掘削中に油井の猛烈な圧力により、原油交じりの泥がリグの上空高く噴き上がった。その数分後、噴出したガスがリグのエンジンに引火し、大爆発が起こったのだ。救命ボートに乗り込んだ人もいれば、18㎞下のメキシコ湾の暗い海に飛び込んだ人、リグに閉じ込められた人もいた。作業員11人が死亡し、ディープウォーター・ホライズンは50㎞先からでも見えるほど高い炎を上げて燃え続け、2日後に水没した。[18]

その後の3か月にわたり、水深数㎞の井戸元から原油がとめどなく流出した。爆発から87日後に流出源が封じられるまでの間、500万バレル近い原油が流出し、メキシコ湾に巨大な油膜が広がった。

「ディープウォーター・ホライズン」は、ただのしゃれた名前というだけではない。爆発の1年前、このリグは水深1600m、掘削深度8000mという、当時世界で最も深い油井を掘削したことで話題を呼んだ。このリグをリースしていたBPをはじめとする石油会社は、新しい鉱床を求めてますます深い海底を掘削している。だが掘削深度を深めることによって、複雑性と密結合の限界に挑むことになった。BPはデンジャーゾーンにさらに深く足を踏み入れていった。またディープウォーター・ホライズンの運営コストは1日あたり100万ドルにも上ったため、BPのエンジニアはマコンド油井の掘削をできるだけ短期間で終わらせようとしていた。

噴出の原因は、作業員が安全点検中に発見できる、ボルトの摩耗のような問題ではなかった。つきつめれば、BPが油井の複雑性に対処できなかったことに、その原因はあったのだ。

放射能のために原子炉の炉心を直接観察することができないのと同様、水圧の高い深海という環境のために油井内の状態を知るのはとても難しい。海底数㎞で何が起こっているかを確かめるために、「係を現場に降ろす」わけにはいかない。いきおいコンピュータによるシミュレーションや、油井の圧力やポンプの流量のような間接的な指標に頼ることになる。

そんなわけで、BPが事故に至るまでの間に一連のリスクの高い決定——たとえば気がかりな圧力値を無視する[19]、セメントの強度確認試験の異常値を放置するなど[20]——を下した際、その結果として生じた問題は複雑性によって覆い隠された。ホライズンの作業員は大惨事すれすれのところで働きながら、そのことに気づいてもいなかった。

作業員が噴出に対処する間にも、複雑性が再び襲った。リグの精巧な非常用システムに作業員が圧倒されてしまったのだ。たった一つの安全機構を作動させるのにも30のボタンがあり、分厚い緊急時ハンドブックにはあまりにも多くの緊急事態が載っていて、どの手順に従うべきかを判断するのは至難のわざだった。事故が起こり始めると、作業員は金縛りにあったように動けなくなった。ホライズンの安全機構にマヒさせられてしまったのだ。

そしてメキシコ湾の不安定な地層を掘削したリグは、密に結合していた。いったん事故が起こり始めれば、システムをいったん止めて修理してから再起動するなど、できない相談だった。原油とガスは行き場を求め、上に向かって噴出した。

ディープウォーター・ホライズンは、掘削の限界を押し広げてきた土木技術の結晶だ。だがデンジャーゾーンに深く入り込んでいたにもかかわらず、より単純で寛容な環境のための安全対策に頼り続けた。

リグを所有する会社トランスオーシャンは、安全の特定の側面に大いに注意を払っていた。「毎日が安全会議の目白押しだった[21]」とホロウェイは回想する。「週例の安全会議があるかと思えば、毎日の安全会議もあった」。
作業員は、甲板での手の安全を啓発するラップビデオの制作まで手伝った。[22] 一部を紹介しよう。

無事故の職場
いつでもどこでも
それはみんな計画から始まる
そして手をはさまないのが肝心さ
モーターを動かす機関員
手をはさむな！
リフトを降ろす作業員
手をはさむな！
パイプにつまずく作業員
手をはさむな！

BPもやはり転倒や落下、その他の負傷に目を光らせていた。元エンジニアも証言する。「BPの上層部は、安全の簡単な部分にばかり注意を向けていた。手すりをもつことの大切さや、うしろ向き駐車の利点、コーヒーカップにフタをしないことの危険性なんかは、何時間もかけて話し合うくせに、複雑な施設の安全投資や保守という難しい部分には熱心じゃなかった[23]」。

原油流出よりもコーヒー流出の対策に時間をかけていたのだ[24]。

ばかげた姿勢だと思うかもしれないが、両社にとっては理にかなっていた。手の火傷や転倒、落下、自動車事故が起これば、その分作業時間が失われ、多額のコストが無駄になる。またこうした傷害は追跡が容易だから、事故率や安全向上に関するデータを蓄積し、それらが収益に与える影響を測定しやすい。事故を減らせば、四半期ごとにコスト削減と利益向上という、目に見える成果が上がる。このような成果が、「安全が守られている」という幻想を生んだのだ。そして信じがたいことに、この幻想はディープウォーター・ホライズン事故後もまだ残っていた。「メキシコ湾での悲劇的な人命損失にもかかわらず、当社は総事故発生率と総潜在事故強度率の点で、輝かしい安全記録を達成いたしました[25]」と、トランスオーシャンは有価証券報告書で謳っている。「これらの基準で見て、本年度は創業以来最高の安全実績を記録いたしました。これは、いつでもどこでも無事故環境を実現しようとする、当社の取り組みの成果です」。

創業以来最高の安全実績？　輝かしい安全記録？　この会社は業界史上最悪の事故に関わっていたというのに、彼らの基準では最も安全な1年だったというのだ。

おそらく、基準が適切ではなかったのだろう。おそらく、安全に対する姿勢そのものを変える必要があったのだ。

図表2-3

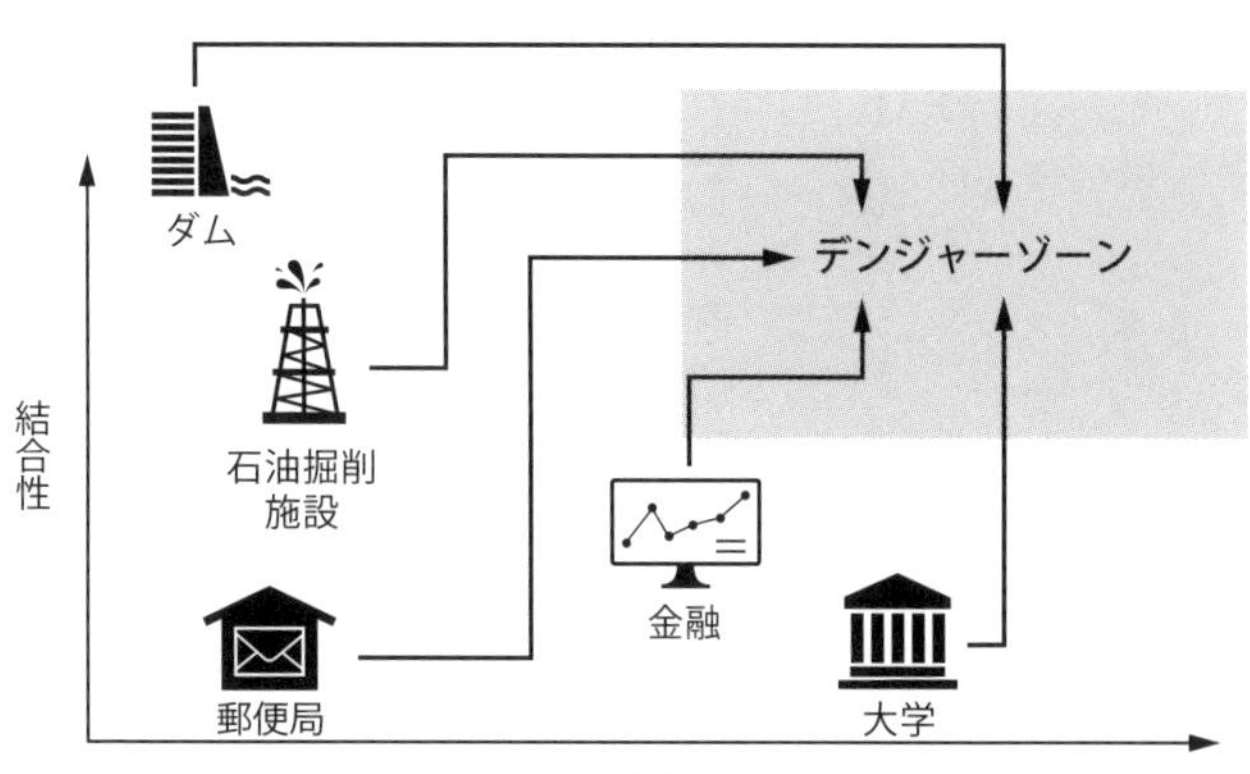

システムが変化すれば、それを運営する方法も変えなくてはならない。ナイト、BP、トランスオーシャンの方法は、時代の流れに適応していなかった。たとえばナイトはテクノロジーが事業の中核を担っていたのに、テクノロジー企業という自覚がなかった。従来のアプローチは、フロアトレーダーが金融を動かしていた時代には適していた。だがもはや時代は変わっていた。

同様に、BPとトランスオーシャンの安全への取り組みは、通常の陸上掘削作業のような単純なシステムには効果があったかもしれない。そうした状況には、作業員の事故率や、ボルトの摩耗のような保守点検の細部に目を配る方法は適しているのだろう。だがディープウォーター・ホライズンは複雑な沖合リグで、完全にデンジャーゾーンに入っていた。

ペローが「ノーマル・アクシデンツ」を刊行した1984年当時、彼のいうデンジャーゾーンはがら空きで、わずかに原子力発電所や化学プラント、宇宙ミッションのようなシステムが含まれるだけだった。だがそれ以来、大学からウォール街の金融機関、ダム、石油掘削施設までのありとあらゆるシステムが、複雑性と結合性と密度をますます高めているのだ（図表2−3）。

どんなシステムも、このシフトからは逃れられないように思える。かつて単純さと疎結合の典型だったシステムも例外ではない。たとえばあの素朴な郵便局を考えてみよう。1984年にペローが郵便局を配置したのは、デンジャーゾーンから遠く離れた、マトリックスの最も安全な片隅だった。郵便局は最も暴走と縁遠いシステムの一つと考えられた。だが今はそれさえも変わっている。

4 準郵便局長を破産や投獄に追い込んだシステム

2000年代初め、イギリスの郵便局に最先端のITシステム「ホライズン」が導入された[26]。10億ポンドを投じて開発されたホライズンは、「ヨーロッパで導入された史上最大のITプロジェクトの一つ」[27]と謳われた。だが数年後、このシステムはイギリス議会で広範に議論されるようになり、新聞には次のような見出しで取り上げられた。

郵便局、善良な人々の生活を破壊[28]

郵便局のシステムをめぐり非難殺到[29]

準郵便局長、詐欺と不正経理事件で潔白を訴え[30]

イギリスの郵便窓口会社（ポスト・オフィス・リミテッド）は半官半民の企業で、顧客はそこで郵便物を送るだけでなく、銀行口座や年金を利用したり、プリペイド携帯電話を購入することもできる。大都市以外の地域では、郵便窓口会社は準郵便局長（サブポストマスター）と呼ばれるフランチャイズに業務を委託する。そうしたフランチャイズの大半が個人商店のオーナーで、自分の店からサービスを提供している。

郵便窓口会社がホライズンを設計したねらいは、数百点におよぶ商品を管理して、準郵便局長の経理の負担を減らすことにあった。またこのシステムは多くの尺度から見て成功していた。ところが導入直後から、ホライズンの会計処理に問題があり、現金や切手の不足を誤って報告し[31]、ATMの誤作動を起こす[32]といった苦情が、一部の準郵便局長から寄せられ始める。ホライズンの機能があまりに多岐にわたることが、原因の一端ではないかと考えられた。ある独立した状況確認調査はホライズンを「きわめて複雑なシステムで、ほかのシステムとの連携に問題があり、適切な研修が実施されておらず、あらゆる問題に対処する責任を準郵便局長に押しつけるビジネスモデル」と評価したと、『フィナンシャル・タイムズ』紙は報じている[33]。ここから、ホライズンが複雑で密結合のシステムだということがわかる。

トム・ブラウンはベテランの準郵便局長だ。彼がこの仕事を始めてからもう30年になり、銃で脅されたことも5回ある。そんな彼でさえ、ホライズンには手こずった。[34] 郵便窓口会社に相談すると、「大丈夫ですよ、そのうち解決するでしょう」といわれた。

ところが次の会計検査で、彼は8万5000ポンドを横領したとして告発された。警察に逮捕され、家と車を捜索された。5年後に訴えは取り下げられたが、ブラウンの評判は地に落ち、彼は事業と家、そして25万ポンドを超える金額を失った。

郵便窓口会社はこうした異常の報告を無視し続け、「各店舗におけるホライズン・コンピュータシステムとすべての会計処理が、つねに絶対的に正確で信頼性が高いことを完全に確信している」[35] という見解を変えなかった。実際、私たちが事実確認を求めたところ、同社はシステムの失敗をテーマとする本に取り上げられることに懸念を示し、ホライズンが「全国1万1600店舗の準郵便局長と代理店、数千人の職員によって利用され、イギリスの大手銀行の代行業務を含めると1日あたり600万件の取引を処理している」[36] ことを強調する一方だった。

郵便窓口会社はシステムの正確さを信じて疑わなかったため、多くの準郵便局長の窃盗、詐欺、不正経理を疑い、不足額の返還を要求し、[37] 刑事告訴した。[38] ここでジョー・ハミルトンの話を聞いてみよう。村の売店で郵便窓口業務を提供していた彼は、2000ポンドの不一致を指摘された。

返済のために住宅ローンを組み直さなくてはなりませんでした。もとは窃盗罪に問われたんです。全額を返済して、不正経理の14項目の罪状を認めれば、窃盗の告訴は取り下げるといわれました。不正経理の方が窃盗より刑務所行きになる可能性が低いだろうと考え、その通りにしました。もしも有罪を認めなければ、窃盗罪で起訴されていたはずです。私は何も盗んでいないことを証明できず、彼らも私が盗ったことを証明できなかった。それにその時はホライズンで問題があるのは私だけだといわれたんです。[39]

数人の国会議員が懸念を表明すると、[40] 郵便窓口会社は外部の不正会計調査会社、セカンドサイトに調査を委託した。セカンドサイトは、問題がシステム内部の予期せぬ相互作用から生じている可能性を指摘した。たとえば「停電と通信障害、カウンターでのミスなど、ふつうではあり得ない状況が重なる」といった事態だ。[41]

また同社は、サイバー犯罪者がＡＴＭにセキュリティ対策をくぐり抜けるマルウェアを仕込み、サイバー攻撃を行ったと考えれば、不一致の説明がつくとも指摘している。[42] 実際、準郵便局長が報告した説明のつかないＡＴＭの現金不足の多くは、屋外に設置されたアイルランド銀行のＡＴＭに生じていたことから、[43] これらのＡＴＭに共通する脆弱性が指摘された。だがホライズンシステムの複雑性のせいで、問題は何年もの間覆い隠され、[44] その間多くの準郵便局長が破産や投獄に追い込まれたのである。[45]

ホライズンは途方に暮れるほど複雑で、[46] 苦情はその後も増え続けたが、それでも郵便窓口会社の責任者はシステムへの信頼を崩さず、セカンドサイトの報告の結論に異議を唱えた。[47]「２年にわたる調査を経て、このコンピュータシステムに問題があったという証拠はいまだ1つも上がっていない」[48]。だが今も問題は解決していない。郵便窓口会社は500人を超える準郵便局長による集団訴訟に抗弁している[49]。また刑事事件再審委員会が、ホライズンの関与が疑われる有罪判決を審理中である[50]。

ある国会議員はこう断定した。「地域社会のために長年、それこそ何十年も尽くしてきた準郵便局長が、ある日突然システムを悪用して詐欺をはたらこうとするだなんて、まったくもって絶対にあり得ない[51]」。ある元準郵便局長もいう。「複雑なシステムのせいなのは明らかなのに、多くの人が投獄されている[52]」。

第3章 ハッキング、詐欺、フェイクニュース

「彼らは嘘をつく必要はなかった。ただ複雑さで煙(けむ)に巻くだけでよかったのです」

1 紙幣を吐き出すATM

2010年にラスベガスで開かれたハッカーの年次国際会議「ブラックハット」に、人好きのするニュージーランド人バーナビー・ジャックが登壇した。[1] 彼の右側には2台のATMが並んでいる。世界中のバーや街角の雑貨店に設置されているのと同じ、現金自動預け払い機だ。コンピュータセキュリティ専門家のジャックは、ATM内部の小さなコンピュータを何年も研究していた。ATMの製造業者によるセキュリティ対策は、最近まで物理的保護が中心で、機械から取り外せないようボルト留めした金庫に現金を格納するといった措置が主だった。だがジャックは持参したラップトップのマウスを数回ク

リックするだけで、ATMのセキュリティがいかに脆弱かを証明しようとしていた。会場を埋め尽くしたハッカーたちに、手早く金持ちになる方法を教えようというのだ。

ジャックがパワーポイントを使って技術をくわしく説明するのを、聴衆は熱心に聞き入った。続いてお楽しみタイムだ。1台めのATMは、彼が開発した遠隔操作プログラムによってハッキングされた。ATMは一見正常通り機能し、顧客の操作に応じて現金を吐き出したが、実は顧客のカード情報を記録していて、ジャックはそれをダウンロードすることができた。

ジャックはシステムに不正侵入するための秘密の入口、いわゆる「バックドア」も仕込んでいた。彼がATMの前に立ち、偽造カードを挿入してボタンを押すと、機械は無差別的に、つまり誰の銀行口座にも払い戻しを紐づけせずに、現金を払い出した。

次にジャックは2台めのATMに近づき、機械の心臓部のコンピュータにUSBメモリを差し込んだ。するとコンピュータは彼の作成したプログラムをロードし、スクリーンに「JACKPOT!!」の文字を点滅させ、楽しげなスロットマシンのメロディを奏でながら、紙幣を次々と吐き出したのだ。聴衆はどっと歓声を上げた。

だが天才ハッカーの名をほしいままにするジャックは、お金を盗むためにATMに侵入しているのではない。彼はシステムのセキュリティ向上を目的とする、「ホワイトハット（善意の）」ハッカーだ。発見した脆弱性を世間に公表する前に、製造元に詳細を報告して修正を呼びかける。

とはいえ、すべてのハッカーが彼のように友好的なわけではない。2013年のクリスマスの数週間前、大手小売業者ターゲットから4000万件ものクレジットカード情報が盗み出される事件があった。[2] ハッカーは店舗に出入りしていた暖房設備の施工業者から認証情報を盗み出し、ターゲットのコンピュータネットワークにマルウェアを侵入させ、全米1800店舗のレジに攻撃を仕掛けた。レジにウイルスを感染させてすべての取引を監視し、顧客のクレジットカード情報を盗み取った。

私たちはふつう、キャッシュレジスターをコンピュータとは見ていない。だがATMと同様、実はレジもその本質はコンピュータなのだ。ターゲットのレジは大規模な複雑系に接続された構成要素の一つのため、ハッカーはシステムの脆弱性を悪用して、全店舗のレジに侵入することができた。ターゲットがハッキング被害を公表すると、同社の売上は急落し、数か月後にCEOが引責辞任した。

これは困った事件ではあったが、レジのハッキングは人命を危険にさらすことはない。だが車のハッキングとなれば、話は別だ。

2

勝手に止まるジープチェロキー

何があってもパニックするなよ。[3]

アンディ・グリーンバーグは2014年モデルのジープチェロキーで高速道路を時速112kmで走行中、突然アクセルが効かなくなった。思いっきり踏み込んでみたが、何も変わらない。止まりそうになりながら走行車線を進み、トレーラーが横をビュンビュン通り過ぎるなか、携帯電話に向かって叫んだ。「アクセルが効かないのは困る！　正直、めちゃくちゃ危険だ。前に進まないと！」。だが彼の声はカーステレオから流れるヒップホップ音楽の爆音にかき消され、電話の向こうのハッカーたちには聞こえなかった。

パニックするなよ。

さいわい、グリーンバーグがジープを運転していたのは雑誌の記事を書くためで、ハッカーは彼を傷つけようとしていたわけではない。グリーンバーグは『ワイアード』誌のテクノロジーとセキュリティ専門の記者だ。２人のハッカー、チャーリー・ミラーとクリス・バラセクは、十数km離れたミラーの自宅のソファで、グリーンバーグが壊れたジープにあたふたする様子に大笑いしていた。２人は何年もの研究の末、ジープのモバイルインターネット接続機能を利用して、ワイパーから速度計、ブレーキまでのすべてを制御する車載コンピュータを攻撃する方法を突き止めた。そして今やグリーンバーグを最初の実験台に、変速装置を攻撃していたのだ。

グリーンバーグは２年前にも、ミラーとバラセクがハッキングした別の車を運転している。ただし当時攻撃をしかけるためには、ラップトップを車の内部ネットワークにケーブルで物理的につなぐ必要があった。２人は後部座席にすわって、車を自動駐車モードに切り替えたり、ハンドルを激しく動かしたり、ブレーキを不能にしたりした。２人はこの攻撃の詳細を２０１３年のブラックハット会議で発表したが、車への物理的接続を必要とする限り脅威ではないとして、自動車メーカーに一蹴された。

しかしミラーとバラセクは、ついに車に遠隔攻撃を仕掛ける方法を発見したのだ。車重2トンのジープに搭載された最先端のエンターテインメントシステムは、ラジオからナビゲーションシステム、エアコンまでのすべてを制御する。またインターネットに接続して、アプリを使って安いガソリンを検索したり、近くのレストランのレビューを表示したりすることもできる。

ミラーとバラセクが自宅のソファにいながらにしてジープをハッキングできたのは、この接続のおかげだ。まず、車のモバイルネットワークからエンターテインメントシステムにアクセスする方法を考案し、このシステムを足がかりに、ほかの三十数台の車載コンピュータにアクセスした。高速走行時に変速装置を無効にし、低速走行時にはブレーキを無効にし、ハンドルを操作することもできた。

グリーンバーグは次の出口ランプで停車して、エンジンを再起動した。今回も、数年前のハッキングのような無害なデモだろうとたかをくっていたが、とんでもなかった。2人は後部座席にいなかったし、変速装置が無効にされたとき車を寄せる場所がなかったことも知らなかった。

身も凍るような体験だったが、グリーンバーグはすばらしいネタをモノにした。そして『ワイアード』誌に記事が掲載された3日後、FCAUS（旧クライスラー）はセキュリティ上の欠陥を認め、140万台のリコールを行うことを発表したのだ。[4] また同社は車の所有者が自分でダッシュボードの端子に差し込んでバックドアを閉じられるように、更新ソフトウェアの入ったUSBメモリを郵送した。しかし脆弱性はそれだけではなかった。そのわずか数か月後、ミラーとバラセクは高速走行中にハンドルの制御を奪い、意図しない加速を起こし、急ブレーキをかける方法を見つけたのだ。

「一番怖いのは、接続を悪用する者たちだ」[5]とグリーンバーグは説明してくれた。「彼らはいくつものバグを利用して、一つのシステムから別のシステムへと次々に侵入し、ついには完全なコード実行能力を手に入れる」。要は、複雑性を悪用するということだ。システム内の接続を利用して、ラジオとGPSを制御するソフトウェアから、車そのものを制御するコンピュータへと侵入する。「車の機能が増えるたび、悪用の機会も増える」とグリーンバーグは警告する。そして機能は現に増え続けている。無人自動車ではコンピュータがすべてを制御し、ハンドルやブレーキペダルがないモデルさえある。

それに脆弱なのは自動車やATM、レジだけではない。バーナビー・ジャックはラスベガスでのプレゼンテーションのあと、医療機器に目を向け、[6]アンテナとラップトップを使って、数十m離れた場所からインスリンポンプをハッキングできる装置をつくった。ポンプを操作してリザーバ内のインスリンを全量注入すれば、致死的な影響をもたらすこともできる。また注入の時間がきたことを知らせる振動のアラートを無効にすることもできた。

ジャックは植え込み型除細動器（ICD）もハッキングした。[7]ペースメーカーに似たこの機器を遠隔から操作して、患者の心臓に致死的な830Vの電流を流す方法を発見した。テレビドラマ「ホームランド」で、テロリストが副大統領のペースメーカーにハッキングし、電気ショックを与えて死亡させるシーンがある。批評家はこのシナリオをあり得ないと片づけたが、ジャックにはむしろドラマでの攻撃が実際より難しく描かれているように感じられた。[8]脅威を深刻に受け止めた人もいる。「ホームランド」が放映される何年も前に、副大統領ディック・チェイニーは、使用していた植え込み型の機器が攻撃の標的にならないよう、心臓専門医に無線機能を無効化させた。

このように、オフライン機器だった自動車やペースメーカーが、接続された複雑な機器に変貌を遂げたのは、まさに革命的といっていいだろう。それにこれらはごくわずかな例に過ぎない。最近ではジェットエンジンからホームサーモスタットまでの何十億種類もの新型機器が、「モノのインターネット（ＩｏＴ）」としてネットワークに接続されている。ＩｏＴは事故や攻撃を招きやすい、巨大な複雑系である。

一例として、インターネットに無線接続する「スマート」洗濯乾燥機がすでに発売されている。このスマート家電は洗剤をネットで再注文したり、電気代を監視して料金が安い時間帯に機械を動かすといった利口なことができる。でもリスクを考えてみよう。スマート乾燥機にセキュリティ上の欠陥があれば、ハッカーが侵入してプログラムを書き換え、モーターを過熱させて火事を起こせるかもしれない。こうした脆弱な乾燥機が中都市のたった数千戸の住宅にあるだけで、ハッカーは大災害を引き起こすことができる。(9)

ＩｏＴは、ある意味では悪魔に魂を売り渡すようなものだ。ＩｏＴのおかげで私たちは無人自動車で移動し、航空エンジンの信頼性を高め、家庭での省エネを実現するなど、多くのことができるが、その反面、現実世界に害をおよぼす機会をハッカーに与えることになっている。(10)

自動車やＡＴＭ、レジに対する攻撃は、事故ではないが、やはりデンジャーゾーンで起こる。コンピュータプログラムは複雑性が高ければ高いほど、セキュリティ上の欠陥が含まれる可能性が高い。現代のネットワークは、悪用のおそれがある相互接続や予期せぬ相互作用に満ちている。また密結合のせいで、いったんハッカーの侵入を許せば、あっという間に被害が広がり、簡単には元の状態には戻せなくなる。

実際どんな分野であっても、複雑性が高いほど不正の余地は広がり、結合が密なほどその影響は増幅される。そしてデンジャーゾーンに乗じて不正を行うのは、ハッカーに限らない。世界有数の企業の経営幹部も例外ではないのだ。

3

複雑性を悪用したエンロン

小さな個人商店、たとえばジャガイモ屋台を始めるには、何があればいいだろう？　基本的なところから始めよう。まず屋台そのものと、それを設置する場所が必要だ。もちろん、売りもののジャガイモと、それを売ってくれる人も。それからおつり用の小銭が少し。これで高級ジャガイモ屋台、「魅惑のポテト」の完成だ。

大成功！　ジャガイモはおいしく、お客はすっかり夢中だ。グルメ評論家は「魅惑のポテトバンザイ！」と大絶賛。商売繁盛、右肩上がりだ。そこで屋台を増やし、売り子を増員する。ジャガイモの品揃えを広げ、サツマイモ市場にも進出する。さらに屋台を増やして急拡大したいから、融資を受ける。すべてが順調だ。

だがその一方で、何もかもが複雑になった。最初は商売全体を、つまり1台のレジとジャガイモの全在庫を一目で見渡すことができた。でも今は管理が大変だ。ジャガイモの販売を人に任せているから、レジの現金に注意を払い、不正がないように目を光らせる。在庫管理にも手がかかる。売れ筋のジャガイモを切らしたくないが、在庫を増やしすぎると腐ってしまう。それにジャガイモが売れまいが、毎月銀行に借入金を返済しなければならない。

ジャガイモ屋台から巨大銀行までのどんな事業も、こういった細々としたことを把握する必要がある。だが事業が複雑になるにつれ、収入や費用、資産、負債を計算する方法も複雑になっていく。レジの金額や屋台のジャガイモの数なら、パッと見てすぐわかるが、大企業が将来の取引から上がる収益を計算したり、複雑な金融商品の価値を評価したりする場合は、曖昧さの余地が大きい。

ニュースで取り上げられるような上場企業は、事業に重要な影響をおよぼす可能性のあるすべてのものごとを開示する義務がある。またそうした報告が会計基準に基づいて行われるように、外部の会計士の集団の監査を受けなくてはならない。だが監査や情報開示があっても、大企業の事業はジャガイモ屋台に比べればずっとわかりづらい。ペローの枠組みでいうと、大企業は組立ラインよりも原子力発電所に近く、内部で起こっていることを直接観察することはできない。

次の賞を見てほしい。すべて同じ企業が受賞したものだ。

1年め：アメリカで最も革新的な企業（『フォーチュン』誌）
2年め：アメリカで最も革新的な企業（『フォーチュン』誌）
3年め：アメリカで最も革新的な企業（『フォーチュン』誌）
4年め：アメリカで最も革新的な企業（『フォーチュン』誌）
5年め：アメリカで最も革新的な企業（『フォーチュン』誌）
6年め：アメリカで最も革新的な企業（『フォーチュン』誌）
7年め：年間最優秀eビジネス賞（MITスローン経営大学院）

いったいどこの企業だろう？　アマゾン？　グーグル？　アップル？　それともゼネラル・エレクトリック？

もう一つヒントだ。この企業の最高財務責任者（CFO）もイノベーターとして表彰されたといったら？

5年め：資本構成管理優秀CFO賞
6年め：年間最優秀CFO賞

ゴールドマン・サックスやシティバンクのような金融業界の企業だろうか？　ではもう一つヒントを。

このわずか数年後に、ＣＦＯが連邦犯罪捜査で有罪を認めたといったら？

この人物はアンドリュー（アンディ）・ファストウ。企業はエンロンだ[11]。

巨大エネルギー企業エンロンを動かしていたファストウたち経営陣ほど、自己の利益のために複雑性を悪用した集団はいないだろう。エンロンは多くの巧妙な粉飾手口のうえに成り立っていたため、最終的に実態が明るみに出ると、会社全体がたった数週間で瓦解した。投資家は数十億ドルを失い、エンロン株に投資していた多くの企業年金制度が消失した。またファストウが複雑な金融スキームを利用してエンロンの負債を隠蔽し、利益を膨らませ、みずから数千万ドルの不当な利益を得ていたことも明らかになった。ファストウとＣＥＯのケネス・レイとジェフリー（ジェフ）・スキリング、その他多くの経営幹部が連邦犯罪で有罪になった。

「木を隠すには森のなか、ともいいます[12]」と、ミシガン州選出のジョン・ディンゲル下院議員が述べている。「私たちが今目の当たりにしているのは、複雑きわまりない財務報告書の一例です。彼らは嘘をつく必要はなかった。ただ複雑さで煙に巻くだけでよかったのです」。

エンロン物語の中心人物の経営幹部は、複雑性を二つの方法で利用した。一つめが、利益を生み出すためだ。エンロンの市場には複雑なルールが存在し、同社のトレーダーはそれをみずからの利益のために利用する方法を知り尽くしていた。たとえばカリフォルニア州では電力自由化によって、かつての規制された電力部門は、驚くほど複雑なルールが支配する市場に置き換わった。エンロンのトレーダーはそうしたルールを逆手に取って、市場を操作するためのトレーディング戦略を開発し、「ファットボーイ」や「デススター」などのふざけたコードネームで呼んでいた。

ある戦略はカリフォルニアの料金上限規制（プライスキャップ）を悪用するものだった。[13] カリフォルニアの送電網の規制当局は、電力料金の低廉化を図るために価格に上限を課す場合があった。エンロンのトレーダーは地域全体の電力価格を見て、カリフォルニアでプライスキャップ（単位あたり250ドル）を利用して電力を安く購入し、他州のピークタイムに1200ドルで販売する、といったことができた。また電力需要予測を悪用して、実際には送電を行わずに架空の電力取引によって支払いを受けた。互いに相殺される書類上の契約を結び、まったく発電を行わずに利ざやを稼ぐという方法である。

それどころか、エンロンの保有する発電所にトレーダーが電話をかけ、電力価格を急騰させるために操業停止を要求したこともあった。[14]「君たち、発電停止のクリエイティブな理由を考えてくれよ」と、あるトレーダーが発電所の操作員にいった。

「強制停止みたいな？」操作員は尋ねた。

「そうだ」

こうした戦略は電力コストの上昇をもたらし、カリフォルニア州に400億ドルの損害を与えた。[15]

エンロンの幹部が複雑性を利用した二つめの重要な目的は、経営実態を隠すことにあった。同社はカリフォルニアでは莫大な利益を叩き出していたが、全体としては赤字だった。海外事業、とくに途上国市場での一連の野心的なプロジェクトで巨額の損失を出していた。たとえばインド・ダボールの電力プロジェクトは、10億ドルをつぎ込んだ末に頓挫している。

ふつうの企業では、無謀なプロジェクトには待ったがかかる。だがエンロンはインド史上最大規模の外資直接投資となるこのプロジェクトを、革新的な取り組みと自賛した。エンロン幹部のレベッカ・マークは、こんなことを述べている。「当社の事業の本質は取引（ディール）にあります。このディール精神が、事業の中核をなしています。取引を見つけることに苦労したことはありません。問題は、当社が手がけたい取引を見つけられるかどうかです。私たちはパイオニアでありたいのです」[16]。

マークのような幹部にとって、取引から利益が上がるかどうかは問題ではなかった。彼らはプロジェクトから実際に上がる現金収入ではなく、得られると見込まれる期待収益に基づいて報酬を支払われた。エンロンは財務状況を把握するために、時価会計と呼ばれる特殊な会計手法を用いた。エンロン幹部は時価会計によって、地上の厄介な現実（10億ドルの投資に対するキャッシュフローがゼロなど）を、楽観的な金融モデルによるバラ色の予測に置き換えることができた。インドで20年間の電力販売契約を締結したその瞬間に、20年分の予想収益を全額計上した。

彼らが時価会計を用いた方法を理解するために、私たちのジャガイモ屋台の世界に立ち戻ろう。ジャガイモ屋台は現金がいくらあるかをもとに、もうけを把握する。ジャガイモが1個1ドルで売れたら、その金額を銀行口座に入金して、在庫からジャガイモを1個減らす。とても単純だ。

次に、ジャガイモ価格が世界的に上昇していると考えよう。1個1ドルだったジャガイモが、今では2ドルする。伝統的な会計手法では、この差益が実現するのはジャガイモを売ったときだ。お客はジャガイモ1個につき、前の1ドルではなく2ドル払ってくれる。

だがもし時価会計を利用するなら、ジャガイモの価格が上昇するやいなや、値上がりの影響が帳簿に反映される。ジャガイモが100個あれば、時価会計では時価が1ドル値上がりしたとたん、実際に現金が流入していないのに100ドルの儲けが出たように見える。実際に回収した現金ではなく、在庫のジャガイモの価値をもとに帳簿をつけるからだ。

時価会計は、銀行のような事業にはしっくりくる。銀行が保有する株式や債券、デリバティブなどの資産は、容易に評価し取引できるからだ。時価会計は、本来なら透明性を向上させる。銀行の保有資産、たとえばある銘柄の株式の価値が下がれば、それが銀行の帳簿に即座に反映される。とはいえ、私たちのジャガイモ屋台には時価会計を導入すべきでないだろう。それに、天然ガスパイプライン会社としてスタートしたエンロンが時価会計を用いるのは奇異に感じられる。

しかし大手コンサルティング会社マッキンゼーからエンロンに転身したCEOジェフ・スキリングは、みずからの描く壮大な計画に沿ってエンロンをつくり替えようと奮闘した。エンロンはパイプライン事業にはもはや注力しない。代わりに一種の天然ガスの仮想市場を運営し、(天然ガスの将来の受け渡しを約束する)先物取引の中間業者になる、という構想だ。新生エンロンはトレーディング会社なのだから、トレーディング事業については時価会計の適用を認められるべきだというのが、スキリングの主張だった。規制当局は1992年にこれを認め、以降エンロンは順調に業績を伸ばしていく。同年、天然ガス売買で北米最大手となり、その後の数年間でほぼすべての事業に時価会計を適用し始めた。

エンロンが天然ガスのような、市場が実際に存在するコモディティ(一般商品)に時価会計を用いるのは、たしかに理にかなっていた。しかしエンロンは市場が存在しない場合でも、独自に構築したモデルによって資産の「適正価格」を推定した。たとえば大規模なプロジェクトを実施するにあたり、そこから得られるであろう収益を算出するモデルを開発した。こうしたモデルはプロジェクトのコストだけでなく、その後の数年間、ときには数十年間に上がるはずの収益を考慮に入れた。時価会計によりプロジェクトに単純な算式をあてはめ、みずから所有する〔連結決算対象外の〕特別目的会社（SPE）に取引を飛ばし、プロジェクト全体を利益性の高い事業に見せかけることができた。エンロンはこのようにして、得てもいない「利益」を直ちに計上した。この手法が同社の株価を押し上げ、レベッカ・マークやジェフ・スキリングのような幹部を金持ちにしたのだ。また時価会計のせいで、エンロンの幹部（と株主）は、経営状態が実際よりもよいと、みずから思い込むようになった。

だが時価会計は、ただ複雑性を高めただけではなく、エンロンを密結合のシステムにも変えた。時価会計のもとでは、エンロンは取引の将来の見込み利益を前倒しで一括計上するため、取引を締結した四半期の利益が押し上げられる。だが利益はすでに全額計上されているため、取引は将来の利益には貢献せず、その後の四半期については白紙状態だ。したがって投資家の成長期待に応えるには、ますます大きな取引を締結することが必須だった。取引の間隔が少しでも空けば、投資家の信頼は揺らいだ。減速するわけにはいかなかった。[17]

またエンロンにも現金が必要だった。給与を支払い、企業を買収し、野心的なプロジェクトを推進するための資金を得る必要があった。そこで借入れを行ったが、そのことはリスクをはらんでいた。債務が巨額に上ることが発覚すれば、脆弱な財務基盤が投資家に露呈してしまう。そのため複雑な取引によって債務の隠蔽を図った。[18] たとえばあるときシティバンクから5億ドル近い融資を受けると、一連の取引によってSPE間で債務を付け替え、会計規則を悪用することによって、借入れを利益に見せかけた。まるでクレジットカードでキャッシングしたお金を当座預金に振り込み、クレジットカードをもっていることを隠して、そのお金が給与だというふりをするようなものだ。しばらくの間は羽振りがいいと思わせることができるが、それは幻想に過ぎず、借金を返済するときが必ずやってくる。エンロンは1か月後にすべての取引を解消し、シティバンクに多額の手数料とともに資金を返済した。その後も投資家を騙すために、このイカサマをくり返した。

こうした複雑な取引に利用するためにファストウやその前任者が設立したSPEの数は、2000年には1300社超に上った。「会計規則や会計基準、証券取引法や証券規制は曖昧だ」[19] とファストウはのちに語っている。「それに複雑でもある。……私がエンロンでやったこと、われわれが会社としてやろうとしたことは、その複雑性、その曖昧さを……問題と見なすのではなく、好機ととらえることだった」。複雑性は好機だった。

しかし2001年3月、砂上の楼閣は崩れ始める。エンロンの財務諸表を分析した空売り投資家ジム・チャノスが、経営破綻を見越してエンロン株の空売りを始めた。『フォーチュン』誌の記者ベサニー・マクリーンが彼から情報提供を受けてくわしい調査を開始し、「エンロン株は過大評価か？」と題した記事によって、初めて本格的に疑惑を報じた。副題は、「多数の複雑な事業に携わり、財務諸表は解読不能」である。

マクリーンはこの記事で、エンロンがどうやって利益を上げているかの説明を試み、「しかしエンロンの活動を説明するのは容易ではない」と書いている。「エンロンの行っていることは、頭がマヒするほど複雑なのだ」。ある銀行家はいった。「パイプライン事業の運営にそう時間がかかるはずがない――エンロンは入り組んだ無数の金融スキームに、人手と時間のすべてを費やしているのだろう[20]」。

同年10月、エンロンは財務諸表の修正を求められ、10億ドル超の損失を隠蔽していたことを認め、過去に計上した利益を6億ドル近く減額した。また投資銀行家との会合で、負債総額が（公表された）130億ドルではなく、380億ドル近いことを明らかにした。負債の差額は1300社のSPEに巧妙に隠されていた。その後ひと月もしないうちに、エンロンは破産法の適用を申請した。

エンロンの破綻はほかの企業にも波及した。会計監査を担当した会計事務所アーサー・アンダーセンは連邦法違反で起訴され、解散に追い込まれた。世界有数の投資銀行が不正会計や株主を欺く行為に加担していたことが明らかになった。不正に関与したシティバンクとJPモルガン・チェースは、それぞれ――エンロンの破綻そのもので被った損失に加えて――規制当局と株主に20億ドルを超える罰金を支払った[21]。

エンロンの従業員にも過酷な影響がおよんだ。2万人が仕事を失い、その多くが老後の蓄えも失った。システムには、彼らを事件の影響から保護するバッファは存在しなかった。

1927年にゼネラル・エレクトリック会長のオーエン・ヤングが、ハーバード・ビジネス・スクールでスピーチを行った[22]。数十年後にエンロンCEOジェフ・スキリングが卒業することになる学校である。「法は」とヤングはいった、「明らかな不正行為、あまりにも不正なため社会が何らかの対策を講じなくてはならない行為に対して執行されます」。他方、不正行為の対極にある適正行為は、「あらゆる人の良心に訴えかけるため、事業がどんなに複雑になっても何のまちがいも起こりません」。

企業にとって難しいのは、その間のグレーゾーンだ。「事業が単純で範囲が狭かった時代は、この影の部分にも世間の監視がおよびやすかったのです」とヤングはいっている。「事業が複雑で広範になったとき、あらゆる節制が効かなくなったのは、この部分です。厄介な慣行が生まれるのは、この影の部分なのです」。

エンロンでは頭の切れる経営幹部が、不正行為と適正行為の間のグレーゾーンを悪用した。ファストウ自身もいっている。「複雑なルールがあり、それを自分たちに都合よく利用した[23]」。年間最優秀CFO賞を得たのと同じ取引で、刑務所のIDカードまで得てしまったと、彼は自虐する。

もちろん、複雑性を利用して不正行為を隠蔽したのは、エンロンだけではない。断じてそんなことはない。同様の不正会計のスキャンダルが、日本の巨大複合企業である東芝とオリンパス、オランダのスーパーマーケットチェーン、アホールド、オーストラリアの保険会社HIH、インドの巨大IT企業サティヤムを揺るがした[24]。そして最近ではドイツのフォルクスワーゲンが、複雑性に乗じて排出ガス試験を操作し、「クリーン・ディーゼル」エンジン車の危険な汚染レベルを隠蔽した。だがこれから見ていくように、複雑性を利用した不正は、企業の世界に限った話ではないのだ。

4 『ニューヨーク・タイムズ』のフェイクニュース

次の『ニューヨーク・タイムズ』の3本の記事について、何か気づいたことはあるだろうか？（太字は著者による強調）

捜査の足跡をたどる
狙撃犯の自供に壁

2002年10月30日

州および連邦捜査官が本日語ったところによると、ワシントンD.C.近郊で起こった連続無差別狙撃事件の容疑者ジョン・ムハンマドが、逮捕当日1時間以上にわたって尋問を受け、事件の動機となった怒りのルーツについて語り出したちょうどそのとき、メリーランド州連邦検察検事が割って入り、事情聴取のために容疑者をボルティモア拘置所に移送するよう命じ、強制的に取り調べを終了させたという。

州捜査官によれば、FBI捜査官とメリーランド州捜査官は、ムハンマド容疑者と信頼関係を

築き始めていた。もう1人の容疑者、17歳のリー・マルボは、モンゴメリー郡捜査官刑事による取り調べを受けたが、黙秘を続けている。

「未成年者の方からは話を聞けそうになかった」と地元捜査官が語った。「**だがムハンマドは洗いざらい話す準備ができたように見え、捜査官は自供をとろうとしていた**」。

戦時下の国家：兵士たちの家族

行方不明兵の家族、最悪の知らせを恐れる

2003年3月27日

グレゴリー・リンチ・シニアはタバコ畑と放牧地を見晴らす自宅のポーチにたたずみ、希望は失っていないと、喉を詰まらせながらいった——つい今しがた立ち寄った軍当局者からは、さらに悪い知らせが来るかもしれない、覚悟するようにと告げられたばかりだというのに。

日曜の夜に知ったニュースより悪い知らせがあるとは思えない、と彼はいう。19歳の娘ジェシカ・リンチ上等兵が、陸軍輸送部隊の一員として前線に向かう途中、イラク南部でイラク軍の待ち伏せ攻撃に遭い、捕虜として拘束されたのだ。

……

タバコ畑と牧草地を見晴らす丘の上にある自宅のポーチに立つリンチ氏は、気もそぞろに見えた。彼は衛星テレビサービスでCNNなどのケーブルニュース・ネットワークを見ていること、一族が代々兵役に就いていること、地元経済が厳しい状況にあることなどを語った。

戦時下の国家：帰還兵

軍病院の負傷兵、悩みと恐れを語る

2003年4月19日

海兵隊のジェームズ・クリンゲル下士官は、身体の痛みに苦しんでいないときは、ぼんやり考え込んでいることが多い。オハイオ時代のガールフレンドや、爆発する火の玉、金属のねじれる音のことを考えて、心がさまよう。

……

だが偵察部隊にいたクリンゲル下士官は、落ち込んだときは隣のベッドのエリック・アルバ二等軍曹や、**すぐ先の病室の海軍衛生兵**ブライアン・アラニス下士官のことを考えて、自分に苦しむ資格があるのだろうかと、複雑な思いにかられる。長距離ランナーだったアルバは、地雷で右足を吹き飛ばされ、アラニスはそのアルバを救出しようとして、地雷で**右足を失ったのだ。**

「自分よりひどい怪我をしたり死んだりした人がこう多いと、自分を哀れむのに罪悪感を感じるんです」と21歳のクリンゲル下士官は打ち明け、**牧師との次の面会を入れなくては、といい添えた。**

……

これらの記事には、現代の新聞のスタイルがよく表れている。ただ事実を報じるだけではなく、感情に訴えかける物語に読者を引き込もうとするのだ。あなたはつまらない縄張り争いのせいで容疑者の自供をとれず、憤慨している捜査官と同じ部屋にいる。娘の安否を気遣いながら自分の来し方を振り返る、悲嘆に暮れた父親と一緒にポーチにいる。イラク従軍でトラウマを抱え感情的苦痛と戦う、負傷した海兵隊員と一緒に病室にいる。

これらの記事はドットコムバブルの崩壊と911テロ攻撃の直後という、アメリカの緊迫した時代に書かれた。2002年10月にワシントン近郊で無差別狙撃事件が起こり、2003年3月にはアメリカがイラクを侵攻した。また折から新聞各紙は業界を激変させる要因への対応を迫られていた。インターネットの台頭と無料コンテンツの蔓延が、長年のビジネスモデルを揺るがしつつあった。これらの3本の記事を掲載した『ニューヨーク・タイムズ』は、2002年にピューリッツァー賞を7分野で受賞したばかりだったが、それでもニュース報道に十分な数の記者を確保できずにいた。

しかし、これらの記事には別の力も働いている。どの記事も野心的な若手記者ジェイソン・ブレアが書いたものだ。[25] そして、どの記事も捏造だった。[26]

ブレアは『ニューヨーク・タイムズ』のインターンとして仕事を始め、記事を書く速さを一部の上司に認められ、ほどなくして常勤記者に昇格する。だが彼の仕事ぶりにはムラがあった。取材はずさんで、掲載記事の訂正率が「うちの基準からいって例外的に多かった」とある編集者はいう。また仕事量が増えるうちに、アルコールとドラッグの依存症に苦しむようになる。[27] ２００２年４月にはニューヨーク都市圏報道部（メトロデスク）編集者のジョナサン・ランドマンが、彼のずさんな仕事に業を煮やし、２人の同僚に宛ててこう書いている。「ジェイソンにタイムズに記事を書くのをやめさせなければ。今すぐに」。[28]

ブレアはしばらく休職し、復帰したときにはリハビリに成功していたかのように見えた。当初は編集者の監視下に置かれ、短い記事を中心に書いていたが、次第に制約に不満を感じ、配置換えを希望する。メトロデスクから運動部に異動になり、そしてワシントン狙撃事件の最中に、国内報道部（ナショナルデスク）に移った。彼の捏造はワシントンで始まった。

『ニューヨーク・タイムズ』の一面を飾った、狙撃犯の自供に関するブレアの独占記事は、大変な物議を醸した。警察は彼の記事を公式に否定し、ベテラン記者たちは懸念を表明した。そしてブレアの記事とは裏腹に、捜査官はこの日自供をとろうとしていたわけではなかったことが、すぐに明らかになる。捜査官は昼食やシャワーといった事務的なことを容疑者と協議していただけだった。

ほかの記事は細かな事柄を捏造していた。ブレアはグレゴリー・リンチの家を訪ねたことはなく、その家はタバコ畑と放牧地を見晴らす丘の上ではなく谷にあり、周辺にタバコ畑はなかった。そして負傷した海兵隊員へのインタビューは、ブレアが書いたように病院ではなく、海兵隊員が家に戻ってから電話で行われた。さらに、記事で名前の挙がった海兵隊員と海軍衛生兵は同時に入院していたことがなく、ブレアはこの話を完全に捏造していた。

だがテキサス州の『サンアントニオ・エクスプレス・ニュース』紙の記者が自分の記事を盗用されたと苦情を訴えるまで、『ニューヨーク・タイムズ』は不正を疑わなかった。指摘を受けてようやく編集者が調査を開始した。

最初は単純な盗用事件と考えられた。ブレアは取材メモを取りちがえたのだと弁明した[29]。だがあきれるような事実が次々と明らかになっていった。ブレアは記事を盗用しただけでなく、テキサスに取材にすら行っていないようだった。「こんな仕事を得るためなら、そう、全米中の人に会って話を聞き、記事にできるチャンスを得るためなら、記者はどんなことだってするだろう」と『ニューヨーク・タイムズ』のメディア編集者はいっている。「なのにこの男ときたら、飛行機に乗ろうとさえしなかったようなのだ[30]」。

『ニューヨーク・タイムズ』のベテラン記者のチームによる調査により、当初はずさんな取材に過ぎなかったものが、やがて正真正銘の不正に発展した経緯が明らかになった。ブレアは取材先での対面インタビューの進捗を編集者にメールしたが、そのメールはニューヨーク市から送信されていた。存在しない情報源との食事代を経費で落とし、ブルックリンのレストランの領収書の日付はワシントンD.C.にいたはずの日だった。それに現場から数か月間にわたって記事を送信しながら、交通費やホテル代は一切請求しなかった。

ブレアを例外的な問題児だという人がいるかもしれない。そういう一面もたしかにあった。だがスタンフォード大学のジャーナリズム教授で引退した編集者のウィリアム・ウーは、この不正にチック・ペローの警告を見て取る。[31]「ニュース組織は、相互作用の複雑性によって特徴づけられる」と彼は書いている。そしてブレアの不正はシステムの失敗だと、ウーは指摘する。あれほど長い間不正が発覚しなかったのは、現代ジャーナリズムの複雑性のせいだと。

編集者は生き生きとした描写を好む。ブレアが描いた、ウェストバージニアの自宅前でのグレゴリー・リンチの感情的なシーンが、その好例だ。だが原子力発電所の炉心と同様、そうした物語の背後にある真実は、観察するのが難しい。そしてこの観察不能性こそがニュース捏造の重要な要素であることを、研究は示している。[32]捏造記事は本物の記事に比べてより遠方から提出され、戦争やテロリズムなど、匿名の情報源に適した題材のものが多く、野球の試合のような大規模な公共イベントに関する記事であることはまれだ。実際、ブレアの記事は遠くから送信され、匿名の情報源や単独インタビューを利用するデリケートな題材を扱うものが多かった。そしてニュース編集室に流れ込む膨大な量の情報を考えれば、編集者らが事実確認をブレア本人に頼っていたことは明らかだ。[33]

ブレアは不正を隠蔽するために、組織の複雑性も利用した。『ニューヨーク・タイムズ』のニュース編集室は分裂していることで有名だった。デスクの編集者は反目し合い、お互いに口もきかなかった。ブレアがナショナルデスクに異動し、D.C.狙撃事件を取材し始めても、新しい上司は彼の仕事ぶりに問題があったことを知りもしなかった。

ブレアは組織の複雑性をほかの方法でも悪用した。その一つが経費報告書だ。ブレアの経費を処理した事務員は、彼がどこで記事を書いているかを調べる担当ではなかったし、彼を取材に送り出した編集者は、領収書を確認するのが担当ではなかった。そのためブレアの経費報告書の矛盾は気づかれずにすんだ。

このスキャンダルによって『ニューヨーク・タイムズ』は読者の信頼を失い、ただでさえうまく機能していなかったニュース編集室はさらに混乱した。複雑性が再び襲ったのだ。

ここまで原子力事故とツイッター炎上、原油流出事故、ウォール街での失敗、そして不正行為に共通するDNAを見てきた。システムの複雑性と密結合が、失敗を起こりやすくし、その影響をより深刻なものにするのだ。組織や私たちの脳は、この種のシステムに対応するようにはできていない。またここまで見てきたシステムの多くは、途方もない恩恵をもたらす反面、私たちをデンジャーゾーンの奥深くに追いやっている。

時計の針を戻して単純な世界に戻ることはできない。だがメルトダウンを起こりにくくするために誰にでもとれる対策は、大小いろいろある。環境がどんなに複雑でも、よりよいシステムを構築し、意思決定のプロセスを改善し、チームの機能を高めることはできるのだ。

どうやって？　第2部でそれを考えよう。

Part 2
CONQUERING COMPLEXITY

第2部
複雑性を克服する

第4章 デンジャーゾーンの脱出口

「ラ・ラ・ランド！」

1 アカデミー賞の「クレイジーな失敗」

豪華。絢爛。複雑。混乱。[1]

第89回アカデミー賞授賞式も大詰めを迎え、俳優のウォーレン・ベイティとフェイ・ダナウェイが、その夜最後のオスカー像を手渡そうとしていた。ベイティが封筒を開け、カードを取り出し、それをじっと見つめた。パチパチと目をしばたたかせた。眉をつり上げ、封筒の中身を再度改めたが、何も入っていない。もう一度、手にもったカードをじっと見た。

「そしてアカデミー賞……」といってカメラをたっぷり3秒は見つめた。もう一度封筒に手を入れた。

「……作品賞は……」と続け、ダナウェイをちらっと見た。彼女は笑って彼をたしなめた。「もうひどい人ね！」。

彼がもったいぶって場を引き延ばしているのだと、彼女は思った。そうではなかった。彼はカードにちらっと目をやり、まばたきをして、それを彼女に見せた。いい、いい、ちょっと見てくれよとでもいわんばかりに。ダナウェイはカードを一瞥すると、高らかに宣言した。『ラ・ラ・ランド』です！」。聴衆から大歓声が沸き起こった。「ラ・ラ・ランド」陣営がステージに大挙し、プロデューサーのジョーダン・ホロウィッツがスピーチを始めた。「ありがとう、みなさんありがとう。アカデミーに感謝します。そして……」。

この瞬間、まちがいが起こったことに気づいていたのは、世界中でたった2人だけ、ブライアン・カリナンとマーサ・ルイスである。彼らは会計事務所プライスウォーターハウス・クーパーズ（PwC）のパートナーだ。アカデミー賞の前の週、2人は投票を集計し、各部門の封筒に受賞者（受賞作品）名の書かれたカードを入れた。授賞式が始まったとき、カリナンとルイスは上手と下手に分かれて舞台袖にいた。2人はPwCの文字と派手なオスカーのロゴの入った、まったく同じ革のブリーフケースをもっていた。それぞれのケースには24部門すべての封筒が、ワンセットずつ収められていた。

このしくみについて、カリナンとルイス自身が、本番数週間前にブログ記事で説明している。(2)

投票管理に問題が生じた場合のバックアップ体制はどうなっていますか？

いくら注意しても十分ということはありません！　封筒は同じものを2セット用意し、それぞれをブリーフケースに入れて、私たちが一つずつもちます。授賞式の朝、私たちは別々の車で会場に向かいます。ロサンゼルスの交通は予測しがたいですからね！　本番中、私たちは2人とも舞台袖に待機して、賞のプレゼンターがステージに出る前に、封筒を手渡します。

私たちは受賞結果も記憶します。各部門の各受賞者の名前を、1人、残らず、すべて、暗記します。カードの紛失やセキュリティ事故に備えて、受賞結果をコンピュータに入力したり書き留めたりはしないのです。

授賞式の間、2人の会計士はプレゼンターに封筒を手渡す。カリナンはこういっている。「ブリーフケースに手を入れるときには、正しい封筒を取り出すよう気をつけなければなりません。……高度な技術は必要ありませんが、周りではいろんなことが起こっていますから、しっかりと注意を払う必要があります[3]」。

作品賞発表の失態が起こる数分前、ルイスは主演女優賞の封筒をプレゼンターのレオナルド・ディカプリオに手渡し、ディカプリオは「ラ・ラ・ランド」で主演したエマ・ストーンの受賞を発表した。

ここでカリナンの注意が抜け落ちた。彼はエマ・ストーンを舞台裏でとらえた写真をツイッターに投稿し、ほぼ同じ頃に、ブリーフケースのなかの次の封筒をベイティに手渡した。しかし、それは作品賞の封筒ではなかった。主演女優賞の封筒のコピー、つまりルイスがディカプリオに渡したものの片割れ

図表4-1

The
OSCARS

エマ・ストーン
「ラ・ラ・ランド」

主演女優賞

だった。なかのカードはこんな感じのものだった（図表4-1）。

ベイティがステージに上がり、封筒を開けて初めて何かがおかしいことに気づき、途方に暮れた。助けを求めるようにダナウェイにカードを見せた。だが彼女が見たのは「ラ・ラ・ランド」の文字だけだったから、それをそのまま口に出したのだ。

「ラ・ラ・ランド」の制作チームのスピーチの最中に、ヘッドセットをつけた舞台監督がステージの人混みを縫うように慌てて進んでいった。続いて2人の会計士がステージに姿を現した。数枚の赤い封筒がやりとりされ、スピーチ開始から2分半経って、「ラ・ラ・ランド」のプロデューサー、ジョーダン・ホロウィッツがマイクをもう一度つかんだ。「みなさん、すみません。まちがいがありました。作品賞は『ムーンライト』です……ジョークではありませんよ」。そして正しいカードをカメラに向けた（図表4-2）。

「『ムーンライト』。作品賞です」

きらびやかな授賞式後のアフターパーティーで、白いソファにすわってスマホの画面を呆然と見つめるアカデミー会長シェリル・

図表4-2

The
OSCARS

「ムーンライト」
プロデューサー　アデル・ロマンスキー
デデ・ガードナー　ジェレミー・クライナー

作品賞

ブーン・アイザックスを、記者が直撃した。あの大失態の間、何が頭をよぎりましたかという質問に、彼女は答えた。[4]「恐怖よ」

ただもう「何？　何？」としか思わなかった。ステージに目を向けると、プライスウォーターハウスの誰かが出てくるのが見えて、「うそでしょう、何――何が起こっているの？　何、何、何？　いったい何が……？」って感じだった。それから思ったわ。「どうしましょう、なぜこんなことが起こったの？　なぜ、こんな、ことが」って。

アカデミーとＰｗＣにとっては面目丸つぶれだったが、この不運なできごとで誰かが死んだわけではない。全体から見れば、ほんのささいなシステムの失敗だった。それでもこのできごとからは、重要な教訓を引き出すことができる。

カリナンが失態を犯す前にみずからいっていたように、セレブにカードを手渡しする仕事に高度な技術は必要ない。それでも、それは大変な仕事だった。発表のその瞬間まで受賞結果が明らかにされないという演出が、劇的な効果を、そして複雑性を高めた。また著名人の聴衆とテレビの生放送が、イベント全体の結合を密なものにした。

このシステムには、大きな弱点が3つあった。第一に、封筒に書かれた部門名が読みづらかった。[5] 赤い封筒に金色の細い文字で直接書かれていたため、カリナンが作品賞ではなく主演女優賞の封筒をベイティに渡してしまったことに気づきにくかった。それにカードには、部門名が一番下に小さなフォントで書かれていた。受賞者名（エマ・ストーン）と作品名（「ラ・ラ・ランド」）は、どちらも大きなフォントで印刷されていた。ベイティにカードを見せられたダナウェイは、それを一瞥して、大きく目立つ「ラ・ラ・ランド」の文字をとらえたのだ。

第二に、2人の会計士が行っていたのは驚くほど大変な仕事だった。カリナンがいうように舞台裏はカオスで、「しっかりと注意を払う必要」があった。ルイスから封筒を受け取るプレゼンターもいれば、カリナンから受け取るプレゼンターもいた。それに、気を散らすものごとが山ほどあった――カリナンが陥った、セレブの写真をツイートしたいという誘惑もその1つだ。

だが最も興味深い弱点は、PwCの2つのブリーフケースというシステムにあった。その理屈はわからないでもない。封筒を各部門2枚ずつ用意することで、PwCは予測できる失敗のいくつかを防ぐことができた。たとえば会計士の1人がブリーフケースを紛失する、渋滞に巻き込まれる、など。だが安全性を高めることを意図したこの冗長性（重複）が、かえって*複雑性を高めた*のだ。余分な封筒の1枚1枚が、システム内に意図しない相互作用を生み出した。注意を払わなくてはならない要素が増え、可変要素が増え、気を散らすものが増えた。つまり、失敗が忍び込む方法が増えたのだ。

チャールズ・ペローはかつてこう書いている。「安全機構は、複雑で結合が密なシステムに壊滅的失敗をもたらす最大の原因である」[6]。このとき彼が念頭に置いていたのは、原子力発電所や化学精錬所、航空機だったが、アカデミー賞だったとしても違和感はない。余分な封筒がなければ、あの大失敗は起こり得なかったのだから。

ペローはこのように警告したが、それでも安全機構には抗しがたい魅力がある。起こりそうないくつかのミスを防止できるから、安全機構を詰め込みたくなる気もちはわからないでもない。だがそうした安全機構はそれ自体システムの一部になり、そのせいで複雑性がさらに高まるのだ。そして複雑性が高まるにつれ、予期せぬところで失敗が起こる可能性がいっそう増す*。

逆効果になりかねない安全機構は、冗長性だけではない。ある研究[7]で5つの集中治療室（ICU）の患者モニターの警報装置を調査したところ、たった1か月間に250万回の警報表示があり、そのうち40万回近くで何らかの警報音が鳴ったという。つまり警報が毎秒1回、そして何らかのビープ音が

---

*これは大規模なシステムについてもいえる。たとえば旅客機には、乗客の安全のために補充用酸素を積載することが定められているが、この規定がプロローグで見たバリュージェット航空592便墜落事故の中核をなしていた複雑性をもたらしたのだ。

8分間に1回の割合、ということになる。しかも警報の90％近くが誤報だった。まるで寓話のようだ。8分に1回「オオカミが来たぞ！」と叫んでいれば、そのうち誰も相手にしてくれなくなる。それどころか、本当に重大なことが起こっても、つねに警報が鳴り響いている環境では、重要なこととささいなことの区別がつきにくい。

直感には反するが、安全機構は安全性の低下を招くのだ。[8] カリフォルニア大学サンフランシスコ校（UCSF）付属病院の医師であり、著作家であるロバート・ワクター博士ほど、この皮肉を知り尽くしている人もいないだろう。彼は著書 *The Digital Doctor*「ザ・デジタル・ドクター」（未邦訳）のなかで、看護師に誤って大量の抗生物質を与えられ、死にかけた十代の患者パブロ・ガルシアのケースを紹介している。[9]

2012年、UCSFは新しいコンピュータシステムを導入した。このシステムにはまるでSFのような、一部屋を占めるほどの巨大な薬剤師ロボットが組み込まれている。ロボットは機械のアームを使って、あらかじめ分類され引き出しに入れられた薬を取り出し、包装する。この技術が事務的なミスを減らし、患者の安全を高めることを、医師や看護師は期待した。「薬剤発注の電子化が進めば、医師の手書きの処方箋はレコード盤のひっかき傷のように意味のないものになるだろう」[10] とワクターは書いている。「薬剤師ロボットは正しい薬を棚から取り出し、宝石職人のような精密さで分量を計量する。そしてバーコードシステムが、このリレー競走の最終区間を完全無欠なものにしている。看護師が薬や患者の病室をまちがえると、合図で知らせるのだ」。

これらはすばらしい安全機構で、ありがちなミスを防止するのに役立った。だがその一方で、システムの複雑性を大きく高める結果になったのだ。ガルシアのケースでは、若い小児科医が、事務的なミスを防止するために設計された発注システムのインターフェースに混乱させられたことが、トラブルの始まりだった。彼女は160mgの錠剤を1錠だけ発注したつもりが、実際には体重1kgにつき160mgと入力したため、システムはこの量にガルシアの体重38・6kgをかけた。彼女は38錠半の錠剤を発注した。

警報システムが作動し、「過剰投与」の警告がコンピュータの画面に現れた。だが不要な警告がしょっちゅう表示されていたから、医師は何も考えずにクリックして消してしまった。注文を（もちろん電子的に）確認した人間の薬剤師も、ミスに気づかなかった。100万ドルの薬剤師ロボットは、無心に薬剤を包装した。パブロ・ガルシアの病室にやってきた看護師は、膨大な量の薬に疑問をもったが、バーコードシステムという別の安全機構が、この病室のこの患者でまちがいないと知らせた。そこで彼女は安心して患者の少年に薬を飲ませた――38錠半すべてを。

警報や重複は一部のミスを排除するが、その一方で複雑性を高め、華々しいメルトダウンを招きかねない。なのに私たちは大失敗が起こり、その防止策を講じるとき、たとえ複雑性が関わる失敗であっても、さらに安全機構を増やしたくなるのだ。ワクターたちが過剰投与の問題を話し合ったときも、同僚の1人がいった。[11]「ここにもう一つだけ警報を組み入れたらどうだろう」。ワクターは思わず叫んだという。「警報が多すぎるのが問題だぞ。これ以上増やしてどうする！」。

彼のいう通りだ。安全機構をどんどん追加するという、一見明白な対策には効果がない。ならどうすべきなのか？　システムを改善するにはどうしたらいいのだろう？

「診断」は、有効な第一歩になる。ペローの複雑性と結合性のマトリックスは、不可解な事故や思いがけない不正行為がシステムに起こりやすいかどうかを診断する手がかりになる。「このマトリックスを使えば、プロジェクトや事業のどの部分で嫌なサプライズが起こりやすいかがわかる」[12]というのは、元原子力エンジニアで、現在は経営コンサルタントとして社を挙げてペローの枠組みを広めようとしているゲーリー・ミラーである。

ミラーは複数の店舗を一斉にオープンしようとしている小売業者を例にとって説明してくれた。「開店までのスケジュールがとてもタイトで、わずかな失敗も許されない？　それは密結合だ。在庫管理システムが複雑で、状況を直接監視するのが難しい？　それは複雑系だ。両方が当てはまる場合、とんでもない失敗がいつか必ず起こるから、開店までにシステムを変更しなくてはならない」。

ミラーが指摘する重要な点として、ペローのマトリックスは具体的にどんな「クレイジーな失敗」が起こるかは教えてくれないが、それでも助けになるのだ。システムや組織やプロジェクトのどの部分が脆弱なのかさえわかれば、複雑性と密結合を減らす必要があるのか、どこに集中的に取り組むべきかを考えることができる。それはシートベルトを着用するのとちょっと似ている。私たちがシートベルトを締めるのは、近い将来どういう事故が起こるのか、どういうケガをするのかを正確に予測するからではない。不測の事態が起こり得ることを知っているから、装着するのだ。手の込んだごちそうをつくるとき、時間を多めに見積もるのは、何が起こるかを知っているからではなく、何かが起こることを知っているからだ。「予測しなくても予防はできる」[13]とミラーは教えてくれた。「だが何かを計画したりつくったりするときは、複雑性と結合性を主要な変数として扱うことが欠かせない」。

ペローのマトリックスを使えば、デンジャーゾーンに足を踏み入れようとしているのかどうかがわかる——進路を変えるかどうかは、私たち次第だ。それを行う方法をこれから説明する。航空機、登山隊、それにベーカリーのシステムが、どうやって複雑性と結合性を低減したかを見ていこう。

2 複雑性を減らす方法

「エアバスA330は、機首から尾部に至るまでほれぼれするほど美しい」[14]とKLMオランダ航空のパイロット、タイス・ヨングスマが、航空機へのラブレターともいえるブログ記事に書いている。「じつに堂々とした姿だ。地上では機体が前傾し、今にも駆け出しそうに見える。飛行中は機首が少し上がり、わずかに優雅さが増す。……今まで操縦したなかで最も美しい航空機だ」。

コックピットも最高傑作だ。洗練された簡素なデザインに、ほんの数枚のスクリーン、人間工学に基づくレイアウト、巧妙に色分けされた表示や照明灯。「ちなみに、コックピットの計器の多くはポルシェがデザインしている」とヨングスマは書いている。「形状、色、照明が美しいのもうなずける」。

図表4−3

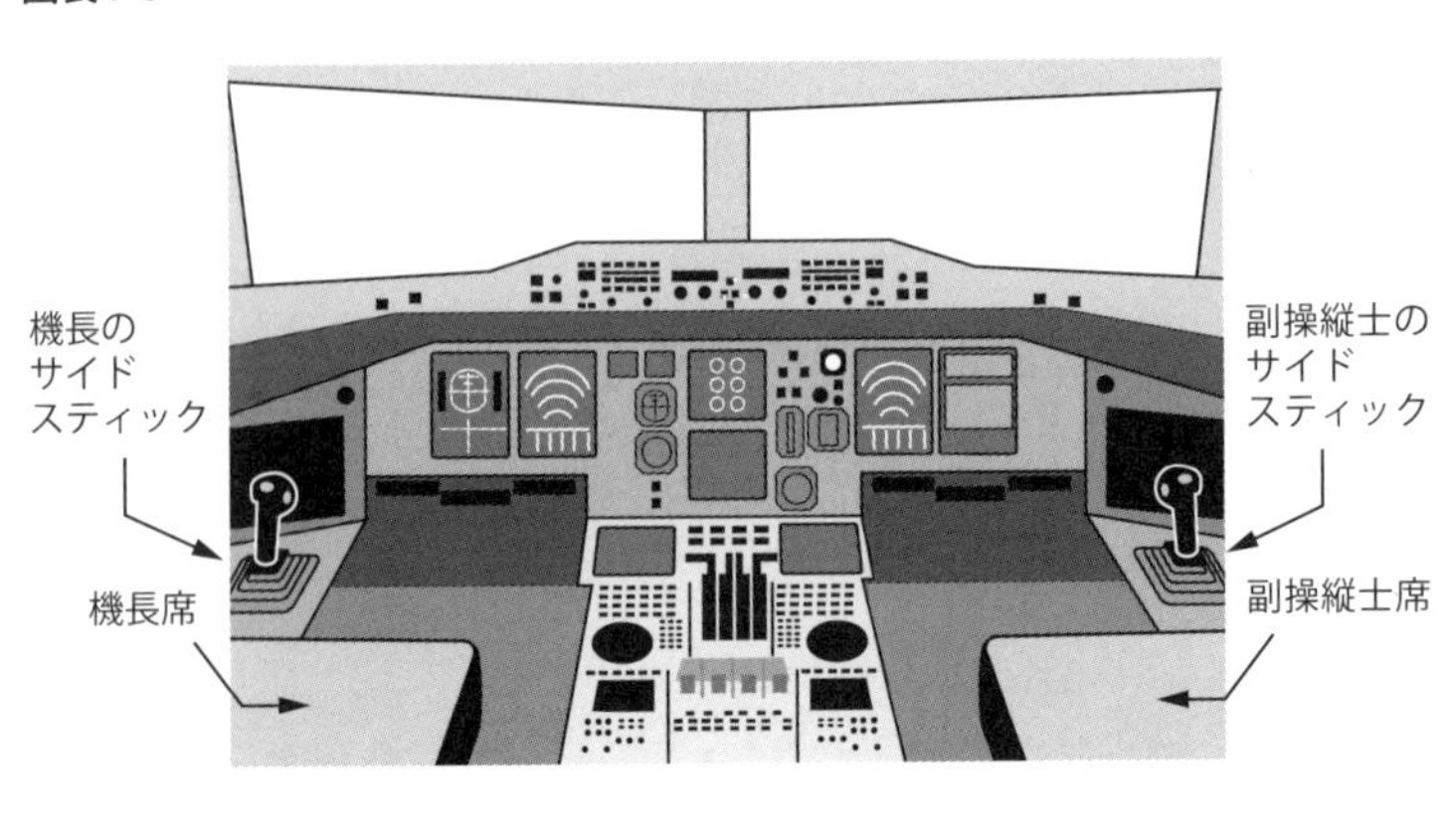

制御しやすさも随一だ。A330では、通常パイロットの正面にある操縦桿（飛行機を操作するハンドル）がなく、ビデオゲーム機器のジョイスティックに似た小さなサイドスティック・コントローラが脇にある（図表4−3）。

サイドスティックは飛行機のコンピュータに連動していて、いったんパイロットがスティックで指示を——たとえば15度の右回転など——出せば、スティックから手を離しても、飛行機は指示を完璧に実行する。またサイドスティックは小さくてほとんど場所をとらず、計器パネルを遮ることもない。「ハンドル型の操縦桿がないから、テーブルを出すことができ、使ったあとはたたんで計器パネルの下にすっきりしまえる」とヨングスマが、トレイテーブルにきちんと並べたランチの写真のキャプションに書いている。「KLMでパイロットが仕事中にテーブルで食事ができる航空機はほかにない！」。

続いて、ボーイング737のコックピットの様子を見てみよう（図表4−4）。

このコックピットにはしゃれたサイドスティックも、もち

図表4-4

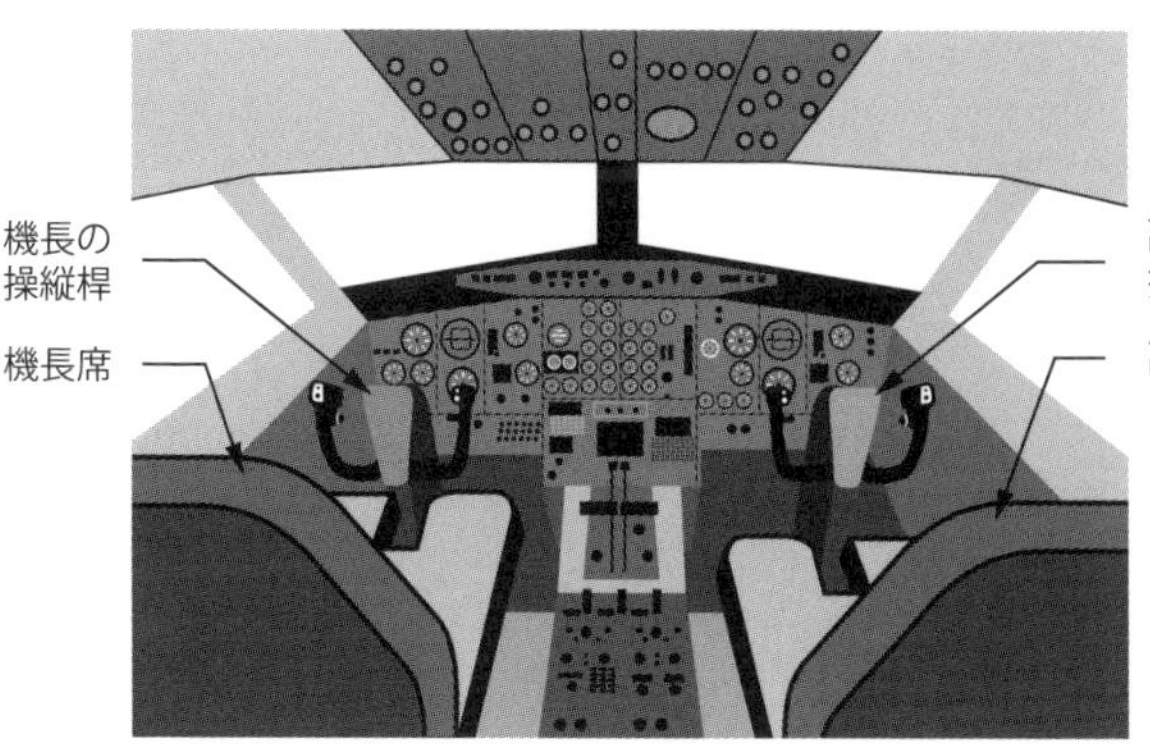

ろんトレイテーブルもない。パイロットの正面には大きなW字型の操縦桿が、高さ90㎝の操縦塔の上部に取りつけられている。機首を下げるには操縦塔ごと奥に倒し、機首を上げるには操縦塔ごと手前に引く。必要なら完全に前に倒すこともできる。操縦席の前の部分に切れ込みが入っているのはそのためだ。エアバスの洗練されたサイドスティックに比べれば、操縦桿はかさばって不格好に見える。

「ボーイング737の巨大な操縦桿は正面にあって、どちらかのパイロットが動かすと、もう一方もまったく同じように動くんだ」とプロローグに登場した、航空会社の機長で元事故調査官のベン・バーマンが教えてくれた。(15)「2人のパイロットの操縦桿は機械的につながっているから、私がハンドルを左に切れば、副操縦士のハンドルも左に回転する。私が手前に強く引けば、副操縦士のも手前に倒れて、膝や腹にぶつかるというわけだ」。

きちんと食事を並べたトレイだって？　そんなのあり得ない。「操縦桿が大きいから、ランチを食べるとき邪魔でね」とバーマンはいう。「シャツやネクタイにいつものをこぼしてしまう！」。

エアバスＡ３３０のデザインは、いろいろな点でボーイング７３７よりも優れているように思える。人間工学的な優雅さとかさばった不格好さのちがい、しゃれたトレイテーブルで食べるランチとシャツにこぼしながら食べるランチのちがいだ。だがじっくり見てみると、ボーイング７３７の旧式の操縦桿と邪魔な操縦塔にも、すばらしい利点があることがわかる。

２００９年、エールフランス４４７便のエアバスＡ３３０型機が大西洋に墜落し、乗員乗客２２８人に生存者はいなかった。[16] その５年後、エアアジア８５０１便のエアバスＡ３２０-２００型機（Ａ３３０型機に似た操縦系統をもつ）がジャワ海に墜落し、乗員７人と乗客１５５人の全員が死亡した。

どちらの事故にも、あの気の利いた小さなサイドスティックが関係していた。どちらのケースでも、飛行機が墜落した直接の原因は、旋回失速だった。旋回失速とは、機首を急角度で上げすぎたとき、翼の上面を流れる空気の量が不足して、飛行機を飛ばす揚力が失われる現象をいう。[17] 失速は簡単な方法で解決できる――機首を下げればいいのだ。しかしどちらのケースでも、混乱とパニックに襲われた副操縦士がサイドスティックを引いて、機首をさらに高く上げてしまった。またどちらのケースでも、機長がこの致命的ミスに気づかなかった。

「左右のサイドスティックは連動していないし、隣のパイロットのサイドスティックは向こう側の暗い隅にあるから、どんな操作をしているのかが見えない」[18] とバーマン機長は教えてくれた。「どうにかこうにかのぞき込んだとしても、同僚がスティックを動かしているその瞬間に見なければ、何をしているかはわからない」。

これは、旧式の連動する操縦桿のあるコックピットでは決して起こらないことだ。副操縦士が大きな操縦塔を手前に引けば、機長がそれを見逃すことは絶対にない。それこそ目の前にあるし、たぶん腹にぶつかるだろう。そのことが複雑性を減らす。何が起こっているかがはっきり目に見えるからだ。

透明性の力を知るには、身近なところでは自動車の例がある。映画『スタートレック』出演俳優のアントン・イェルチンは、愛車ジープ・グランドチェロキーを降りたところ、坂になっている自宅の私道を後退してきた重量2トンのその車とレンガの門柱の間に挟まれ、押しつぶされて亡くなった。事故原因は、ジープのシフトレバーの設計上の欠陥と考えられている。[19] 一般的なシフトレバーでは、ギアチェンジの際、ギアがどこに入ったかを目で見て手で感じることができる。ところがこのジープは、しゃれた「単安定（モノステーブル）」シフトレバーを前後に動かしてギアを選ぶと、レバーが中央に自然に戻ってくるしくみになっていた。そのためギアの位置がわかりにくく、多くのドライバーが混乱し、パーキング（P）に入ったと思っていたのに、実はニュートラル（N）やリバース（R）に入っていたという苦情が寄せられていたのだ。[20]

優雅なデザインに価値はある。目で愛（め）で、いじって楽しむことができる。だがシステムの状態を目で確認できることにも大きな価値がある。透明性の高いデザインはまちがったことになりにくいし、たとえミスを犯してしまっても気づきやすい。透明性は複雑性を低減し、デンジャーゾーンからの出口を与えてくれるのだ。

このことは物理的システムに限らず、どんなシステムにもあてはまる。エンロンの経営実態を覆い隠した時価会計を覚えているだろう？　あのせいで会社全体がブラックボックスになった。そして、どんなに洗練されつややかであっても、ブラックボックスに頼れば大惨事を招きかねない。

システムを光の下にさらすことは、いつでも可能というわけではないし、複雑性を減らす唯一の方法でもない。たとえばエベレスト登山隊を考えよう。クレバスや落石、雪崩、急な天候変化など、リスクはいろいろなところに潜んでいる。高山病で視界がぼやけたり、紫外線への過剰曝露で雪盲になることもある。猛吹雪に襲われれば何も見えなくなる。山は不透明なシステムで、それについて私たちができることはほとんどない。

だが複雑性を減らす方法はほかにもある。過去には多くのエベレスト遠征隊がロジスティックス（後方支援）の問題に苦しんだ。フライトの遅延や、国境での税関検査、物資輸送の問題、ベースキャンプへの移動中に登山者を悩ませる呼吸器や消化器の病気等々。こうした問題の多くは、実際の登山が始まる何週間も前に表面化するが、その時点では大した問題には思われなかった。

だがそうしたささいな問題のせいで遅延が発生し、チームリーダーにストレスがかかり、計画の時間が奪われ、登山者が高緯度に体を慣らすことができなかった。そして山頂までの最後の登りの間に、これらの失敗がほかの問題と相互作用を起こしたのだ。注意がおろそかになったチームリーダーや疲弊した登山者は、明らかな警告サインを見落とし、ふつうなら考えられないようなミスをした。そしてエベレストで天候が悪化すれば、予定より遅れ、疲弊したチームが成功できる見込みはほとんどなくなる。

真の致命的問題が、山そのものにあるのではなく、多くの小さな失敗の間の相互作用にあることを認識すれば、解決策が見えてくる。できるだけ多くのロジスティクスの問題を根絶すればいい。まさにそれが、一流の登山会社の行っていることだ。退屈なロジスティクスの問題を、主要な安全上の懸念として扱う[21]。遠征の最も地味な側面に十分な注意を払う。たとえばチームリーダーの負担を減らすための後方支援スタッフの採用、装備の整ったベースキャンプ施設の設営など。料理も大きな問題だ。ある登山会社の冊子にはこうある。「食料と調理に気を配ることにより、エベレストをはじめ世界中の山々で胃腸障害を大幅に減らしています[22]」。

リスクが小さな失敗の相互作用に潜んでいることを、登山家は理解している。ロジスティクスを改善しても、エベレストを絶対安全にすることはできないが、遠征の複雑性を減らし、惨事につながりかねない多くの小さな問題を防止することはできる。

またエベレストに有効な解決策は、たとえば感謝祭のもてなしなど、そこまでリスクの高くない日常的な問題にも役に立つ。ここでもやはり重要なのは、小さな問題が組み合わさって大きな失敗を招く場合があるということだ。バスルームの掃除からテーブルセッティングまでの雑用をこなすかたわら、料理をつくるのは、ストレスがたまるし、注意が散漫になる。イライラするとばかげたミスをしやすくなる。第1章で紹介した、アイスクリームにバニラエッセンスのつもりで咳止めシロップを入れてしまった、『ボナペティ』誌の読者のように。

料理そのもの――山頂までの最後の登りのようなもの――だけで頭をいっぱいにせず、もてなし全体を一つのシステムとしてとらえるといい。私たちも登山会社のように、小さな詳細に目を配り、妨げになる前に解決しておける。当日までに庭の落ち葉を集め、トイレ掃除をしておく。思いつきやすい材料だけでなく、塩やオリーブオイル、アルミホイルのようなものも含め、必要なものがすべてそろっていることを確かめる。こうした地味な問題をディナーの成功のカギとして扱うことで、感謝祭の惨事は防止できるのだ。

そのほか、無駄な付加機能を取り除くことによって、複雑性を減らす方法を見つけたシステムもある。[23] ボーイングのコックピットに立ち戻って、次のリストを見てほしい。これは大型の多発機〔エンジンを2基以上搭載する航空機〕に有害な影響をおよぼし得る失敗のリストだ。このうち、コックピットに高レベル警報を作動させる事態はどれだろう?

- エンジン火災
- 着陸降下を開始しているのに着陸装置が出ていない
- 空気力学的失速が差し迫っている
- エンジン停止

どれもかなりまずい状況に思えるだろう？

だが現代のボーイングのコックピットで警報を全開にさせる状況は、このうちの一つだけだ。空気力学的失速が近づくと、赤い警告灯が点灯し、赤文字のメッセージが操縦席のスクリーンに現れる。操縦塔が激しく振動し、警告音が鳴り響く。パイロットは警報を目で見、耳で聞き、体で感じるようになっている。

失速以外の状況では、エンジン火災でさえ、これらの警報がすべて作動することはない。エンジン火災はもちろん深刻な事態だが、飛行経路にただちに影響はおよばないかもしれない。そのため、赤い警告灯が点灯し、赤文字のメッセージが現れ、特徴的な警報音が鳴り響くが、操縦塔は震えない。

また「勧告」と呼ばれる、もう一段レベルの低い警報もある。黄文字のメッセージがスクリーンに表示されるが、それ以外は警告灯さえ作動しない。油圧系統の油圧低下がこの分類に入る。パイロットは油量を監視するために油圧低下を知る必要があるが、それほど危急の事態ではない。油量が完全にゼロになればより高いレベルの警報として、黄色い警告灯がいくつか点灯し、警報音も鳴る。

原則は単純だ。「警報システム（に限らずあらゆるシステム）を必要以上に複雑にして人々を圧倒するな」ということに尽きる。不要なものは排除し、残したものには優先順位をつける。*これが「警報の階層化」と呼ばれる手法だ。かつては、航空機の複雑化が進むなか、コックピット中に警告灯が設置され、つねに警報が鳴り響いていた時代があった。最近では階層化により、ほとんどのフライトで警報は作動せず、パイロットが重要でない警告で圧倒されることが少なくなっている。

この方式に、ほかの業界から注目が集まり始めているのも当然だろう。「私たちの病院では警報を見直す委員会を立ち上げ、一つひとつを検討している」[24]と、ボブ・ワクターが病院に警報の階層化を導入する取り組みについて書いている。「これはデジタル版の草むしりのような、骨の折れる地道な作業だ」。もちろん、複雑性を減らすことが不可能な場合もある。透明性を高め、小さな失敗をなくし、過剰な安全措置を減らせるような状況ばかりではない。だがそうした場合でも、システムの結合を緩やかにすることはできるかもしれない。

この章のはじめに登場した経営コンサルタントのゲーリー・ミラー[25]は、ベーカリーカフェの小さなチェーンを再活性化させるプロジェクトを手がけたことがある。オーナーは新店舗をいくつかオープンし、それと同時に既存店にも新しいメニューを導入して刷新を図る計画をもっていた。

「あれはベーカリーだった――スリーマイル島の対極にあるといっていい」とミラーは笑う。「でも、ある面ではそれほどちがわなかった」。

リニューアル計画は複雑性と結合性が高過ぎると、彼は感じた。新メニューは長く複雑で、またそれを提供するためには複雑な供給網に頼る必要があった。「多くの新しい仕入れ先との間で込み入った契約を結んでいた」とミラーは指摘する。「パン、スープ、ソース、フルーツ、ドリンクをすべて別々の調達先から仕入れることになっていて、すべてを管理するのはとても大変そうだった。新しい店舗デザインでさえ、複雑きわまりなかった」。そのうえリニューアル計画の日程にも無理があった。オーナーは既存の全店舗を一斉に刷新し、それと同時に新店舗をオープンするつもりだった。失敗の余地がほとんどなかった。

ミラーは複雑性を少しでも取り除こうと、オーナーの説得にかかった。メニューを短くし、調達先を絞り、新店舗のデザインを単純にしてはどうですかと助言した。だがオーナーは譲らなかった。必要な契約のほとんどをすでに結んでいたし、新しいメニューやデザインを気に入っていたのだ。そこでミラーは別の角度から攻めた。「ペースを落とし、日程に余裕をもたせるよう、また全店舗を一斉にオープンしないよう説き伏せた。しばらく時間はかかったが、最後には了解が得られた」。

当然だが、これだけ複雑性の高いプロジェクトなのだから、立ち上げは完璧とはいかなかった。だが計画にスラック（緩み）ができたおかげで、生じた問題に対処することができた。「大変な週もあったが、惨事にはならなかった」とミラーはいう。

＊ボーイングのエンジニアは、パイロットの適正な反応を引き出すために工夫を重ねていて、さらにきめ細かな手法を用いることもある。たとえば離陸滑走を始めた直後にエンジンが停止した場合、パイロットはすばやく反応して滑走路で停止する必要があるため、赤い警告灯と赤文字のメッセージ、そして「エンジン故障」と叫ぶ合成音声の警報が作動する。だが数秒経つと、飛行機が加速して停止させるのに十分な長さの滑走路がなくなるため、テキストメッセージだけを残して、ほかのすべての警報は自動的に止まる。これはパイロットが飛行機を止められない状況で止めようとするのを防ぐためだ。また飛行機が安定した巡航状態にあるときにエンジンが停止すれば、黄色い警報ランプとビープ音、黄文字のメッセージだけが作動する。

この章で見てきたのは、システムを単純化し、透明性を高め、スラックを増やす方法はいろいろある、ということだ。だがこのアプローチにも限界がある。航空や医療、深海掘削、金融といった分野には、複雑系と密結合がつねにつきまとう。あなた自身の分野や生活も、きっとそうかもしれない。

複雑性と結合性を高めることにはもちろん、利点もある。ゲーリー・ミラーがコンサルティングを提供したベーカリーは、より複雑で品揃えのいいメニューによって、顧客の選択肢を増やすことができた。また企業はサプライチェーンを最適化し、無駄な在庫や生産を減らすことにより、コスト削減を実現できる――がその一方で、システムの結合性は高まる。それに私たちの暮らし方や働き方を変えつつあるすぐれたテクノロジーの多くが、複雑でかつ密に結合している。デンジャーゾーンを簡単に抜け出る方法などない。

さいわい私たちは、この新しい世界での働き方や考え方、暮らし方を考え直すことはできる。システムを根本的に変えることはほとんどの場合不可能でも、システムとの関わり方を変えることはできるのだ。これからの章で、複雑性に立ち向かう際に適切な判断を下す方法、警告サインから教訓を学び、システム内でトラブルが起こりそうな部分を突き止める方法、そしてデンジャーゾーンでのメルトダウンを防ぐために新しいやり方で協力する方法を説明しよう。

第5章 複雑系には単純なツール

「自分の直感を疑うことには、特別な労力が必要なのだ」

1 防波堤の高さを何mにするべきか

日本の東北地方沿岸の杉の生い茂る谷に、姉吉（あねよし）という小さな集落がある。この地区に一本しかない道路の脇の、森林に覆われた小高い丘の中腹には石碑が残され、そこにはこんな教訓が刻まれている。

高き住居（すまい）は　児孫（こまご）の和楽（わらく）
想（おも）へ惨禍の　大津浪（おおつなみ）
此処（ここ）より下に　家を建てるな(1)

住民たちがこの石碑を建てたのは１９３０年代、昭和三陸地震による津波で壊滅的な被害を受け、集落を丘の上に移したあとのことだ。このような石碑は日本の沿岸部に点在している。１８９６年の明治三陸地震のあとに建てられたものもあれば、さらに古くさかのぼるものもある。だが第二次世界大戦を境に、古い教訓は忘れ去られていった。[2] 日本の人口は爆発的に増加し、沿岸都市は成長し、多くの集落が高台から海沿いへと移った。

２０１１年3月11日、巨大地震が沿岸部を襲い、津波の水が姉吉地区に押し寄せたが、石碑の１００ｍほど手前のところで止まった。丘の下では、すべてが波によって破壊された。

姉吉から３２０㎞ほど離れた場所に、東京電力福島第一原子力発電所はある。[3] 地震発生を受けて、発電所の原子炉は自動停止した。非常用発電機が起動し、高温の核燃料を冷却し始めた。すべてが計画通りに進行しているように思われた。

しかし地震から1時間も経たないうちに、津波が襲った。波は発電所の防波堤を越えて、発電機を浸水させた。冷却システムが機能を失ったために原子炉が過熱し、まもなく炉心溶融（メルトダウン）が始まった。高台にも数基の発電機があったが、電力を送電するための開閉所（中継基地）が浸水したため、すべての電源が失われた。自然の暴力が複雑な現代のシステムとぶつかり合った。その結果起こったのが、3基の原子炉のメルトダウンと、数回にわたる化学的爆発、そして大気中への放射性物質の放出である。

これより25年前のチェルノブイリ以来、最悪の原子力事故だった。しかしそれは防げたはずの事故だった。たとえば震源地にずっと近い女川（おながわ）原発は、周辺地域が津波で大きな被害を受けたにもかかわらず、ほとんど無傷ですんでいる。[4] 女川原発は安全に停止した。実際、津波の間、原発は数百人の近隣住民の避難所になった。「あのとき、原発以上に安全な場所はありませんでした」とある住民は語った。原発以上に安全な場所はなかった。

このちがいはいったいどこから来ているのか？　この疑問を解こうとしたのがスタンフォード大学の3人の研究者、フィリップ・リプシー、櫛田健児、トレバー・インセルティである。[5] 彼らはいくつかの要因を突き止めたが、そのうち最も重要な一つが、女川原発の防波堤の高さだった。彼らはこう書いている。「女川原発の14ｍの防波堤は、13ｍの津波に対して十分な高さを有していた。この津波は、福島第一原発の10ｍの防波堤を乗り越えた津波とほぼ同じ高さである」。[6] もっと高い防波堤があれば、「福島第一原発の惨事を防ぐか、大幅にリスクを減らすことができただろう」。あと数ｍ高ければ、まったくちがう結果に終わっていたかもしれない。

リプシーらは女川と福島以外の原発にも目を向け、恐ろしい結論に行き着いた。[7] 福島だけが例外なのではない。防波堤の高さが、地域で記録された過去最高の遡上高〔津波が内陸を駆け上がって到達した標高〕を下回る原発は、少なくともあと12箇所あるというのだ。しかも日本のほか、パキスタン、台湾、イギリス、アメリカと、世界各地に存在する。

たとえば、原発の防波堤の高さを決めるのが、あなたの仕事だとしよう。あなたはこの重大な決定をどうやって下すだろう？　じつに難しい判断だ。平均的な状況ではなく、極限的な状況が問題とされるからだ。地域の観測史上最高の遡上高よりも高くすればいいと、あなたは考えるかもしれない。

まあそうだろう。でも、それでどうする？　どれくらい高くすればいいのか？
難しい問題だ。高くすればその分コストがかさむ。ただ高いだけでなく頑丈な壁が必要なのだから、なおさらだ。女川よりも低い12ｍの防波堤でさえ、４階建てビルに相当する高さなのだ！　また壁を高くすればするほど、問題はどんどん増えていく。工法が複雑になり、視界の邪魔だという苦情が寄せられ、維持費が跳ね上がるなどして、壁はたちまちあなたの悩みの種になる。もちろん、無限に高くすることはできない。ならどうやって高さを決めればいいのか？

過去の遡上高のデータや津波モデルをもとに、何らかの計算をすればいいと思うかもしれない。だが過去のデータに最悪のケースが含まれているとは限らないし、そもそもモデルというものは不確実性が高い。無限に高い壁はつくれないから、あなたは大丈夫に**ちがいない**数字をひねり出そうとする。100％確信はもてないにせよ、遡上波が現実にとり得る高さの範囲を算出する。最善のケースと最悪のケースの間の合理的な範囲を考え、たとえば「防波堤を襲う最も高い波は99％の確率で７ｍから10ｍの間に含まれる」などと予測し、この数字をもとに、壁の高さを決定する。

原発の防波堤の高さを決めたことはなくても、ほとんどの人はこのやり方に覚えがあるはずだ。私たちはこういった予測をしょっちゅう行っている。プロジェクトの所要期間や、渋滞時の空港までの所要時間などを見積もるときの方法だ。予測は100％確実というわけにはいかない。絶対確実を求めるなら、プロジェクトは完了まで「０日から無限日」かかるといっておけばいいが、それでは何の参考にもならない。そこで「信頼区間」と呼ばれるものを、明示的または暗示的に用いる。信頼区間とは、合理的に起こり得る最善のシナリオから、合理的に起こり得る最悪のシナリオまでの間の範囲をいう。たとえば、「プロジェクト完了までの所要期間は90％の確率で2か月から4か月の間に含まれる」など。

困ったことに、私たちはこの種の予測を立てるのがとても下手だ。範囲を狭く取り過ぎるきらいがある。心理学者のドン・ムーアとウリエル・ハランによると、「90％の信頼区間には定義上、10回のうち9回は真の値が含まれるはずなのに、実際に真値が含まれる確率は50％以下であることを、この種の予測に関する研究は示している」[8]。予測が正しいと90％確信しているのに、実際に的中する確率は半分以下なのだ。コイン投げ程度の的中率なのに自信満々、ときている。同様に、私たちが何かを99％確信しているとき、それがまちがっている確率は1％よりずっと高いということになる。防波堤を襲う最も高い波が99％の確率で7ｍから10ｍまでに収まるという予測を立てれば、嫌なサプライズに襲われるかもしれない。

一般に、何か（たとえばプロジェクトの期間など）を見積もるとき、私たちは区間の両端に注目する。起こり得る最善の結果（プロジェクトが2か月で完了する）と、起こり得る最悪の結果（4か月かかるかもしれない）だ。だがムーアとハラン、同僚のキャリー・モアウェッジは、より幅広い結果を考慮に入れる巧妙な手法を考案した。その名を主観的確率区間推定法（Subjective Probability Interval Estimates）、略してSPIES（スパイズ）という[9]。お堅い名前だが、考え方はとても単純だ。両端だけを考えるのではなく、起こり得る複数の結果の確率を予測する。つまり起こり得る結果の全範囲を複数の区間に分けて考えるのだ。まず、すべての起こり得る結果を網羅するように区間を設定する。次に、それぞれの区間の確率を推

図表5–1

区間（プロジェクトの長さ）	推定確率
1か月未満	0%
1–2か月	5%
2–3か月	35%
3–4か月	35%
4–5か月	15%
5–6か月	5%
6–7か月	3%
7–8か月	2%
8か月以上	0%

定し、それを書き出していく。こんなふうに（図表5–1）。

これらの推定確率をもとに、信頼区間を推定する。たとえば90％の信頼区間を求める場合は、上端から合計確率が5％になるような信頼区間（1か月未満と1–2か月）を切り捨て、下端から合計確率が5％になるような信頼区間（6–7か月、7–8か月、8か月以上）を切り捨てる。そして残ったもの、すなわち「2–6か月」が、90％の信頼区間ということになる。だがあなたはこの最後の計算をする必要すらない。ムーアとハランが開発したしゃれたオンラインツール*を使えば、区間と推定を簡単に入力でき、残りの作業をツールが行い、お望みの信頼区間の推定確率を弾き出してくれる。手軽で簡単だ。

ＳＰＩＥＳは完璧なのか？　いや完璧ではないが、とても役に立つのは確かだ。ムーアとハランはこう述べている。

ＳＰＩＥＳによる予測が、ほかの手法による予測に比べて的中する確率が高いことが、私たちの研究で一貫して示された。たとえばある研究で、参加者が〔従来型の〕信頼区間とSPIESの両方を用いて温度を推定したところ、従来型の90％信頼区間に真値が含まれる確率が30％だったのに対し、SPIESで算出した区間の的中率は74％弱だった。別の研究では、歴史上のできごとが起こった年号を推定するクイズで、〔従来型の〕90％の信頼区間を用いた参加者の正答率が54％だったのに対し、SPIESの信頼区間の正答率は77％だった。[10]

SPIESを使えば両端だけでなく、あらゆる可能性を考慮することになるから、過信が抑えられ、一見起こりそうにないシナリオを見落としづらくなる。

残念ながら福島原発を設計した東京電力（東電）は、幅広い可能性を考慮しなかったようだ。「東電は、予想を超える大津波が実際に起こり得るとは考えなかった」[11]と、ある企業幹部が事故後に述べている。古い石碑の教訓や現代のコンピュータモデルの警告があったにもかかわらず、東電には「自然災害の影響を十全に考慮に入れるだけの謙虚さがなかった」。

＊SPIESツールは、ウリエル・ハランのウェブサイトで利用可能。
http://fbm.bgu.ac.il/lab/spies/spies.html

2 「意地悪な環境」には単純な解決策

東電の経営者は自信過剰だった。また困難な課題も抱えていた。高度なモデルを使って津波の規模を推定したが、モデルの実際の精度に関しては十分なフィードバックを得ていなかった。なにしろ津波はめったに起こらないのだから。もちろんそれはさいわいなことだが、そのせいで予測がいっそう難しかった。

東電のエンジニアは、心理学者のいう「意地悪な環境（ウィキッド）」[12]に身を置いていた。そのような環境では、自分の予測や決定がどれだけ正確だったかを確認するのが難しい。まるで味見をせずに料理を学ぶようなものだ。フィードバックが得られなければ、いくら経験を積んでも意思決定は改善しない。小さじ一杯の塩を加えると味気のないスープになるのか、しょっぱくて飲めなくなるのかを見分けるスキルは身につかない。

この対極にあるのが、意思決定の結果について頻繁なフィードバックが得られる、「親切な環境（カインド）」だ。このような環境では、有効な決定をすばやく下すためのパターン認識力が身につく。たとえばチェスの名人が有効な手をすばやく探すのに対し、経験不足のプレーヤーは長考しても最良のチャンスをものにできないことが多い。また気象専門家は特定地域の天候の観測経験を積むことで予測精度を高めている。こうした専門家はつねにフィードバックを得ている。チェスの名人は勝敗の結果が出るし、気象予報士は自分の予測の正しさをつねに確認している。いわば自分のつくった「スープ」を味見できるのだ。「親切な環境」にいる専門家は、マルコム・グラッドウェルが著書『第1感』で説明したような、直感を行使するスーパーヒーローになれる。たとえば第6感を駆使して、燃えさかる建物が崩れ落ちる寸前に部下を救出する消防隊長のように。[13]

他方、「意地悪な環境」にいる人は、この種の専門知識を身につける機会がない。[14] そのような状況にいる専門家の判断力は、時間が経ってもあまり改善しないことがわかっている。[15] ある実験で、出入国審査官がパスポートの写真照合で別人を通す確率は7回に1回だった。またベテラン審査官の精度は、同じ実験に参加した学生と変わらなかった。警察官の嘘検知能力も、訓練を受けていない学生と大差なかった。それに意地悪な環境にいる人は、無関係な要因をもとに決定を下すことが多い。仮釈放審査委員会のある多忙な1日を調べた研究によると、判事——自分の決定に対して独立的なフィードバックを得る機会がほとんどない——が受刑者に仮釈放を認める確率は、食事休憩直後に急上昇した。それもちょっとやそっとのちがいではない。受刑者に有利な判決が下される確率は、休憩直後が約65%でその後下降線をたどり、次の休憩の直前にはほとんどゼロだったのだ！　考えてもみてほしい。専門家の判断が空腹に影響されてよいものだろうか？

さらに厄介なことに、「意地悪な」課題に取り組む専門家には、わずかなミスも許されない。高い信頼性を期待されるから、まちがいを認め、振り返り、そこから学ぶことが難しいのだ。気象予報士が明日の気温の予測をまちがえるのはまだいいとしても、警官が無実の人を逮捕したり、仮釈放委員会の判事が恣意的な判決を下すとは考えたくない。[16]

ここでいいたいのは、消防士や気象予報士が警官や判事よりかしこいということではない。たんに適切な経験を積める環境にあるかどうかが問題なのだ。たとえば気象学者は、練習を多く積んでいる短期の降雨予測は得意でも、竜巻のようなまれな現象を予測するのは不得手だ。それに同じ降雨予測でも、（熱で積乱雲が成長しやすい）夏より（雨雲の状態が安定する）冬の方が精度が高い。[17]

複雑系で下す決定は、降雨予測よりは竜巻の予測に近い。複雑系は意地悪な環境なのだ。自分の下した決定の影響がわかりづらいし、直感は当てにならない。だがさいわい、直感に従うべきでないときに利用できるツールがある。[18]

病院の救急室に足を引きずって入ってきた患者に、医師がどうやって足首の骨折という診断を下すかを考えよう。[19] 昔から医師は、実際には重要でない症状（腫れなど）に惑わされ、診断のために必要以上のレントゲン撮影を指示することが多かった。だがレントゲン撮影はお金がかかる──足首骨折者全員の負担を足し合わせると莫大な金額になる──うえ、患者を不必要に放射線に被曝させることになった。そうかと思えば、必要なときにレントゲン撮影を省略し、重度の骨折を見落とすこともあった。つまり彼らは本能的直感に頼ったが、直感を磨くための十分なフィードバックを得ていなかった。

1990年代初頭にカナダの医師のチームが、この状況を変えるべく立ち上がった。[20] 研究を通じて真に重要な要因を特定した結果、たった4つの判断基準を用いるだけで、重度の骨折を発見し、レントゲン撮影件数を3分の2まで減らすことができるとわかった。「オタワ足関節ルール」と呼ばれるも

図表5-2

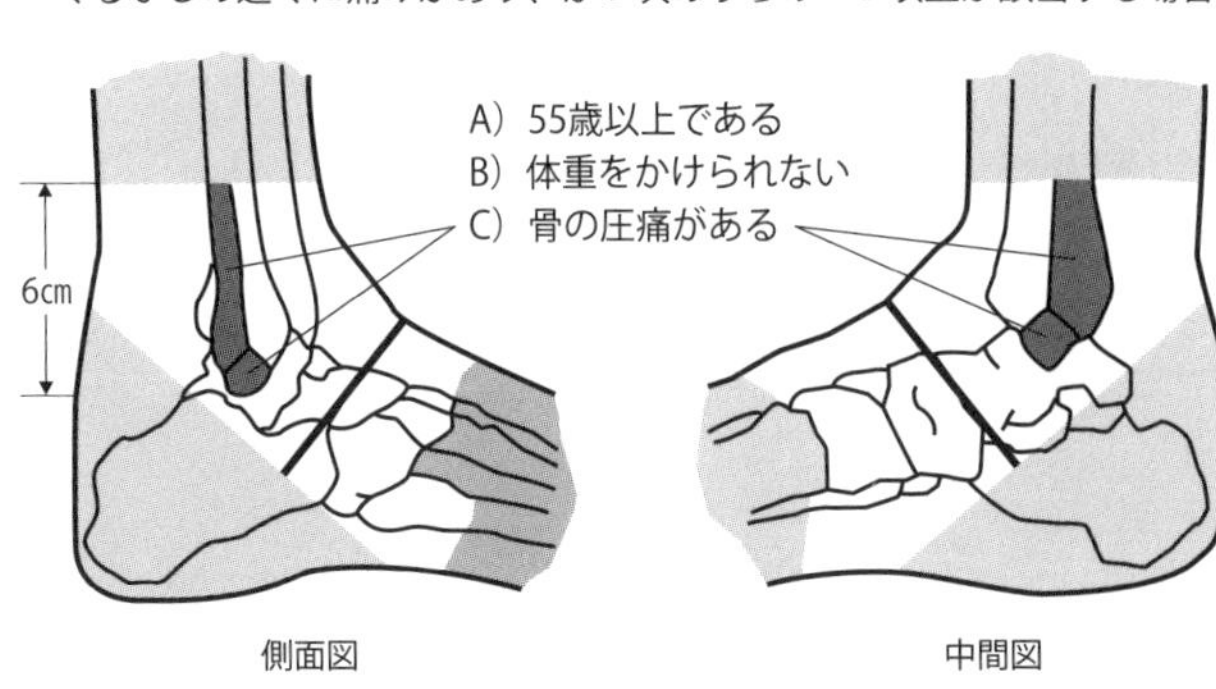

のが、その手法だ（図表5-2）。

痛み。年齢。体重負荷。骨の圧痛。これらのあらかじめ設定した単純な基準は、医師の直感よりもずっと役に立った。4つの単純な質問が、すべての医師を熟達した診断医に変えたのだ。[21]

私たちはオタワ足関節ルール以前の医師たちと同じで、あらかじめ設定した基準を用いる代わりに、その場限りの基準をもとに直感的に決定を下すことが多い。たとえば「リスクの高い重要なプロジェクトを誰に任せるか」といった決定を、いつもどうやって下しているだろう。プロジェクト管理者を任せられそうな人材をリストアップし、直感的に比較して決定するかもしれない。だが意地悪な環境では、直感のせいで誤った方向に導かれることが多い。

それよりも、そのプロジェクトをもとにして、独自の基準を開発するといい。まず、プロジェクト管理者が成功するためには、どんなスキルが必要かを考える。次に

図表5-3

スキル	スコアの平均値		
	ゲーリー	アリス	スーミ
工学的理解	1	1	0.25
顧客と信頼関係を築く	−0.25	0.5	0.75
社内の支援を取りつける	0.5	0.75	1
スコアの合計	1.25	2.25	2

それらの基準を点数化して候補者を比較する。それぞれの基準につき「1」、「0」または「−1」の3段階でスコアをつける。意思決定者が複数いるときは、別々にスコアをつけて平均値をとる。スコアの合計が、各候補者の総合評価になる。

このプロセスは単純だが、(スーミのように)社交的で人好きはするが、その任務で成功するための技術的、組織的スキルに欠ける従業員や、(ゲーリーのように)エンジニアリングのスーパースターだが、顧客と信頼関係を築けない従業員にとらわれずに、総合的な判断ができる。もちろん、判断基準のリストはこれよりずっと長くてもかまわないし、一部の基準をほかより重視することもできる。

シアトルに住む若い母親のリサは、夫と一緒に初めての家を探すとき、この手法を使った。[22] あらかじめ設定した基準を使い始める前に、50軒以上の家を見たが、収穫はなかった。「1人が何かを気に入っても、もう1人は気に入らず、おまけに2人とも自分が何を優先するのかをうまく説明できなかった」とリサは話してくれた。「また2人ともささいなことを気にする傾向があった。たとえば寝室のペンキのしみとか、庭の細かい点とか」。そうでなければ家に惚れ込んでしまい、家を買う

図表5-4

どちらが重要ですか？

動線のよさ　　　趣のある環境

甲乙つけがたい

本来の目的を忘れることもあった。この家に住んだらどんなにすてきなディナーパーティーが開けるだろうと、そればかり考えて、小さな子どものいる家庭に合わない点には目をつぶったりした。「そのうえ2歳児を連れて見て回るのは本当に大変だったわ」とリサはつけ加えた。「とにかく早く終わらせたい一心で、じっくり考えることができなかった」。

4か月間むなしい努力を続けた末、夫婦は新しい手法を取り入れることにした。まず第一歩として、家族にとって重要と思われる基準をすべて書き出した。家の動線から近隣地域の質までの12項目になった。次に「ペアワイズ（2因子間網羅）・ウィキ調査[23]」と呼ばれるオンラインツールを使って、それらの項目の優先度を決めた。このツールは、リストからランダムに選んだ2つの項目（ペア）を次々と表示してくるので、自分にとって大切な方をクリックするだけでいい（図表5-4）。

このような選択を数十回行うと、各項目につき0（一度も選ばれなかった）から100（つねに選ばれた）までのスコアが算出される。たとえば「動線のよさ」のスコアは79、つまりリストからランダムに選ばれた項目とペアリングされたときに選ばれる確率が79％だった。夫婦はこれらのスコアを使って、基準を重みづけした。*

図表5–5

基準*	重み	家D	家J	家T
間取り（3ベッドルーム＋ゲストルーム）	89	1	1	1
動線のよさ	79	0.5	1	0.5
開放感	73	0	1	1
プレハブを増築できるか	67	1	1	1
戸外や自然環境との一体感	62	1	1	0.5
家の雰囲気	62	1	−1	0.5
大規模な改修が不要	61	1	−0.5	1
お得感	53	0	0	0.5
親しみやすい土地柄	65	0	−1	0.5
近隣地域の質	57	−1	−1	0
近隣住民の雰囲気	54	−1	0	0
加重和（722点満点中）		269.5	155.5	450.5
合計スコア（722を100とした割合）		37.3%	21.5%	62.0%

（＊）２人はプロセスを簡素化するために、評価がとても低かった基準を省いた

それからは、夫婦は家を見るたび各項目を「1」、「0」または「−1」のスコアで評価した。意見が合わないときは2人のスコアの平均値をとった。これらを重みづけしてから加算したもの（加重和）が、それぞれの家の総合評価になった。２人のスプレッドシートの抜粋を紹介しよう。上の表は、彼らが実際に３軒の家に与えたスコアだ（図表5–5）。

たとえば家Dを見てみよう。リサと夫はこの家を気に入り、多くの項目に＋１の評価を与えた。だが２人が驚いたことに、計算してみると合計スコアはかなり低かった。「家自体はいろんな点が気に入って、恋に落ちたといってもいいほどだった」とリサはいう。「でもこの評価システムを使うと、近隣にも目を向けるようになる。その評価が低かったのね」。最終的にカップルが購入したのは、家Tだった。DやJに比べて＋

1のスコアは少なかったが、全方面で申し分ないうえ、重みの高い項目のいくつかでスコアがとても高かったのだ。

「この手法のおかげで、表面的な細部にとらわれずにすんだ」とリサはいう。「頭のなかに12もの項目を一度に入れておくなんて、複雑すぎてできないけれど、このツールがあればすべてを組み込んだ全体像をつかむことができる。それに、2人の意見が合わないときも感情的にならずにすんだ。個人的な印象ではなく、具体的な項目について話し合えたから」。

このような構造化の手法は、どんな選択を行うときにも使えるわけではない。だが意地悪な環境で重要な決定を下すとき、大きなちがいを生むのは単純な解決策なのだ。

3 プロジェクトの失敗を防ぐ「死亡前死因分析」

2013年3月にアメリカの大手小売業者ターゲットがカナダ第一号店をオープンしたとき、数百人の好奇心旺盛な買い物客や熱心なバーゲンハンターが、凍てつく寒さのなか、夜明け前から長蛇の

＊以下のサイトを使えば、あなたも好きなペアワイズ・ウィキ調査を作成できる。
www.allourideas.org

列をつくった。テントで夜を明かした人もいた。午前8時、扉が開いた。「ターゲットの新規開店に来るのが夢だったの、そして今こうしてここにいる！　うれしいわ、ほんとにうれしい！」と、ある女性が店に入りながらいった。赤いポロシャツにカーキ色のパンツのおなじみの制服を着た従業員は手を叩き、歓声を上げ、顧客をハイタッチで迎えた。「みなさん、ターゲットにようこそおいでくださいました！　さあどうぞ、カートをおもち下さい！」。

ターゲットはカナダでまだ一店舗も開く前から人気があり、カナダ人は国境を越えてアメリカの店舗に買い出しに行くことも多かった[24]。ターゲットはカナダ進出を盛り上げようと、アカデミー賞授賞式のテレビ中継でカナダをテーマとするCMを放映した。そしてわずか9か月間で、小さなプリンスエドワード島を含むカナダの10州すべてに合計124店舗を開店した。

ターゲットは進出から2年足らずでカナダの全店舗を閉鎖し、撤退した。1万7000人以上が職を失った。ターゲット・カナダはこの時点までに数十億ドルの損失を被っていた。「簡単にいえば、私たちは日々お金を失っていました[25]」とターゲットのCEOは認めた。カナダのメディアはこの企てを「華々しい失敗」「紛れもない大惨事」「わが国におけるアメリカの小売業最大の失敗」などと呼んだ。あまりにも劇的なメルトダウンに、カナダの脚本家がそれをテーマとする劇を書いたほどだ[26]。

ターゲットの海外展開は大胆だった。段階的アプローチをとる代わりに、カナダの小売チェーンのリース権を18億ドルで買収し、100か所以上の小売りスペースを一気に確保した。空店舗への賃貸料の支払いを避けるため、できるだけ早く開店したいという焦りがあった。テナントの家主もモールに空き店舗ができるのを嫌ったため、プレッシャーがさらに高まった。ターゲットは野心的な日程を組んだ。いいかえれば、カナダ進出はそもそもから密結合のシステムだった。「これだけ多くの店舗をこれだけの短期間に新しい国でオープンするとなると、失敗できる余地がほとんどなくなります」[27]とターゲット・カナダの失敗を取材したトロントの記者、ジョー・カスタルドはインタビューで語っている。「いったん何かがうまくいかなくなると、それを修正するための時間はほとんどない。2週間ごとに次々と開店していく必要があるんですから」。

カナダ進出は複雑性も高かった。カナダに拠点を置くにあたっては、商品の流れを仕入れ先からターゲットの倉庫へ、倉庫から店舗の倉庫へ、そして店舗の棚へ導くための大規模なサプライチェーン管理システムが必要になる。そしてそのシステムは全商品を追跡し、信頼性の高いデータを生成するものでなくてはならない。ターゲットはそのデータを使って需要を予測し、在庫を補充し、配送センターを管理する必要があるからだ。アメリカには信頼できるシステムがあったが、それをそのまま事情の異なるカナダに導入することはできなかった。フランス語の特殊文字やカナダのメートル法、カナダドルに合わせて大幅なカスタマイズが必要だった。他国への導入を念頭につくられたシステムではなかったのだ。

時間が限られていたため、ターゲットはカナダのために既製のサプライチェーン管理システムを購入した。小売専門家の間で定評のあるドイツ製ソフトウェアだ。最先端の優れたシステムだが、慣れるのが大変だった。社内でこのシステムを完全に理解していたのはほんの数人である。カスタルドはそれを

「どう猛なケモノ」と呼んだ。[28]

システムを稼働させるには、7万5000種類もの商品データを入力する必要があった。各商品につき、商品コード、寸法、出荷ケースに入る数量など、十数項目の入力欄があり、しかも手早く作業を進める必要があったため、ミスが起こる余地がとにかく大きかった。

従業員は当然ミスをした。ほとんどがタイプミスや入力漏れ、センチでなくインチでの入力など、ささいなミスだったが、とにかく大量にあった。そして在庫管理システムは、全商品と全店舗の棚の寸法が正確に入力されていなければ正常に機能しなかった。

無数の小さなミスのせいで、ターゲットのサプライチェーンに大混乱が生じた。商品が店舗に正しく送られず、買い物客が来たのに棚はガラガラ、というありさまだ。他方、海外展開チームが需要を過大評価したせいで、倉庫は商品であふれていた。ターゲットは保管スペースを増やしたが、そのせいで何がどこにあるのかを把握するのがさらに難しくなった。

「なぜターゲットの物流センターに、あっという間に在庫が滞留したのか？　じつをいうと、そういう状態になるのに時間はかからない[29]」とカスタルドは教えてくれた。「次々と搬入されてくる商品の受け入れスペースをつくるためには、すばやく商品を動かし続けなくてはならない。だから一つ問題が起これば、連鎖的に混乱が拡大する」。

あるとき販売計画部の従業員が地獄のような2週間をかけて、システムの全商品ラインの入力を手作業で確認したが、それでも多くのミスが残った。店舗の品揃えは悪く、棚はガラガラで、買い物客の不興を買った。そのうえカナダ本部の責任者がコンピュータの画面上で把握していた状況は、現場の実態とはまるでちがっていた――複雑系の明らかな兆候だ。「買い物客の目に映る実態をほとんど把握できていなかった[30]」と、元従業員は語る。「書類上は大丈夫なのに、店舗の実情を見て驚愕した」。海外展開は泥沼と化した。ターゲット・カナダは２０１５年初頭には完全に破綻していた。

しかし多くの点で、ターゲットの敗北はそれよりずっと前に確定していた。２０１１年、店舗のリース契約を結び、無謀な日程を設定した時点である。ちょうどこの頃、ターゲットは年次報告書のなかで、カナダ進出に予想されるリスクを説明している[31]。だが販促計画や店舗改装、従業員の採用など、一般的な要因に焦点を当て、のちに海外展開の妨げとなった実際のリスクにはまったく触れていなかった。無謀な開店スケジュール、複雑きわまりない在庫管理システム、データ入力の厄介な問題、カナダ特有の事情（メートル法やフランス語の特殊文字など）など、大混乱を招いた要因は一つも上がっていない。

もちろん、あとからなら何とでもいえる。ウォーレン・バフェットがいうように、「いつだってフロントガラスより、バックミラーの方がはっきり見える」のだから。それに、後知恵が働くのは手遅れになってからだ――またはそのように思われる。だがもしもメルトダウンが起こる前に、後知恵の力を借りる方法があったらどうだろう？　後知恵を前もって活用することができたらいいと思わないか？

２年ほど前、私たちは卒業を数週間後に控えた一流ビジネススクールの学生60人を対象にアンケー

図表5-6

バージョン#1の質問への回答	バージョン#2の質問への回答
「学生の実地研修が足りない。他大学の学生に比べて実地スキルを学ぶ機会が少ない」	「アカデミックなことに力を入れすぎて、実践的なスキルや就活支援などに手が回らない」
「他校のプログラムとの差別化が図れず、毎年卒業生がよい仕事に就けない」	「学生のカンニングなどの学術スキャンダルによって、大学の評判が傷つく」
「教室での講義と実際の職業経験とを結びつけていない」	「多くの卒業生が就いてきた新卒向けの仕事が、人工知能に取って代わられる」
「他校に比べて卒業生を採用する企業が少ない。就職準備のサポートが不十分」	「自然災害による校舎の損壊。法律改正により海外留学生のビザ取得が困難に」
「他校との競争や、全般的な経済不安」	「他校の実地研修が拡充する。オンライン教育により対面での授業が時代遅れになる。経済学部の応用プログラムにビジネススクールの優秀な学生が奪われる」

トを行った。質問が一つだけの簡単なオンライン調査だ。学生たちに、今後数年間に母校の成功を脅かす最大のリスクを考えて書いてもらった。このとき、質問の仕方によって答えが変わるかどうかを調べるために、いい回しを少し変えた2種類の質問を使った。半数の学生にはオリジナル版の質問（バージョン#1）を、残りの半数の学生には少しひねった質問（バージョン#2）を与えた。

次に挙げるのはランダムに選んだ回答例だ（図表5-6）。何かパターンを読み取れるだろうか？

見てわかるように、バージョン#1への回答はとても理にかなっているが、やや視野が狭い。他校との競争やプログラム内容に関わるリスクが主だ。他校は努力している、プログラムが実践的でない、など、学生から寄せられる典型的な苦情といっていい。もっともな指摘ではあるが、バージョン#2も見てみよう。やはり対外的な競争とプログラムの内容が挙げられているが、ほかにもたくさんある。カンニングスキャンダル！　自然災害！　人工知能！　オンライン教育！　予期せぬ法改正から、同じ大学の経済学部との競争まで、リストはまだまだ続く。より多様なリスクの集合だ。そして思いがけないアイデアが多い。

ではこうしたこれらの回答を導いた2種類の質問は、どこがちがったのだろう？　バージョン#1は、潜在的リスクを考えてもらうときによく使われる、ふつうの質問だ。

> 少し時間をとって、今後2年間に当校の存続や成功にとって最大の脅威になるかもしれない要因や動向、できごとを考えてください。頭に浮かんだことをすべて書き出してください。

バージョン#2は、ちがうアプローチをとった。起こるかもしれないリスクを考えるのではなく、今は2年後で、悪い結果がすでに起こっていると想像してもらった。

> 今は2年後だと想像してください。当校は大苦戦していて、最近の卒業生であるあなたは悪いニュースをしょっちゅう見聞きしています。実際、大学はビジネスプログラムの閉鎖さえ検討しているほどです。では少し時間をとって、この結果をもたらした要因、動向、できごとを想像してください。頭に浮かんだことをすべて書き出してください。

この質問は「死亡前死因分析」という、巧妙な手法[32]に基づいて作成したものだ。これを考案した研究者ゲーリー・クラインは説明する。

プロジェクトが失敗すると、何が問題だったのか、なぜ失敗したのかを検討するための教訓セッションが行われる。医療でいう、死亡後死因分析のようなものだ。これを事前にやったらどうだろう？　プロジェクトを開始する前に、こう宣言するのだ。「今、水晶玉を覗いてみたら、プロジェクトが失敗していました。大失敗です。さてみなさん、少し時間をとって、なぜプロジェクトが失敗したのかを考え、その理由をすべて書き出してください」と。[33]

次に、一人ひとりが思いついたリスクを発表し、それらのリスクへの対策をグループ全体で考えるのだ。

死亡前死因分析のベースにあるのは、心理学者が「先見の後知恵」と呼ぶ考え方、つまりあるできごとがすでに起こったと想像することで頭に浮かぶ後知恵だ。先見の後知恵を用いると、特定の結果が起こる理由を見抜く能力が高まることが、1989年の画期的研究で報告されている。[34]実験参加者は先見の後知恵を用いると、結果を想像しなかった場合に比べて、より多くの理由を思いつき、しかもそれらはより具体的でより正確だった。これは後知恵を自分を責めるために使うのではなく、有利に活用するためのテクニックなのだ。

具体的にどうすればいいのか？　この研究から例を一つ紹介しよう。

バスケットボールのチャンピオン決定戦の第一試合で、どちらのチームが勝つかを予想する場合を考えよう。試合前の勝敗予想では、主力プレーヤーの比較や、各チームの強みと弱みといった、一般的な要因をもとに勝者を予想する。だが試合後の分析となると、話は別だ。こうした一般要因のほか、特定のできごとも敗因として挙がる。たとえばプレーヤーAの試合開始直後のファウルトラブル、プレーヤーBの夜遊び、前シリーズ優勝後の練習不足など。[35]

試合後は話が別だ。結果が確定していれば、より具体的な原因を思いつく――この傾向を利用する手法が、死亡前死因分析だ。ただ結果を想像するだけで、原因に対する考え方ががらりと変わるのだ。また死亡前死因分析は、分析者の動機にも影響を与える。「要するに、優れた計画を考えつくことで賢さをひけらかす代わりに、プロジェクトが失敗する鋭い理由を考えて頭のよさを見せつけようという意識が働く[36]」とゲーリー・クラインは説明する。「全員の意識が、調和を乱すようなことを避けようとする方向から、潜在的問題をあぶり出そうという方向に変わる」。

たとえばターゲットの海外展開を成功させるにはどうするかと問う代わりに、ターゲット・カナダが大失敗に終わったと想像する。次に、なぜ失敗したのかを真剣に考える――そしてこれらを、海外展開の決定さえしていない段階で行うのだ。

死亡前死因分析は、なにも10億ドルの海外展開を検討するときでなくても利用できる。シアトルの大手技術系企業に勤める優秀で勤勉なマネジャー、ジル・ブルーム[37]は、人生の大切な決定に死亡前死因分析を利用した。彼女は2年ほど同じ仕事をしてから、別の任務に抜擢された。最初は大喜びだった。新しい上司のロバートは精力的で魅力的な人のようだし、大きな問題に取り組むチャンスがありそうだ。だが仕事を始めてまもなくわかったのだが、ロバートは精力的というより喜怒哀楽が激しいタイプだった。それに任務も期待していたのとはちがった。戦略上重要な問題に取り組む機会はあったが、アイデアを実行に移すための資源は得られそうになかった。おまけにチーム内でしょっちゅう問題が起こっていたせいで、彼女は不規則な生活に参りそうだった。

ブルームはロバートのチームに参加するかどうかを決める際、異動のリスクとメリットをスプレッドシートにまとめていた。「でも大きなリスクをいくつか見落としたし、リストアップしたリスクについてもあまり深く考えなかったわ」と彼女は話してくれた。「真のリスクなのかどうかを掘り下げて考えなかった」。

異動を不満に思っていることを、メアリーという別のマネジャーに世間話のついでに打ち明けたところ、うちのチームに来ないかと誘われた。ロバートの下で働き始めてまだ数か月だったから、こんなに早く仕事を変われば、出世の階段を1段降りることになるかもしれないという不安があった。さらにややこしいことに、彼女が仕事を移ることを検討しているのを知ったロバートが、チーム内の別の任務をオファーしてきたのだ。

ロバートにオファーされた新しい任務と、メアリーのチームでの任務のどちらにするかを決めるために、ブルームは夫とともに、それぞれの選択肢の死亡前死因分析を行うことにした。「今から1年後に仕事がうまくいっていないと想像して、何が原因でそうなったのかを考えた」とブルームはいう。死亡前死因分析をしたことで、仕事を比較する際に考慮すべき具体的なリスク要因をリストアップすることができた。たとえばマネジャーの管理スタイル、チームの雰囲気、プロジェクトを推進する自分の能力といったものだ。

次にこのリストに関連する情報をできるだけ収集した。「30分の面接では、20も質問をする時間はない。死亡前死因分析のおかげで重要なリスクに集中して、具体的な質問をすることができた」。それから、死亡前死因分析で挙げたリスク要因を基準に、2つの仕事を比較したのだ。「リスク要因を基準にして、それぞれの仕事にスコアをつけることで、自分に本当に大切なことを見きわめられた。新しいチームに移れば、たぶん昇進という面では一歩後退することになる。自分の能力をまた一から証明しなくてはならないでしょう。でもそのデメリットと、日々仕事に興味をもって取り組める喜びをてんびんにかけてみて、メアリーのチームの方がずっとリスクが低いことがわかった」。

決断のときが近づくにつれ、どちらのチームからも猛烈なプレッシャーをかけられた。「押しつぶされそうになったわ」とブルームはいう。「一歩離れて決定を細かく分析できるツールが必要だった」。死亡前死因分析とあらかじめ設定した基準が、その役に立った。最終的に彼女はメアリーのチームへの参加を決め、新しい仕事の方がずっと自分に合っていることを確信したという。

行動経済学の提唱者の一人で、『ファスト&スロー　あなたの意思はどのように決まるか？』（早川書房）の著者であるダニエル・カーネマンも、意地悪な環境で重大で複雑な決定を下すときに、ツールの助けを借りることを勧めている。ＳＰＩＥＳやあらかじめ設定した基準、死亡前死因分析を用いたからといって、ミスを完全に排除できるわけではない。だが機械的な判断に待ったをかけ、体系的な方法で選択に向き合うことができるのは確かだ。

カーネマンはいう。「意思決定をするとき、たいていの人は自分の直感に頼る。自分は状況をはっきり理解していると思っているからだ。自分の直感を疑うことには、特別な労力が必要なのだ[38]」。だが意地悪な環境では、直感に疑問を投げかけることが何より必要だ。たとえばターゲットの場合、同社の経営幹部は、アメリカでの長年の出店経験で培った直感をもとに、カナダでも成功できると考えた。だが彼らは海外進出に関してフィードバックを得たことはなかった。そのため、カナダで10億ドルのリース契約を結んだときは、目隠し飛行しているようなものだった。

ターゲットのリーダーは直感に頼る代わりに、この章で紹介した手法を用いればよかった。ＳＰＩＥＳを使えば、過度に楽観的な売上予測を立てずにすんだかもしれない。初めて家を買った夫婦のように、大きな決定を下すときには、あらかじめ設定した基準が役立ったはずだ。またジル・ブルームと夫のように、死亡前死因分析を行えば、成功を阻む要因を具体的に特定できただろう。これらのツールは、どんな種類の意地悪な環境に対処するときにも役立つはずだ。複雑系は厄介だが、意思決定を少しでも構造化することができれば、成功する見込みは高まる。

第6章 災いの前兆を見抜く

「心配でたまらない。私の子どもなのよ。
そして誰の子どもに起こってもおかしくないことよ」

1 ミシガン州フリント市の「茶色い」水道水

2014年夏、リーアン・ウォルターズは子どもをお風呂に入れたり、裏庭のプールで遊ばせたりするたび、肌に赤く盛り上がった発疹があるのが気になった。数週間後、子どもの髪がごっそり抜け始め、3歳の双子の片方の成長が止まった。11月、リーアンの家の水道水は汚い茶色に変わった。彼女は調理と飲み水、歯磨きのために、ボトル詰めのミネラルウォーターをケース買いし始めた。まもなく家族はシャワーの回数を減らし、一番下の2人の子どもをミネラルウォーターで沸かしたお風呂に入れるようになった。彼女の家の水にいったい何が起こっていたのだろう？(1)

リーアンは地元ミシガン州フリント市の当局に苦情を訴えたが、何か月もの間取り合ってもらえなかった。家の水道水を入れたボトルを市民集会にもっていくと、そんな水が出るはずがないと、当局者に嘘つき呼ばわりされた。だがリーアンが息子の発疹を撮影したビデオを見た小児科医が、彼女の家の水道水を検査するよう市に働きかけてくれた。リーアンの家を訪ねた市の公益事業管理者マイク・グラスゴーは、水道水にオレンジ色の変色を認め、水道管の腐食が疑われるといって、鉛濃度を調べるために試料（サンプル）を採水してもち帰った。

1週間ほどして、グラスゴーから結果を知らせる電話があった。メッセージは簡潔だった。誰にも水道水を飲ませてはいけない。鉛の含有量は危険なほど高かった。

水中の鉛に安全な量はないが、アメリカ環境保護庁（ＥＰＡ）は鉛濃度が15ppb（10億分の15の濃度）を超えた場合、何らかの是正措置が必要と見なしている。リーアンの家は配管が新しく、浄水器が設置されていたにもかかわらず、鉛レベルは１０４ppbだった。こんなに高い数値を見たことがないと、グラスゴーは打ち明けた。翌週グラスゴーが別の検査を行うと、鉛レベルは３９７ppbに上がっていた。のちに独立した調査機関が浄水器を通さない水を検査したところ、平均で２５００ppb、ある検査では１万３５００ppbという結果が出た。

リーアンの子どもに発疹が出る数か月前、かつて栄えたフリント市は、近くのデトロイト市から水を購入するのをやめ、市内を流れるフリント川から取水し始めた。これを決めた理由はただ一つ、経費削減である。

２０１４年春に行われた式典で、フリント市長がデトロイトの給水バルブを閉めるボタンを押し、フリント市の水処理施設での実験開始を宣言した。市と州の当局者はフリントの水道水の入った透明なグラスで乾杯した。「水道はあってあたりまえの必要不可欠なサービスです」[2]と市長はいった。「これはフリント市がみずからのルーツに立ち返り、飲料水の水源を地元の川に戻す、歴史的瞬間です」。

この式典で市当局者は、水質にちがいは生じないと断言した。[3]だが住民から苦情が出始めると、水の硬度が高くなったから味が変わったかもしれないと手のひらを返した。そして苦情が殺到すると――水は味もにおいもひどかった――市当局は一連の小さな措置を講じた。たとえば消火栓を使って老朽化した水道管を洗い流すといったことだ。

その後の定期検査によって、水中の消毒剤が足りないことが判明した。大腸菌などの細菌が繁殖し、煮沸しなければ飲めなくなったため、市当局は塩素の注入量を増やした――いや、増やしすぎたせいで、消毒剤の危険な副産物〔発がん性物質のトリハロメタン〕の濃度が上昇した。市当局が警告を発し、州はフリントで働く州職員のためにミネラルウォーターを購入する事態となった。[4]市が大腸菌問題の対応に追われるなか、今度は市内でレジオネラ症という細菌による肺感染症が発生し、感染源は水道水と断定された。[5]

リーアンの家から5分の場所に巨大工場をもつゼネラル・モーターズ（ＧＭ）も、問題に気づいていた。リーアンの子どもたちに発疹が出始めたのと同じ頃、工場で製造中のエンジンブロックに水道水のせいで錆（さび）が生じた。[6]ＧＭが当初とった対策はリーアンと変わらなかった。浄水器を導入し、続いて食料品店からミネラルウォーターを買うように、トラックで水を大量に搬入した。だが改善が見られなかったため、GMは工場の水源を近くの都市に変更した。

リーアン・ウォルターズはGMのように水源を変えられなかった。そして彼女の子どもたちには、すでにダメージがおよんでいた。マイク・グラスゴーから鉛の結果報告を受けてすぐ、双子を医者に診せると、1人はすでに鉛中毒になっていた。とくに幼児の場合、鉛の血中濃度がわずかに上がるだけでIQ低下や行動障害、そしてその結果としての生涯賃金の減少を招くおそれがあるのだ。

リーアンの家で鉛汚染が発見されてからも、州当局は問題の隠蔽を図り、汚染は家の配管のせいだと主張し続けた。だがリーアンの家では数年前に、現代の安全基準を満たす新しいプラスチック製の配管に取り替えたばかりだった。

フリント川の水は腐食性が高かった。GMのエンジン部品の錆を引き起こした腐食は、市全体の老朽化した水道配管全体に発生し、住民の水を汚染していた。リーアンは汚染を訴え続け、最終的に市当局は彼女の家と給水本管をつなぐ老朽化した配管を取り替えた。鉛レベルはただちに低下した。

水の味やにおいへの苦情、細菌の大発生、水道水の煮沸勧告、リーアンの家での天文学的な鉛濃度――これだけの証拠が積み上がってもなお当局は、フリントの水は安全に飲めるという主張を譲らず、問題の存在を否定していたのだ。

また当局はただ警告サインを無視するだけでなく、検出される鉛の量を減らすために、採水手順まで細工した。[7] フリントの水道局が顧客に送付した手紙を見てみよう。

飲料水の鉛・銅検査

採水手順

住民のみなさま

ご自宅の飲料水の鉛・銅検査にご協力いただき、ありがとうございます。飲料水に含まれる鉛と銅の正確な数値を得るために、次の手順をお守り下さるようお願いいたします。このサンプルは、お客さまがふだん飲まれる飲料水とその蛇口の標本となるべきものです。ご質問があれば最寄りの水道局にお問い合わせください。

1. ふだん飲料に使っている台所または洗面所の蛇口を選びます。洗濯用の流しや立水栓から採水しないで下さい。水道局はそのようなサンプルを検査することができません。

2. 蛇口から5分以上水を流します。その後6時間以上蛇口を使わないで下さい。レバーハンドルの蛇口をお使いの場合は、冷水の方に回してから水を流して下さい。採水がすむまでは蛇口を使わないでください。

3. 最低でも6時間以上経ってから、サンプルを採水します。ただし、12時間以上経過した場合は採水することを勧めません。
4. 6時間以上前に水を流した蛇口から出た「最初の水」を、サンプル容器の首まで入れます。

手紙には採水用の小さなボトルが添付され、水道局が後日回収して分析するようになっていた。

この種の手順は、環境規制により水道局が鉛汚染のリスクの高い住宅――鉛を使った配管から給水を受けている住宅――からサンプルを採水することを義務づけられているアメリカでよく見られるものだ。しかし、フリントの住民に送付された手紙は、ふつうとはちがっていた。ありふれた文章のなかに細工が隠されているのだ。もう一度ステップ2を見てほしい!

採水の前夜に蛇口を5分間も開きっぱなしにすれば、水道水によって配管が洗い流され、住宅の配管系統から一時的に鉛の大部分が除去される。ある専門家はこのやり方を評して、ホコリのサンプルを採取する前夜に、部屋にくまなく掃除機をかけるようなものだといった。(8)

それにサンプル容器の口は狭すぎて、採水時に蛇口を全開にできなかった。このせいでさらに結果が歪められた。というのも、水流が弱いと配管から鉛がはがれ落ちにくくなるからだ。そのうえ水道局は、リスクの高い住宅を中心に検査するのではなく、鉛製の配管や給水管を利用していない住宅から主にサンプルを採水したのだ。

そしてきわめつけとして、ミシガン州当局はリーアンの家の鉛の測定値を無効とした。浄水器がついていたから、州の検査基準に準拠していないというのだ。だが検査基準によって浄水器の使用が禁じられているのは、水道局が鉛レベルを下げる細工をしないようにするためだ。州当局はリーアンの結果を除外することにより、市全体の鉛レベルを連邦政府の関心を引かないレベルにかろうじて抑えることができ[9]、フリント市は鉛汚染の問題を住民に通知しなかった。

その間、水道水はリーアンの子どもたちだけでなく、市全体の子どもたちに有害な影響をおよぼしていた。リーアンのいい分を聞いてみよう。

わが家だけの問題じゃない。これまでもそうじゃなかったし、これからも決してそうじゃない。フリントのほかの家族、ほかの子どもたちはどうなるの？　ほかの人たちが傷つくのを黙って見ているなんて、知っているのに何もしないなんてことが、どうしてできる？　……うちの4歳の子は、中毒になったから死ぬの、と聞いてくるのよ。……双子なの。1人は25キロで、もう1人は16キロ。1年も体重が増えていない。貧血の問題もある。……そう、夜も眠れない。心配でたまらない。私の子どももなのよ。そして誰の子どもに起こってもおかしくないことよ[10]。

フリント川からの取水に切り替えるにあたり、州当局は水道システムで通常行われる、腐食制御のための化学薬品による浄水処理を行わないことに決めた。これによって市は1日あたり60ドルのコストを削減することができた。これは誤植ではない。住民1人あたり60ドルでもない。年間運営費500万ドルのシステムに対して1日あたり60ドル、年間約2万ドルのコスト削減である。[11] 検査技師の年間給与の半分に満たない額だ。これに対して、1人の子どもが鉛中毒になることの代償は、ある専門家の推定によれば、賃金への直接的な経済的影響だけでも5万ドルに上るという。フリントでは9000人の子どもが汚染された水を飲み続けていた。ミシガン州は、現在進行中のこの水道水問題に、数億ドルの予算を配分した。[12] 水道インフラ全体を交換するとなれば、この程度の金額では到底すまない。

複雑性と密結合のせいで、フリントの危機はさらに深刻化した。実証ずみのシステムから、まったく新しい給水源に切り替えたことで、州当局は予測しがたいさまざまな相互作用に悩まされた――腐食性の高いフリント川の水、細菌、細菌を処理するための化学薬品、腐食制御のための薬品、老朽化した鉛製の配管の間の相互作用である。また水道システムの性質上、当局は不完全で間接的な指標に頼らざるを得なかった。たとえばフリント市当局には市全体の配管図がなかったため、鉛の配管のない住宅から主にサンプルを採水するはめになった。鉛は目に見えず、検査結果を得るまで数週間かかることもあった。それに密結合の問題もあった。鉛はいったん水に取り込まれると、取り除くことはできない。また子どもへのダメージは不可逆的で、取り消すことはできない。

私たちは複雑系を前にすると、すべてが順調に進行していると思い込み、その思い込みに反する証拠を排除することが多い。フリント川への水源切り替えを主導した州当局者は、切り替えの記念式典でこう述べている。「川の水が処理されてシステムに送り込まれるとき、私たちの計画は現実のものになります。水質がすべてを物語るでしょう」[13]。その通り――水質がすべてを物語った。しかし問題を特定し追跡するための体系的な方法がなかったために、ミシガン州当局は警告サインを無視した。それも、ただ森を見て木を見なかっただけではなく、森のなかにいること自体を全否定したのだ。

チャールズ・ペローは、この種の否定が横行していると警告する。[14]「私たちは現実世界の複雑性に対応できないため、予想された世界を頭のなかに思い描く。次に、予想された世界に合った情報を取り入れ、それと矛盾する情報を、何かと理由をつけては排除する。このような組み立てをとおして、思いがけない相互作用やあり得ない相互作用を無視するのだ」。

フリントで起こったのは、まさにこれだった。

2 地下鉄車両はなぜ消えたのか

ワシントンD.C.にほど近い目立たない建物に、ワシントン・メトロシステムの運転指令センターがある。運行状況のリアルタイムマップと、線路やトンネルの入口に設置されたカメラのライブ映像を映し出す巨大なスクリーンが設置され、それを囲むデスクにオペレーターが並んですわっている。

メトロシステムには1970年代の設計時に、自動列車追跡機能が導入された。このために軌道システム全体が、約12mから約460mまでの長さの区間に分けられ、各区間に列車を検知する装置が取りつけられた。

巧妙なシステムだ。[15] 区間の一端にある送信機が電気信号を生成し、もう一端にある受信機がその信号をとらえる。区間に列車がいないときは、電気信号がレールを伝って送信機から受信機へと流れる。だが列車が区間に進入すると回路が切り替わり、列車の車輪の車軸によってレールが連結〔短絡〕されるため、電気信号が受信機に届かなくなる。したがって、受信機が信号を消失すれば、列車がその特定の区間にいることが検知されるしくみである（図表6–1）。システムはこの情報を利用して、自動的に列車の速度を制御し、衝突を避けていた。

しかしシステムは老朽化した。メトロは古い部品を交換したが、基盤をなす技術そのものが時代遅れになっていた。[16] このシステムでは、線路の特定区間に列車がいるかいないかはわかっても、特定の列車の位置を把握することはできなかった。

こうした複雑な事情のせいで、2005年に大事故が起こりかけた。ラッシュ時にポトマック川の川底の区間で、3台の列車があと数mで衝突するというところまで接近したのだ。ここは往来の激しい区間で、自動システムが何らかの原因で作動せず、幸運と運転士の機転によってかろうじて惨事が避けられた。

この異常接近の話をたまたま聞きつけたエンジニアが、問題の区間のデータを調べ、列車が区間の中ほどにいるときにセンサーが列車を検知できなかったことを突き止めた。[17] 彼はただちに保守作業員を

図表6–1

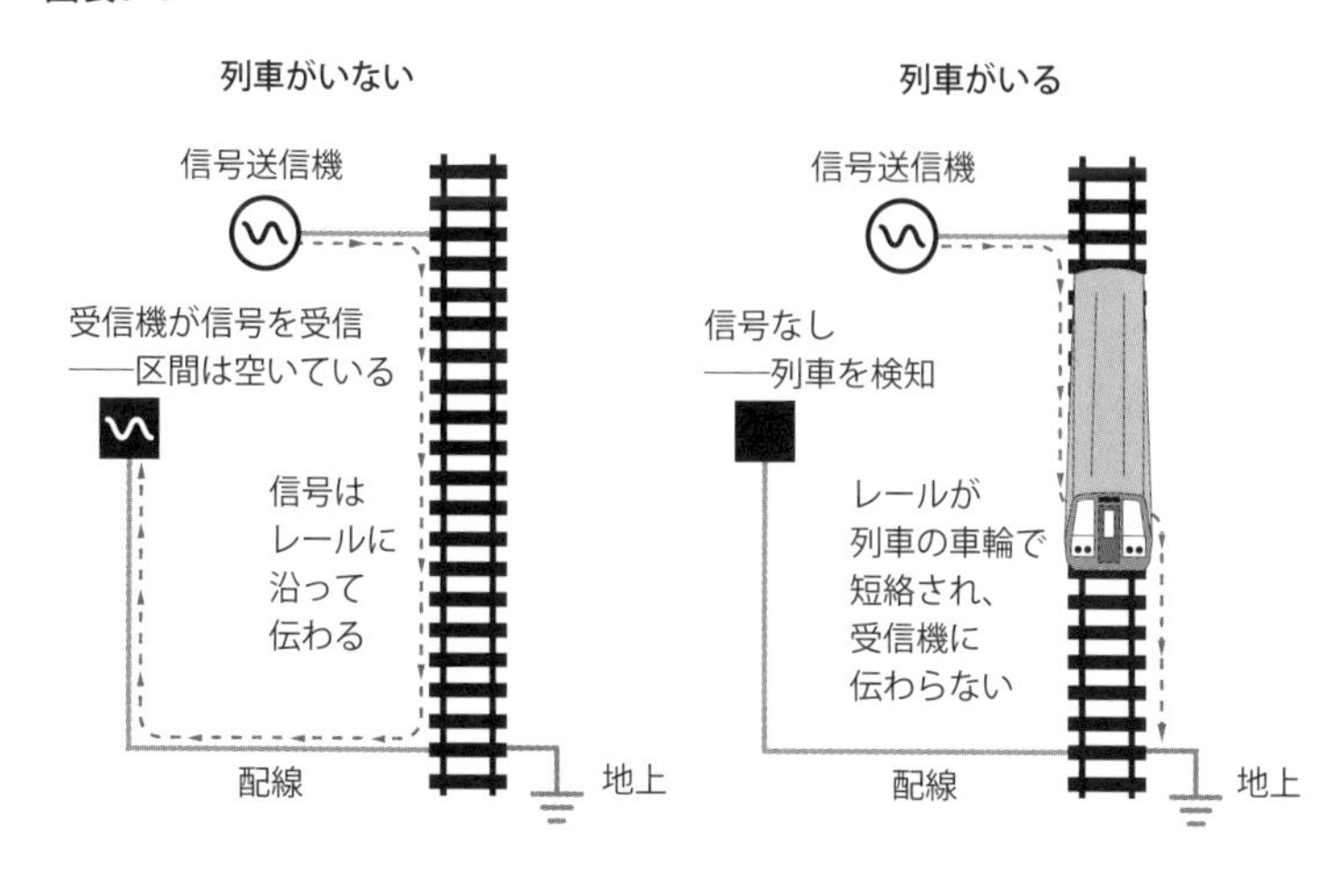

線路に向かわせた。その後の数日間、エンジニアたちが問題解決に取り組む間、作業員が現場に立って、線路が空いていることを確認できるまでは、指令室に次の列車の進入を許可させないようにした。

エンジニアたちは、なぜ274mもの長さの区間で列車が検知されなかったのか、その理由を追求した。そしてこの区間に列車がいるときも、列車検知信号が送信機から受信機まで流れていたことを知った。彼らはどこかに短絡があるのではと考えたが、それが見つかる前に問題自体が立ち消えになった。

問題は解決したかに思われたが、エンジニアは念のため回路の全部品を交換した。また、システムのほかの部分で同じ問題が起こらないことを確認するために、次の要領でテストを実施することにした。今後保守作業員が線路検知回路を点検する際には、レールとレールの間に列車の車輪に似た大きな金属棒を渡して、システムが区間に列車がいると判断することを確認する。

問題の発生箇所が定かではなかったため、送信機のそばと、線路の中ほど、受信機のそばの3箇所をテストする。

またエンジニアは消失した列車を探すためのコンピュータプログラムを作成し、週に1回実行した。すべてが正しく動作していることを確認すると、そのツールを保守部門に渡し、毎月一度ラッシュ時に実行してほしいと要請した。

このように、メトロのエンジニアは隠れた問題を発見した。フリントの当局者とはちがって、警告サインに気づき、対策を講じた。問題を修復した。テスト手順を考案し、監視システムを開発し、問題が再発すればわかるようにした。彼らは問題を解決した。

しかしその後、問題は忘れ去られた。テスト手順や消えた列車を探すためのプログラムは、一度も使われることはなかった。

時は変わって2009年6月。システムの更新プログラムの一環として、作業員が軌道区間B2―304と呼ばれる箇所の部品を交換した。作業は難航した。部品交換後、送信機と受信機をどれだけ調整しても、区間の検知回路は適切に動作しなかった。作業員は作業が完了してから次の列車が正しく検知されるのを見届けるまで、その場にとどまることになっていた。[18] 故障点検を行う間に、列車がもう1台通過した。作業員は、指令センターに問題はまだ残っていると伝え、その場をあとにした。

指令センターは問題の軌道区間に対する作業指示を出したが、指示はシステム内に滞留したままになっていた。その後の5日間、問題の軌道区間に進入した列車のほぼすべてが線路センサーから消えたが、誰もそのことに気づかなかった。区間を通過した後はシステムによって再び検知されたため、すべてが正常であるかのように思われた。

メトロが区間Ｂ２―３０４の問題を見落とし、エンジニアの開発したテスト手順やプログラムを実行しなかったことは、たんなる不注意の問題ではない。単純なシステムでは重要なものごとを容易に追跡できても、複雑で密結合のシステムではそうはいかない。デンジャーゾーンでは、どれが重要な問題なのかさえはっきりせず、しかも重要な詳細を見落とす余裕はない。

２００９年6月22日の夕刻のラッシュアワーが始まり、２１４列車が問題の軌道区間に進入し、その前に来たすべての列車と同様、姿を消した。過去5日間に起こったように、２１４列車は軌道回路に検知されなくなると、自動的に減速し始めた。[19] ところがその前に来たすべての列車とちがって、２１４列車は不運だった。区間に進入する前、運転士は通常よりも遅い速度で運転していた。彼は列車をプラットフォームの正確な位置でピタリと止めるのが好きだったのだ。その状態から減速が始まったため、２１４列車は問題の区間を通過する勢いを失った。そして故障した軌道区間内にすっぽり収まるような位置で停止したため、システムから完全に消えてしまったのだ。

２１４列車のあとに、本書の冒頭に登場した退役空軍将校のデイビッド・ウェアリーと妻のアンを含む多くの乗客を乗せた、１１２列車がやってきた。自動列車制御システムは、１１２列車の前方の軌道が空いていると見なし、列車に加速の指示を出した。午後4時58分、１１２列車はコーナーを曲がった。運転士が前方に停止した列車に気づき、非常ブレーキをかけたときには、もう手遅れだった。

図表6-2　消えた列車

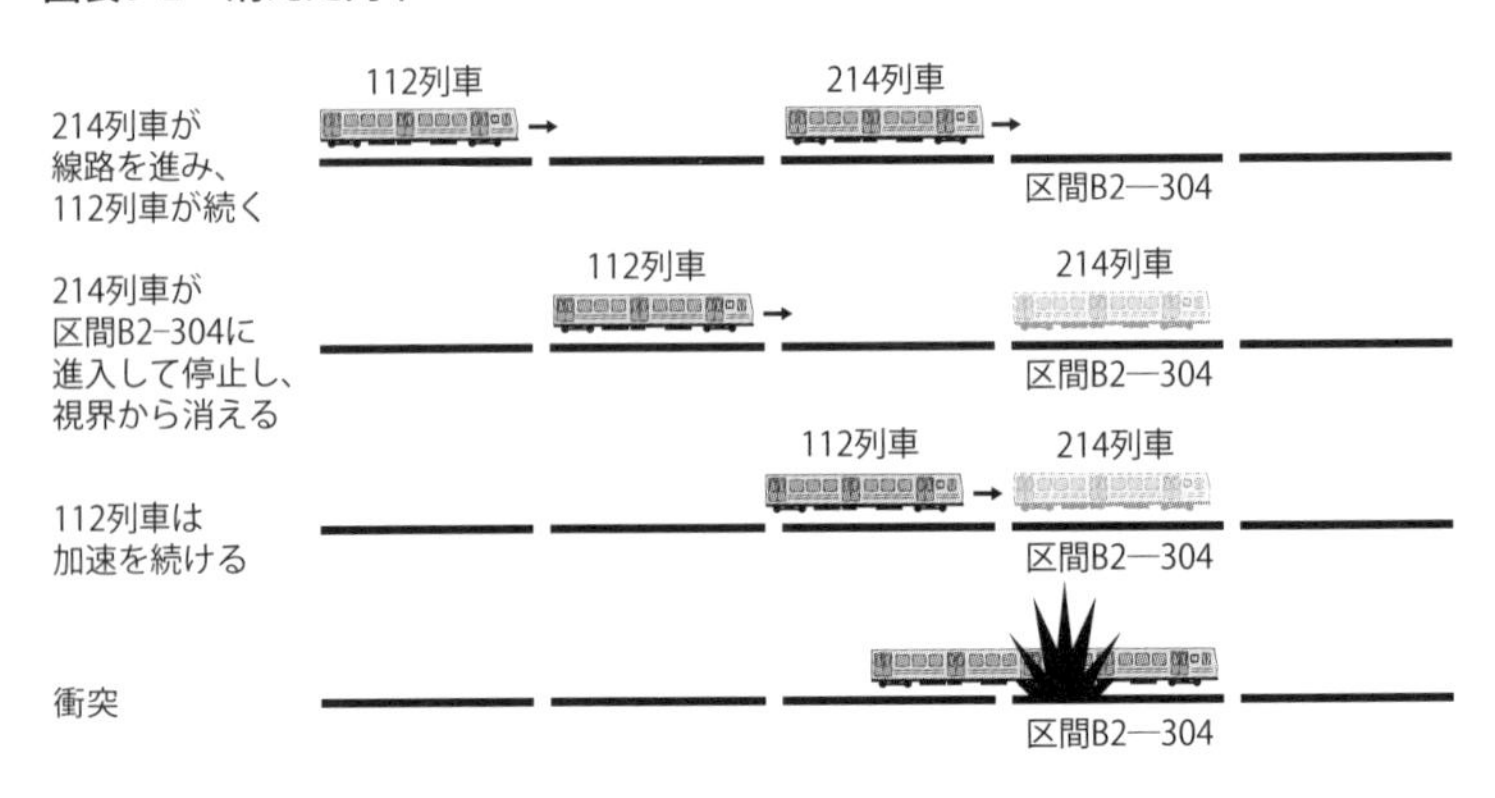

衝突した214列車から厚さ4mほどのがれきの波――座席、棒、天井パネル――が車内になだれ込み、そして先頭車両の長さは23mから3・7mにまで圧縮されたのである（図表6−2）。

112列車は、そこにいるはずのない幽霊列車にぶつかった。9人が亡くなったのは、メトロシステムがあまりにも複雑すぎて、エンジニアがすでに解決方法を編み出した問題さえ、追跡することができなかったからだ。

3
脳がルールをでっち上げる

警告サインから学ぶことによって、惨事を防ぐ方法を身につけた業界がある。商業航空だ。ジェット機時代に入って間もない1950年代末、民間航空機の死亡事故発生率は出発100万回あたり40回だったが、この率は10年と経たずに出発100万回あたり2回以下に低下した。最近ではさらに改善が見られ、出発1000万回あたり約2回に下がっている。[20] 移動距離あたりで見れば、自動車の方が100倍もリスクが高い。[21]

この進歩の大部分は、小さな過失や異常、ニアミスなど、フリント市やワシントン・メトロシステムの関係者が無視したものごとに注意を払った成果である。航空会社は起こってしまった事故だけでなく、起こっていたかもしれないが起こらなかった事故からも学ぶ方法を身につけたのだ。

パイロットについて、こんなジョークがある。飛行機の先っぽに止まった鳥がコックピットをのぞき込んだが、パイロットの頭頂部しか見えなかった、と。パイロットは外に目を配るだけでなく、コックピット内部で処理しなくてはならない仕事がたくさんあるのだ。フライト中の忙しいときは、パイロットはうつむいていることが多い。地図を確認し、ナビゲーションコンピュータに必要データを入力し、航空計器をモニターしている。

よく晴れた日にはコックピットから数百km先まで見通せるが、曇っていると何も見えないことがある。そんなとき、パイロットはコックピットの計器を使い、地上の無線標識が発射する電波のつくる、目に見えないハイウェイに沿って航行する。[22] 飛行機には無線受信機が搭載されていて、標識からの電波に同調させることができる。自動車の高速道路にアメリカ西海岸のI―5〔州間高速道路5号線〕やロンドンから出ているM20モーターウェイがあるように、空のハイウェイにも名前がついている。たとえばシアトルからサンフランシスコへ飛ぶ飛行機は、J589からJ143に移るフライトプランで飛行するかもしれない。こうしたハイウェイに沿って目標地点（空港）の近辺まで来たら、次に「計器進入方式」

と呼ばれる方法で飛行する。これは空港からの電波を頼りに滑走路に進入する方法で、空港ごと、滑走路ごとに方法が定められている。それぞれの方式は、計器進入チャートに詳細に記された高度、方向、無線標識などの指示に沿って行う。進入チャートには着陸開始地点〔進入フィックス〕（滑走路延長上の高度数百ｍの地点）までの飛行方法が具体的に示されている。

これらのプロセスで重要な役割を果たすのが、航空管制官だ。管制官は衝突が起こらないよう航空機の着陸順序を決め、パイロットに空港への進入方法や着陸する滑走路を指示する。

計器飛行はペローのデンジャーゾーンのなかで行われる。下層雲、霧、暗闇などによって飛行機の外で起こっていることが覆い隠されるため、パイロットは航空計器、無線航行標識、計器進入チャート、管制官との協議などの間接的な情報源に頼らざるを得ない。飛行機はいったん離陸すれば、自動車のように路肩に停車するわけにはいかず、着陸するまで飛び続けなくてはならない。またミスにすばやく対応しなければ、体勢を立て直すのは難しい。

１９７４年12月１日の朝、トランスワールド（ＴＷＡ）航空５１４便が乗客約90人を乗せてオハイオ州コロンバスを発ち、ワシントン・ナショナル空港に向かった[23]。この日はひどい天候だった。曇り空に雪が舞い、ワシントンＤ．Ｃ．付近では強風が吹いていた。コックピットクルーはベテラン機長のリチャード・ブロックと副操縦士レナード・クレシェック、そして航空機関士トーマス・サフラネックである。

通常なら１時間で終わるフライトだった。だが離陸から数分後に航空管制官から、強風のためナショナル空港には着陸できないとの連絡が入ったため、ブロック機長はナショナル空港から約50㎞西のダ

図表6-3　進入チャート

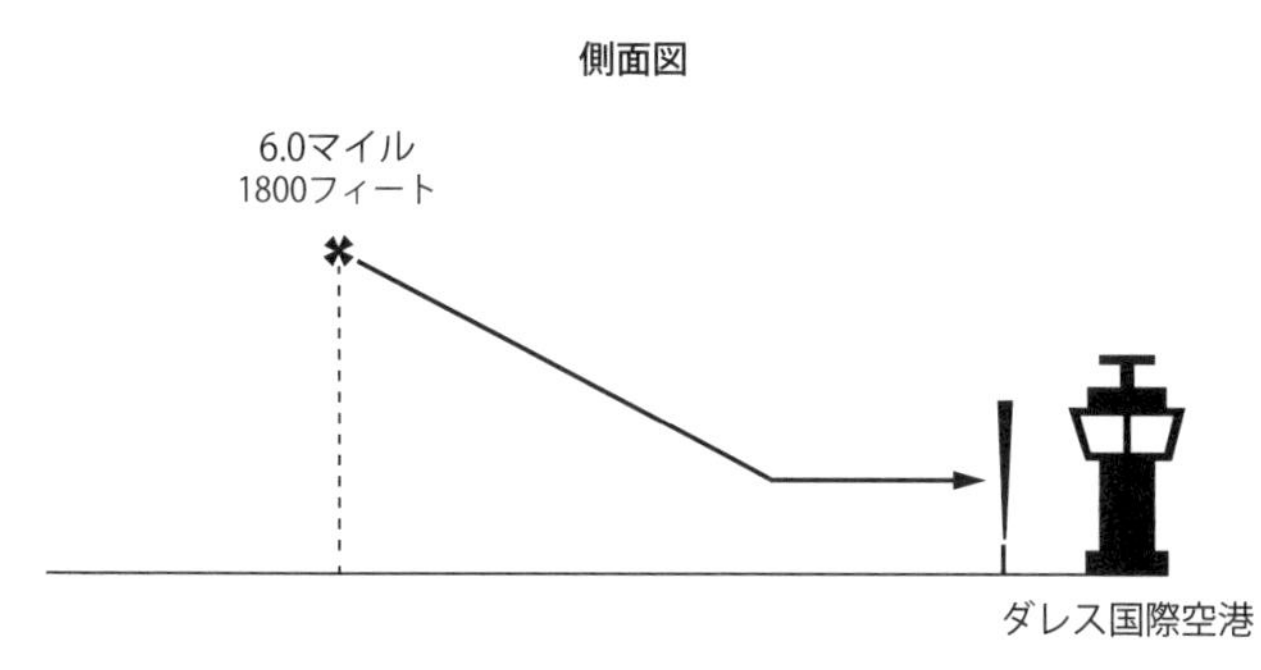

レス国際空港に行き先を変更した。フライトは無事進行し、約15分後、飛行機がまだダレスの北西約80㎞地点にいるとき、別の管制官から滑走路12への計器進入を許可された。

クルーは「着陸ブリーフィング」といって、滑走路12の進入チャートを声に出して読み上げ、その詳細な指示に従って航空機の設定をする作業を行った[24]。進入チャートには高度と空港の位置、降下を開始する地点の概略図が載っていた。また近くのウェザー山の位置（標高1764フィート〔約538m〕、空港から40㎞）と、それを避けるために最低必要とされる高度〔最低安全高度〕も指示されていた。

進入チャートには、こんな側面図も描かれていた（図表6-3）。側面図に示された唯一の地点は、高度1800フィート（約550m）、空港から6マイル（約10㎞）の地点だ。この図は、飛行機がダレスまで6マイルの地点に到達後、高度1800フィートから降下を始め、目視で空港を見ながら着陸できる地点に到達するよう指示していた。しかし側面図には、それよりも遠い地点で維持すべき高度については、何も指示がなかった。

航空管制官がTWA514便に進入許可を与えたとき、飛行機は地図上に「ラウンドヒル」として示された地点の北西にいた。乱気流のなかを降下しながら、クルーは次のステップについて話し合った。(25)

機長： 1800〔フィート〕が最低高度だ。

副操縦士： 降下を開始します。

機関士： ここはまだかなり離れていますね。暖房を弱めましょう。

副操縦士： 高度が上下するのは嫌なんですよね……しばらくすると頭痛がしてくるんです……下で風が吹いていますね。

機長： おや、このくだらない図〔進入チャートの概略図〕には、ラウンドヒルの最低高度が3400〔フィート〕と書いてあるぞ。

航空機関士がどこに書いてありますかと尋ね、機長は答えた。「ここだよ、ラウンドヒル」。概略図には、西方向から進入する飛行機のために、3400フィートを最低高度とする航空路が示されていたことに、機長は気づいたのだ。だが彼らの飛行機はその航空路上にはなかった。彼らは空港に直接向かう航空路上にいたが、いつ降下を開始できるかについて航空管制から何も指示されていなかった。側面図を見ても、空港までの最後の6マイル部分しか記載がなく、曖昧さは解消されなかった。

全員が一斉にしゃべった。「いやでも……」「管制官から許可が出たんだから……初期進入点に行っていいってことでしょう……」「そうだ、初期進入高度だ」。

機長は正しかった。雲に隠れた〔標高1764フィートの〕ウェザー山が近くにあり、高度1800フィートでは危険なほど低かったのだ。だが話し合ううちに不安は薄れ、機長は問題をそれきりにしてしまった。飛行機はそのまま降下を続けた。

「なんだか真っ暗ですよ」と機関士がいった。「それにガタガタ揺れる」と副操縦士が応じた。514便の92人の命は、1分後に尽きようとしていた。

その日混乱したのは、ブロック機長とクルーだけではなかった。わずか半時間前、やはり北西方向から来た別のフライトが計器進入許可を受けた。514便と同様、このときの許可にも高度制限は付加されていなかった。高度制限とは、たとえばウェザー山を通過するまでは3400フィートを維持せよといった指示をいう。そのためパイロットはこれを「直ちに1800フィートまで降下してよい」と解釈することもできた。だがこの機長は、航空管制に簡単な確認の質問をしたのだ。「現地点での最低高度は?」。管制官は明確に答え、航空機は無事着陸した。

だが514便のクルーは進入許可を誤解した。彼らのメンタルモデルは現実と乖離していた。事故後から今に至るまでに行われたさまざまな研究によって、脳が曖昧な状況を処理する方法について多くのことが解明されている。問題を解決するための情報が十分にないとき、私たちは不調和を感じる。

図表6–4

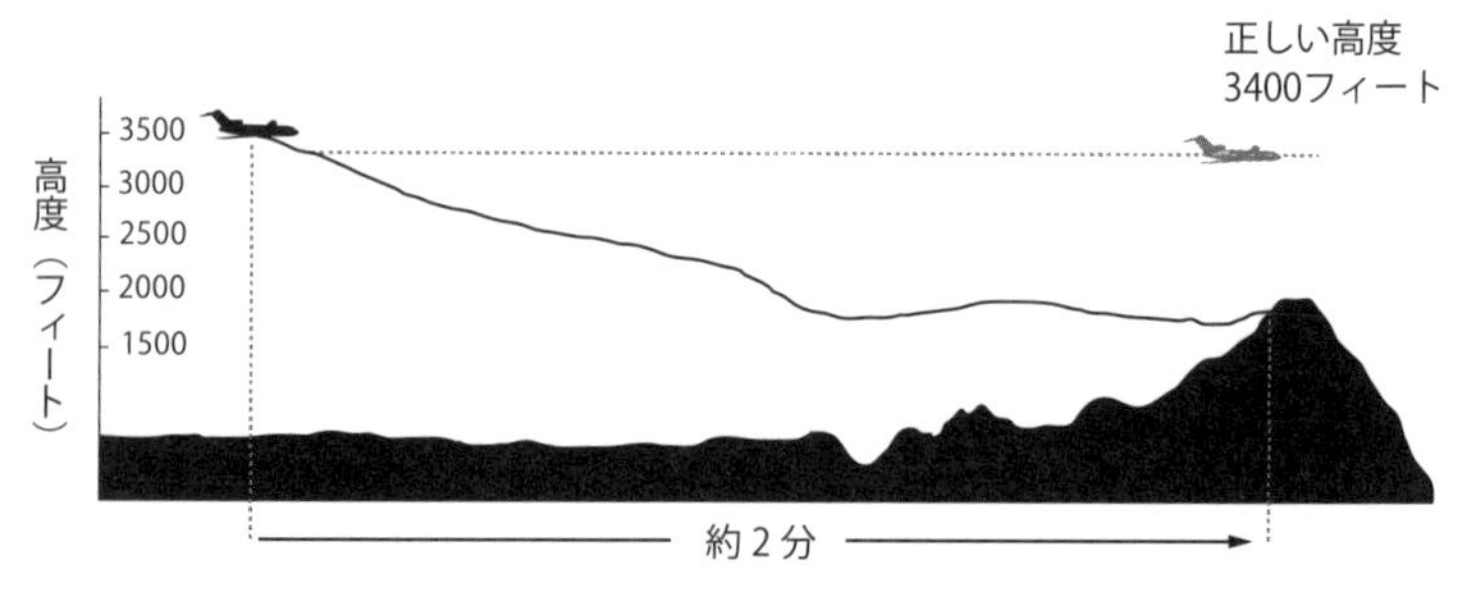

すると脳が不調和を調和に変えるために、すばやく働いてギャップを埋める。[26] 別のいい方をすると、脳がものごとをでっち上げるのだ。

クルーがなすべきことははっきりしていなかった。飛行経路は通常とはちがっていた。「くだらない図」は降下すべきでないことを示していた。しかし航空管制は進入を許可した。この曖昧な状況を解消するために、彼らはルールをでっち上げた。「航空管制官から許可が出たら、ただちに初期進入高度まで降下し始めていい」。

山が近づいているのは見えなかったが、雲の合間からすぐそこに地面が見えた。数秒後、飛行機はウェザー山の花崗岩の斜面に激突したのである。側面から見た５１４便の最終的な飛行経路を上図に示す（図表６–４）。

５１４便の墜落後、連邦航空局（ＦＡＡ）は計器進入方式のチャートを修正した。どこが変わったか見てみよう（図表６–５）。

もとの側面図には、空港から６マイル地点で１８００フィートまで高度を下げていなくてはならないことだけが指示され、その地点までの高度については解釈の余地が残されていたのに対し、新しい

図表6-5

もとの側面図

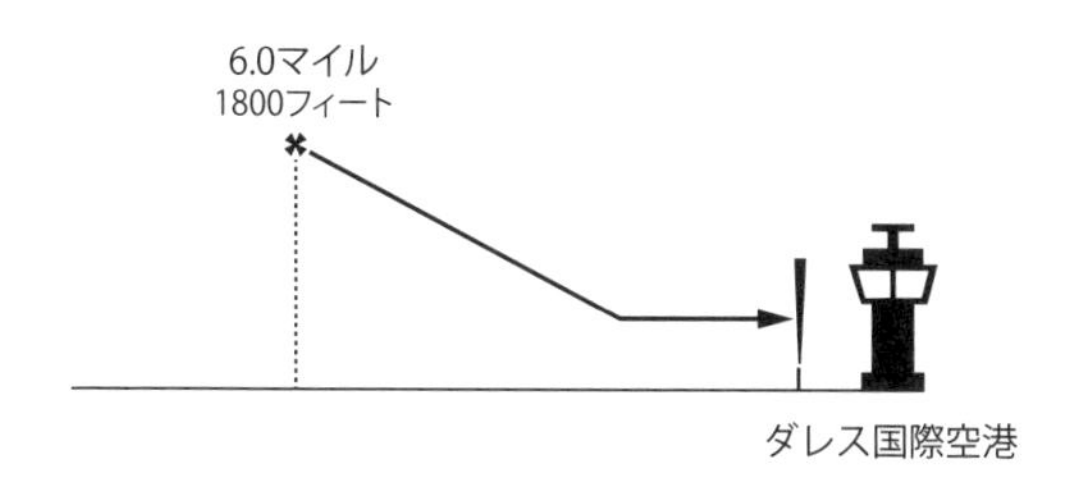

修正された側面図

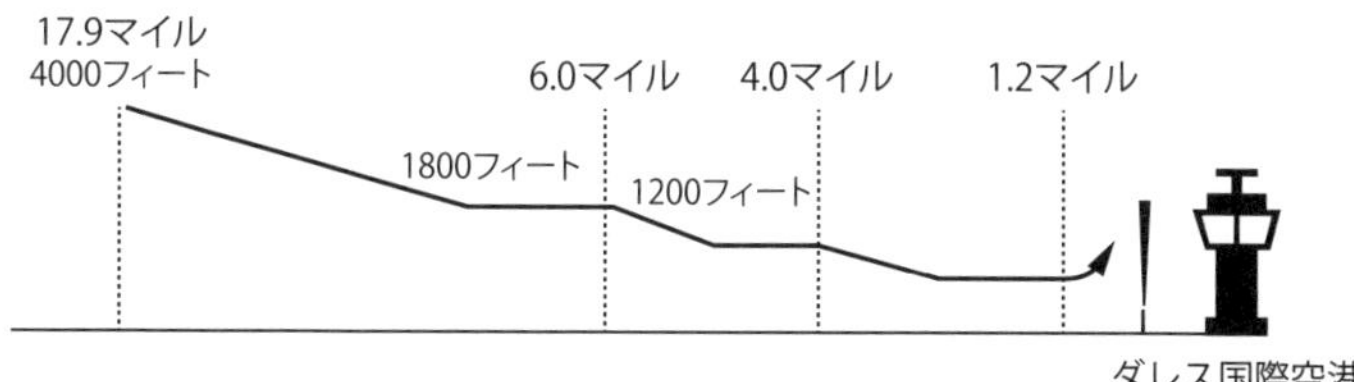

側面図には、17・9マイル地点までは高度4000フィートを保つことが明記された。この書き方には曖昧さがない。

クルーのミスは、不注意や無能力のせいではなかった。彼らは航空管制によって与えられた指示の細かい点に混乱させられたのだ。514便のクルーは管制官に進入許可を受けたとき、もし高度制限があるのなら管制官が指示するはずだと考えた。航空管制には、そのような指示が必要だという認識はなかった。

アメリカ国家運輸安全委員会（NTSB）は、この事故におけるクルーと航空管制官の役割に関する数時間分の証言を精査したうえで、こう結論づけた。「パイロットは管制官から助けを受けることに慣れすぎて、管制官の助言がなければ、自分たちがどんな指示を受けているのか、いないのかさえ、理解できなくなっている[27]」。

もちろん、あとからなら何とでもいえる。だがこの事故が起こるずっと前に、問題の解決法を編み出した人たちがいた。彼らは進入許可の混乱がいつ惨事を招いてもおかしくないことを、またダレス付近の山々でパイロットを待ち受ける危険のことを知っていた。

１９７４年にユナイテッド航空（ＵＡ）は、安全意識向上プログラムを社内に導入し、安全に関わるできごとや提案を報告するよう、パイロットに呼びかけた。この制度のもとで、パイロットは問題を匿名で報告することができ、ＵＡは提供された情報がパイロットの不利に使われないことを保障し、情報提供者の身元をＦＡＡから秘匿することを誓った。５１４便の衝突の2か月前、ユナイテッドはダレスに着陸したばかりのパイロットから、恐ろしい報告を受けた。

このケースでも、航空管制は北西方向から接近してきたUA便に、のちに５１４便の事故を招くことになる、滑走路12への進入許可を与えた。ブロック機長と同様、ＵＡの機長も進入チャートを誤解して、ただちに１８００フィートにまで降下した。ＵＡのクルーはＴＷＡのパイロットとまったく同じまちがいをしたのだ。だがさいわいにもウェザー山に衝突せず、正常に着陸した。

それでもＵＡのクルーは、何かおかしなことが起こっていたかもしれないと感じた。ゲートに到着すると進入を振り返り、降下を始めるのが早すぎたことに気がついた。そして、これこそ会社が求めている種類の情報だと判断し、報告した。

UAは問題を調査し、同社のパイロットに次の通達を送った。[28]

ターミナル空域においてレーダー誘導が広く行われるようになったせいで、フライトクルーの側に誤解が生じている。最近のできごとをかんがみ、注意喚起を促すことにした。

1.「進入許可」という用語については、一般にクルーがみずから判断しなくてはならない。
2. ほかの最低安全高度がないことを確認するまでは、最終進入フィックスの高度まで降下してはならない。
3. 外側フィックスまでの最低安全高度は〔進入〕チャートに記されている。
4. クルーは進入の際に示される高度情報や、進入するターミナル空域図を徹底的に理解しなくてはならない。進入セグメントごとの最低安全高度（MSA）情報もこれに含まれる。

クルー諸君はみずから判断せよ。進入チャートに記された高度をすべて理解するまで降下してはいけない——。TWA墜落事故の何週間も前に通達されたこれら4項目には、TWAのブロック機長の混乱を解消する方法が含まれていた。しかし、UAの安全意識向上プログラムは社内の取り組みに過ぎず、この通達はFAAにも、TWAやその他の航空会社のパイロットにも届かなかった。もしも届いていれば、92人の命が救われていたかもしれない。

4 「まぐれ」と警告サイン

複雑系での失敗を防ごうとするのは、大きな干し草の山のなかから数本の針を探すようなものだ。UAは安全意識向上プログラムで、その手がかりをつかんだ。いわば、針が隠れている場所を示す地図をつくったようなものだ。だがプログラムの踏み込みは十分でなく、地図はそれを必要としている人たち全員の手に渡らなかった。

514便事故調査で証言した関係者はFAAに対し、匿名の安全報告を収集し、それを利用するすべての人に免責を与える、業界全体の制度を構築することを提案した。6か月後に誕生したのが、航空安全報告制度（ASRS）である。

NASAの独立機関が運営するASRSには、パイロット、軍人、航空管制官、機械工など、航空業界に関わるすべての人から毎月数千件の報告が寄せられる。パイロットにとって、ASRS報告を提出することは、過失の免責が得られるというだけでなく、誇りでもある。報告が空の旅の安全性を高めていることを、彼らは知っているのだ。

報告書は、誰でもアクセスできるデータベースに保存される。またNASAは月報『コールバック』

でも安全動向のハイライトを取り上げる。たとえば最近の号では、着陸態勢に入る寸前に滑走路変更を指示されたケースを解説している。そのため無謀な高度変更が必要になり、高度を下げきれなかったため、パイロットはこれを報告することにした。[29] ＦＡＡは報告を受けて、滑走路への進入手順を変更した。

別の号の『コールバック』は、油断の危険を説明している。[30] チェックリストに挙がっていた燃料タンク交換の指示を見過ごした（そして燃料タンクが空になり高速道路への着陸を余儀なくされた）小型機のパイロットの話や、エンジンルームに道具を置き忘れてエンジンを壊してしまった機械工の話等々。たぶんわかると思うが、チック・ペローはＡＳＲＳの愛読者だ。「設計者にとってＡＳＲＳは、システムの欠陥に関する思いもよらない発見の宝庫であり、組織にとっては、安全性向上に取り組んでいるという意識を高めることができる[31]」と彼は述べている。

複雑系の基本的性質として、頭で考えるだけではすべての問題を発見することはできない、ということがある。複雑性は不可解で珍しい相互作用を引き起こすことが多いため、複雑系で起こるエラーのほとんどが予測不能だ。しかし複雑系は崩壊する前に、こうした相互作用の片鱗をうかがわせるような警告サインを発する。いうなれば、システムがどのように崩壊するかを知るための手がかりを、システム自体が与えてくれるのだ。

だが私たちはそうした手がかりに注意を払わないことが多い。結果さえよければ、システムはうまく機能していると思い込む傾向にある――たとえその成功がただのまぐれだったとしても。これが「結果バイアス」と呼ばれる現象だ。たとえばステファン・フィッシャーという架空のプロジェクト管理者を考えよう。彼は技術系企業で新しいタブレットの開発に取り組んでいる。発売まであと数か月というとき、タブレットのカメラを担当していたエンジニアが他社に移り、そのせいで開発に遅れが出た。ステファンは時間を節約するために、カメラのほかの設計案の比較評価を省略することにした。

私たちは実験で、ビジネススクールの学生80人にプロジェクトの説明を読んでもらい、次の３つの結果のうちのどれか１つを示したうえで、ステファンの仕事ぶりを評価してもらった。[32]「成功ケース」では、タブレットはよく売れ、何も問題はなかった。「ニアミスケース」では、プロジェクトはまぐれで成功した。カメラの設計の不具合のせいで、タブレットが過熱するという問題が生じたが、プロセッサのファームウェア更新によりたまたま熱を制御できたおかげで、タブレットは正常に機能し、売れ行きもよかった。「失敗ケース」でもカメラのせいでタブレットが過熱したが、ファームウェアが更新できず、過熱が大問題となって、タブレットはあまり売れなかった。

ステファンの仕事ぶりを評価した学生（と、無人探査機に関する同様の実験に参加したＮＡＳＡのエンジニア）にとって、評価の決め手となったのは結果だった。タブレットが成功すれば、ステファンは高く評価された。まぐれで成功したときでさえ、非常に能力が高く、知性的で、昇進して当然だという評価を得た。彼の意思決定能力が疑問視されたのは、タブレットが失敗した場合だけだった。プロジェクトが大失敗に終わらない限り、ただのまぐれだったことは問題とされなかった。運のよさと能力の高さは区別されなかった。

トレーディングで5億ドルの損失を出した、ナイト・キャピタルを覚えているだろう？　あの失敗は、1人のＩＴ社員の単純なミスがきっかけだった。新しいコンピュータコードをナイトの8台のサーバすべてにインストールしなかったのだ。ＩＴ社員は過去にもきっと似たようなミスをし、たまたま運に助けられて、まずい事態になる前に問題を解決できたことがあったにちがいない。システムに問題はない、だって失敗は避けられたのだから、と。だが実のところ、ソフトウェア更新は毎回運頼みだった。

私たちは日々の生活でも同じことをしている。トイレの流れが悪くても大したことはないとたかをくくり、逆流するまで放っておく。自動車のギアが入りにくい、タイヤの空気がゆっくり抜けていく、といった小さな警告サインを無視して修理に出さない。

複雑性に対処するには、システムが――小さなエラーやニアミス、その他の警告サインというかたちで――私たちに投げかける情報から学習することが欠かせない。本章ではここまで、この問題と格闘した3つの組織を見てきた。フリント市では、当局者が数々の警告サインを軽視し、水は安全に飲めると主張し続け、問題の存在さえ認めようとしなかった。ワシントン・メトロシステムの対応はまだよかった。同社のエンジニアは何が問題なのかを理解し、問題を継続的に注視するためのテスト手順や監視プログラムを開発した。だがせっかくの予防措置も日々の多忙な業務に紛れ、解決策があるのに実行されなかった。ＵＡはさらに踏み込んだ対策をとった。問題を認識し、同社のパイロット全員に警告した。だが警告は社外の人々には届かなかった――514便のクルーをはじめとするＴＷＡのパイロットがそれを知ることはなかったのだ。

図表6-6

3つの物語のそれぞれが、有効な解決策に一歩ずつ近づいている。実際、小さなあやまちやニアミスから学習する方法をすでに編み出した組織があるのだ。研究者はこの学習プロセスを「アノマライジング」と呼ぶ[33]。図で表すとこんな感じになる（図表6-6）。

ステップ1は、アノマリー（計画したことと実際に展開する状況との乖離）の収集だ[34]。危険なニアミスの報告を収集し、うまくいっていないものごとを発見する。たとえば航空会社はニアミスの報告のほか、航行中の航空機からも直接データを収集している。

ステップ2として、指摘された問題は修正する必要がある。せっかくのニアミス報告を、提案箱のなかに放置してはいけない。たとえばイリノイ州のある病院で、看護師が同じ病室の2人の患者の薬を取りちがえそうになった[35]。2人の患者は苗字がよく似ていたうえ、処方された薬の名前もサイトテック（Cytotec）とシトキサン（Cytoxan）と紛らわしかった。看護師はすんでのところでまちがいに気づき、ヒヤリハットの状況を説明する報告を提出した。病院は、次の看護師が同じまちがいをしないように、ただちに2人の患者を分離した。

ステップ3では問題を掘り下げて、根本原因を特定し対処する。ある地域病院の品質管理者が、同じ病棟で投薬ミスがくり返し起こっているのに気がついた。品質管理チームはこれらのミスを独立した事象とは考えず、それらの根底にある問題を解明するためにくわしく調べた。その結果、看護師たちが廊下で立ったまま投薬の準備をする間、何かと邪魔が入って作業がしょっちゅう中断されていることがわかった。品質管理者は対応策として投薬準備室を設け、邪魔されずに作業に専念できるようにした(36)。

問題をいったん解明したら、ヒヤリハットの事例は隠すことなく共有すべきもの、という認識を広める。そうした情報は組織全体、またはNASAの月報『コールバック』のように業界全体で共有する必要がある。共有することで、「システムにまちがいはつきもの」という考えが浸透し(37)、いつかわが身に降りかかるかもしれない問題として意識するようになる。

最後のステップとして、警告サインを受けて講じた解決策がちゃんと機能しているかどうかを検証する。たとえば航空会社では、コックピットにパイロットがもう1人乗り込んで、クルーの仕事を見守り、チェックリスト項目の見逃しや手順の混同がないことを確認するなどして、対策の有効性を検証している。そこまでしなくては、解決策は忙しさに紛れてしまう。メトロシステムのように、本来解決策を利用すべき人たちが、その存在さえ知らないということも起こり得る。また検証のステップを踏むことで、解決策が問題を悪化させる事態を防ぐことができる。たとえば対策のせいで複雑性がさらに高まったり、監視対象が増えて軽微な問題と重大な問題を見分けにくくなる、といった事態だ。

これらすべてを支えるのが、組織文化である。航空会社の機長で元事故調査官のベン・バーマンもいう。「報告者が責められるようなことがあれば、システムに生じたまちがいや事故を報告する人など誰もいなくなる」[38]。ミスやニアミスの事例を、誰もが率直に、何の非難も報復も受けずに共有することができれば、あやまちを魔女狩りのきっかけにするのではなく、学習機会と見なすような文化が生まれる。パブロ・ガルシアの過剰投与のケースを調査したUCSFの医師、ボブ・ワクターは、「組織の安全性を測るモノサシは、ファインプレーをした人がCEOに表彰されるかどうかではない」という[39]。たとえ勘ちがいでも声を上げた人が表彰されるかどうかなのだ。

あなたはこう考えるかもしれない。「航空会社や病院はそれでいいだろう。でも過失が業務上の事故と直接結びつかない、うちのような組織はどうする?」。そんな場合、いったい何に注意を払えばいいのか[40]? また、安全とは関係のない問題や、同業他社とは共有できない問題についてはどうすればいいのだろう?

この疑問に答えたのが、デンマークの組織研究者クラウス・レーラップだ[41]。彼はロックコンサートやフェリー事故、巨大多国籍企業、といった興味深い状況で収集したデータを用いて、組織が失敗の「微弱信号」に注意を払うことによって惨事を防いでいる事例を研究している。

レーラップは世界的製薬会社でインスリン製造大手のノボ ノルディスクを対象に、数年がかりで綿密な調査を行った[42]。1990年代初頭のノボ ノルディスクでは、重大な脅威にさえ社内の関心を引くことは難しかった。ある上級副社長いわく、「自分の直属の上司とその上司、そしてそのまた上司を説得して、それが重大な問題だとわかってもらう必要がある。それができたと思ったら、今度は『今のやり方を変えましょう』と上司たちを説得しなくてはならない」。だが子どもの伝言ゲームで人を介するうちにメッセージがどんどん変わっていくのと同様、指揮系統を上るにつれメッセージが単純化される傾向があった。「もとの報告書に記されていた……重要な警告は、上級管理職向けの報告書では省略されることが多かった」と、同社のCEOもレーラップに語っている。

当時の製造部門の従業員は、アメリカ食品医薬品局（FDA）の承認基準が厳しくなるなか、同社の製品が近いうちに基準を満たさなくなることを危惧していた。だが上層部は危機が迫っていることに気づきもしなかった。1993年にノボ ノルディスクが退職した元FDA検査官の集団を雇い、模擬監査を実施したところ、驚くほど多くの問題が発覚した。ノボ ノルディスクがアメリカでのインスリン販売免許を取り消されるのは確実と見られた。同社は6か月分の在庫を廃棄し、大手競合のイーライリリーにアメリカの顧客基盤の引き継ぎを打診した。結局同社はFDA基準を満たさなかったことで顧客の信頼を失い、1億ドルの手痛い代償を被った。

このときノボ ノルディスクは、失敗の責任を特定の個人に負わせることはしなかった。責任者に注意を喚起するだけで問題を終わりにもしなかった。この失敗をバネに組織全体の変革を敢行した結果、警告サインに気づき、そこから学ぶ能力を大幅に高めることができたのだ。

ノボ ノルディスクでは、新たな問題をいち早く見つけるために、約20人の部署を新設し、社外の動向に目を配っている。その一環として、たとえば遺伝子編集技術や規制の変化といった、マネジャーが見過ごしがちな問題や考える暇のない問題について、NPOや環境団体、政府機関の役員などと意見交換を行う。いったん問題を洗い出すと、さまざまな部署や役職の人からなる特別チームを編成し、その問題が事業におよぼす影響をくわしく分析し、失敗を防止するための対策を考える。このようにして特別チームは、どこかでくすぶっている問題の微弱信号を見逃さないようにしている。

ノボ ノルディスクは社内の問題を洗い出すための調査も行っている。「ファシリテーター（まとめ役）」を設置し、（インスリン製造危機以前のように）重要な情報が組織の下位層で滞らないよう気を配るのだ。ファシリテーターには約20人の人望の厚いマネジャーが起用され、社内の全部署と最低でも数年に一度話し合いを行う。[43] 各部署を2人のファシリテーターが担当し、従業員の約40％に聞き取り調査を行い、懸念をあぶり出そうとする。あるファシリテーターはこういう。「通常話し合われないような問題を取り上げる。触れてはいけない話題は何もない」。

ファシリテーターは次に、収集した情報を分析して、部署のマネジャーが見落としている問題がないかどうかを調べる。「部署を回ると、小さな問題がいくつも見つかる」とあるファシリテーターが説明する。「放っておいたら大きな問題に発展するかどうかはわからない。でもリスクを冒すわけにはいかないから、小さな問題でもフォローアップしている」。

ファシリテーターが問題を取り上げれば、部署のマネジャーも注意を払うから、問題が階層を上るうちにフィルターをかけられるようなこともない。またこの制度のねらいは、たんに認識を高めるだけではない。ファシリテーターが作成したアクションリストをもとに、マネジャーが部署の問題の改善に取り組むことにあるのだ。リストアップされた項目ごとに担当が決められ、問題が解決するまで追跡される。ある年には提案された改善措置の95％が、期限内に完了されたという。(44)

このプログラムは大がかりな取り組みだが、ノボ ノルディスクは巨大企業であり、費用は巨額といっても、年間売上高に直せば数分の1％に過ぎない。そしてこの手法は、小規模な組織や、組織内のチームや部署単位でも導入できる。実際、レーラップと同僚は、家族経営の企業が1人の信頼できるアドバイザーの力を借りて、この手法を利用できることを示した。(45) アドバイザーは経営者を陰で支え、競合企業の脅威や破壊的技術、規制の変化などに注意を喚起した。ときには一族の軋轢を察知し、重大な決定を下す前にきょうだいと協議するよう、経営者を諭したこともあった。ノボ ノルディスクの専任チームと同様、アドバイザーは問題の芽を見つけるために事業全体に目を配り、警告サインに気づき、意思決定者に注意を促した。

デンジャーゾーンに位置するシステムは複雑性が高いため、どんな問題が生じるかを前もって正確に予測するのは難しい。だが警告サインは確かにある——災いの前兆は必ず表れる。私たちに必要なのは、それを読み解く力なのだ。

第7章 少数意見を解剖する

「差し出たことをすれば正気も仕事も失うはめになった」

1 ウィーン総合病院第一病棟の噂

1846年の秋、出産を間近に控えた若い女性が、広大なウィーン総合病院産科病棟の重厚なオーク材の扉を叩いた。[1] 2人の看護師が出てきて女性の体を腕で支え、長い階段を上るのを手伝った。上階の小さなテーブルにすわっていた医学生は、女性を第一産科病棟に割り振った。

第一病棟では助産師でなく、医師が分娩を取り扱うと知ったとたん、女性は取り乱し、お願いですから助産師の第二病棟に入れてくださいと訴えた。ひざまずき、両手をもみしぼって懇願したが、願いは聞き入れられなかった。規則は規則ですから、と。患者は来院した曜日によって入院病棟が決まり、この日は第一病棟の日だった。

翌日、彼女は第一病棟の小さな病室で男の子を出産した。3日後、彼女は亡くなった。いつものことだった。来院する妊婦は第一病棟の噂を知っていて、この病棟に割り振られないことをひたすら願った。そしてそこに入院するはめになった女性の多くが、産後数日以内に死亡した。症状はいつも同じだった。高熱と震え、そして最初は軽いが次第に激しくなるお腹の痛み。赤ちゃんも亡くなることが多かった。産褥熱という、当時恐れられた病気である。

若い女性が亡くなる少し前、司祭と助手が臨終の秘蹟を授けるために病床を訪れた。病棟を歩きながら、助手が司祭の到着を知らせる小さな鈴を鳴らした。あまりにも聞き慣れた音だった。司祭はほとんどの日に、ときには日に何度も、魂を慰めるために病棟を訪問していたのだ。

司祭と助手は瀕死の女性の病室に入ろうとしたとき、若い医師とすれちがった。青灰色の目といかつい肩、薄くなりかけた金髪の大柄な男性だ。彼の名はイグナーツ・センメルヴェイス。ハンガリー出身の28歳で、主任研修医として病棟で働き始めたばかりだった。

センメルヴェイスは不吉な鈴の音を毎日のように聞いていたが、それでも心が沈んだ。「ドアの外を足早に過ぎ去る鈴の音を聞くたび、またしても得体の知れない力に命を奪われた者を思い、ため息が漏れた」[2]と彼はのちに書いている。「あの鈴の音は、未知の原因を解明せよと、私を厳しく叱咤していたのである」。

女性たちのくわしい死因は、実際わかっていなかった。彼の高圧的な上司のヨハン・クライン教授を

図表7−1

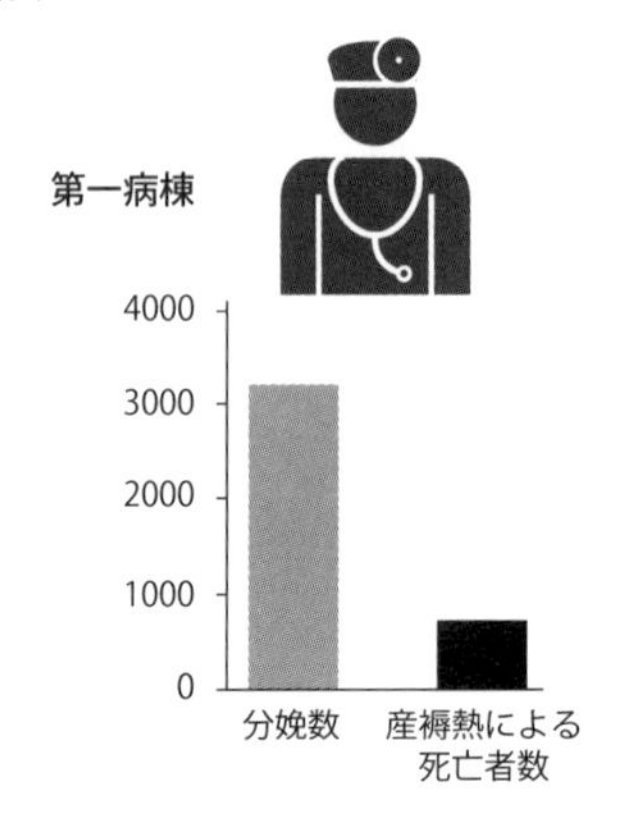

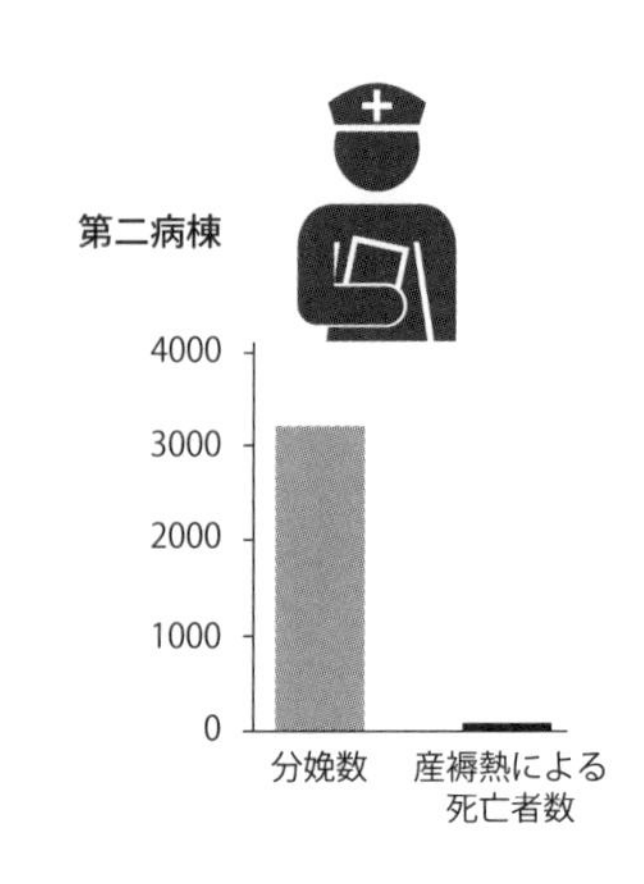

含めほとんどの医師たちは、ウィーン上空を覆う有害な大気のようなものが原因ではないかと考えた。そんな説は彼には受け入れがたかった。二つの病棟を比較した次のグラフを見てほしい（図表7−1）。

同僚たちのいう有害な大気とやらが、第一病棟だけを覆っているのでない限り、この説では産褥熱がこの病棟で猛威を振るっている理由を説明できない。産褥熱で死亡する患者の数は、第二病棟が年間約60人だったのに対し、第一病棟は約600人から800人にも上った。

驚くべき差である。とくに、二つの病棟が分娩数も建物の造りもほぼ同じだったことを考えれば。唯一のちがいとして、第一病棟では主に医師と医学生が、第二病棟では助産師と看護学生が分娩を取り扱った。

それに産褥熱はこの病院の外では蔓延していなかった。自宅出産の場合、子どもを取り上げるのが開業医であれ助産師であれ、産褥熱はまれだった。路上で出産した女性でさえ、第一病棟で出産した女性よりも産褥熱になる確率はずっと低かった。病院より路地で出産する方が安全だったのだ。第一病棟に、いや第一病棟だけに問題があるのは明らかだった。

医師と助産師の慣行のちがいとして、医師たちの病棟では女性が仰向けで出産し、助産師の病棟では横向きで出産することが多かった。このちがいの影響を調べるために、センメルヴェイスは第一病棟の妊婦たちに横向きになってもらったが、何の変化もなかった。薬剤投与の方法を変え、空調を改善したが、効果はなかった。

解明が進まないことに苛立ったセンメルヴェイスは、1847年ヴェネツィアに小旅行に出かける。美しい街並みを眺めれば頭もすっきりするだろうと考えたのだ。だが病院に戻った彼を、悲報が待ち受けていた。最も人望の厚い同僚の1人、法医学者のヤコブ・コレチカが亡くなったのだ。コレチカは検体解剖の指導中、学生のメスで誤って指を傷つけられ、数日後病気を発症して死亡した。

検死報告書を読んだセンメルヴェイスは、衝撃を受けた。コレチカが死に至った症状は、彼が第一病棟でいやというほど見ていた病気と奇妙なほど似ていたのだ。

これが決め手となった。コレチカの死因は、目に見えない微粒子（今日細菌と呼ばれる）が指の傷口から侵入したせいではないかと、彼は考えた。そして、もしもコレチカの病気と産褥熱が本当に同じなら、第一病棟の女性たちを殺したのも同じ微粒子にちがいない。この洞察を得て、パズルのピースがカチリとはまった。第二病棟の助産師は検死解剖には携わらなかった。だが医師や医学生は、死体解剖室から第一病棟に直行することも多く、彼らこそが目に見えない致死的物質を妊婦に感染させていたのだ。

今でこそ、産褥熱の原因が多様な細菌であること、そして死因に関わらずどんな死体にも存在する細菌がその1つであることがわかっている。しかし細菌病因論が一般に受け入れられる何十年も前のセンメルヴェイスの時代、医師が死体解剖後に服を着替え、手を入念に洗うべき理由は何もないと考えられていた。石鹼と水ですばやく手を洗うことはあっても、ブラシでのこすり洗いとはほど遠かった。実際、死体解剖室から病棟に直行した医師らは、センメルヴェイスのいう「死体のにおい」が手から漂っていることが多かった。[3]

センメルヴェイスは細菌のことは知らなかったが、においをなくせば致死的物質も除去できると考えた。そこで脱臭効果のある塩素水を入れたボウルを第一病棟の入口に置き、産科病棟に入る前に必ずそこで手を洗うよう、全員に指示した。

結果は驚くべきものだった。第一病棟の死亡率は数週間のうちに急低下した。介入後の一年間で、産褥熱による死亡率は1%強にまで下がった。かつて死が日常化していた場所で、産褥熱の死亡例が1件もないまま数か月が過ぎていた。

この頃にはセンメルヴェイスは自分の正しさを疑いなく確信していた。また、自分の発見のもつ恐ろしい意味合いにも気づいていた。「私は多くの死体を扱ってきた[4]」と彼は記している。「私の過失により、若くして死に追いやられた患者の数は、ただ神のみが知るということを、ここに告白せねばなるまい」。

センメルヴェイス自身はこのつらい真実を受け入れたが、医学界に自説を受け入れさせるとなると、まったく別の話だった。なにしろ彼の発見は、ウィーンだけでなくヨーロッパ中の医師たちが長年の間、まさに素手で母子を殺してきたことを示唆していたのだ。彼らがまちがっていたこと、彼らの誤った信念が罪なき人々を死に追いやったことを認めさせる必要があった。

くじけそうになりながらも、センメルヴェイスは声を上げた。「隠蔽は何の解決にもならない[5]」と彼は書いている。「この不幸を永遠に続かせてはいけない。すべての当事者に真実を知らせる必要がある」。だが頭の固い古参たち、とくに若手をよく思わない医師たちを、いったいどうやって説得できるのか？ 25年も産科長を務めていたクライン教授のような人たちに、これほど重要な問題に関してまちがっていたことを認めさせるには、どうしたらいいのだろう？

2 脳が「罰」と見なす集団の意見からの逸脱

人とちがう意見をいうのは難しい。私たちは周囲の意見に合わせなくてはと感じることが多いが、同調欲求の原因が周囲の圧力だけではないことが、神経科学の研究でわかっている。この欲求は、人間の脳にもともと組み込まれているのだ。

ある研究は、人が所属集団のコンセンサスから外れた意見をもつとき、脳がどう反応するかを、機能的磁気共鳴画像法（ｆＭＲＩ）を使って調べた[6]。その結果、人が多数意見に逆らうとき、脳内で二つのことが起こることがわかった。第一に、異常検出に関わる脳の領域が非常に活性化する。神経系がミスを発見し、エラーメッセージを発するのだ。まるで脳が「おい、お前まちがったことをしているぞ！　修正が必要だ！」といっているようなものだ。第二に、報酬を予測する脳領域の活動が鈍くなる。脳は「報酬は期待できない！　これはお前のためにならないぞ！」といっているのだ。

「集団の意見からの逸脱を、脳は罰と見なすことが、この研究によって示された[7]」と筆頭著者のワシリー・クルチャレフは述べている。そしてこのエラーメッセージと弱まった報酬シグナルが組み合わさると、意見をコンセンサスに合わせて調整するべきだ、という電気信号が脳に伝わる。興味深いことに、集団から罰を受けるべき理由が何もないときでさえ、このプロセスは生じる。「人が自分の意見を形成し、集団の見解を聞き、自分の意見を集団の見解に同調させるプロセスは、おそらく自動的なものなのだろう[8]」とクルチャレフは述べている。

同じことが、エモリー大学の神経科学者グレッグ・バーンズの魅惑的な研究でも示された[9]。この実験の参加者は、ちがう角度から描かれた2つの立体図を見て、それらが同じ立体のものか、そうでないかを答えた。このとき参加者は5人の集団に入れられたが、本物の参加者は1人だけで、残りの4人は全員サクラだった。まずサクラが答えた。彼らは正しく答えることもあれば、全員で示し合わせてまちがった答えをすることもあった。続いて本物の参加者が答える番になると、研究者は脳スキャンを使ってその瞬間の脳の活動を記録した。

結果、参加者がサクラに同調して誤答する確率は40％を超えていた。このこと自体は、別に驚くほどの結果ではない。人の同調欲求を実証した研究はほかにもたくさんある。興味深いのは、脳スキャンの結果だ。参加者が仲間のまちがった答えに同調したとき、意識的な意思決定を司る脳領域の活性度は非常に低くなり、代わりに視覚や空間認識を司る領域が活性化したのだ。つまり、私たちは人に合わせるために意識的に嘘をつくのではなく、多数派の意見に合わせることによって、知覚が実際に変化するようなのだ。2つの物体は同じでないとほかの全員がいえば、たとえ同一の物体だったとしても、参加者の目にはちがいが見え始めるのだろう。同調傾向は、目に映るものを実際に変えてしまうのだ。

それから、参加者が集団とちがう答えをしたとき、感情的なできごとを処理する領域の活性度が急上昇した。これは自分の信念を貫くことに伴う、感情的な痛みを示していた。研究者はこれに「主体性の痛み[10]」と名づけた。

私たちは人に同調して自分の意見を変えるとき、嘘をついているのではない。人の意見に屈したことにすら気づいていないかもしれない。脳内で起こっているのは、それよりずっと根深く、無意識的で、計算外のことだ。脳は人とちがうことをするときの痛みを和らげているのだ。

これはゆゆしい結果といえる。なぜなら、少数意見は現代の組織にとって貴重で必要不可欠なものだからだ。複雑性が高く密に結合したシステムでは、重大な脅威が見逃されやすく、一見小さなミスが甚大な影響をおよぼすことが多い。だからこそ、問題に気づいた人が声を上げることによって、大きな変化をもたらすことができる。

しかし私たちは少数意見を唱えるようにはできていないようだ。「私たちの脳は、人にどう思われるかにとても敏感で、自分の判断を集団に合うように調整する[11]」とバーンズ教授はいう。「その背景には、集団に逆らうことが人間の進化という観点から見て生存に不利だということがある」。

3 組織と個人を腐敗させるささやかな権力意識

ドイツのハノーファー郊外の鉄道駅で、50代の上品な男性が人混みを抜けて線路に近づき、入ってきた列車に身を投げた。即死だった。彼はグスタフ・アドルフ・ミカエリス。ドイツの著名な医師で、科学的産科学の草分け的存在だった。

ミカエリスは、センメルヴェイスのメッセージが初めてヨーロッパの産科病院に届いたときにそれを受け入れた、数少ない1人だった。ウィーンでこの発見を知るとすぐ、ミカエリスはドイツのキールにある自分の診療所に、塩素水での消毒を取り入れた。効果はてきめんだった。だが死亡率が急低下するなか、彼は心をかき乱された。センメルヴェイスの仮説を支持する証拠が集まれば集まるほど、彼自身の罪は揺るがぬものになった。みずからの医療行為が無数の女性たちを殺してきたかもしれないと考え、戦慄した。しかも塩素水での手洗いを導入するほんの数週間前、彼がお産を取り上げた愛する姪が、産褥熱で亡くなっていた。彼はもう耐えられなかった。

だがほとんどの医師は自分の非を認めようとしなかった。産褥熱の発生の周期性を考えれば、何らかの大気の作用が関係しているのは明らかだと主張する者もいた。センメルヴェイスと相反する説を唱える医師たちは、彼の研究を個人攻撃と受け止めた。医師の手から病気が感染するなどばかばかしいと一蹴する者もいれば、彼の発見に見向きもせず、慣行を変えるべき理由を認めない者もいた。

上司のクライン教授にとって、彼は目障りな存在だった。「クラインは医学校の若い医師たちの影響力が高まっていることに、そもそも警戒心を抱いていた[12]」と、医学歴史家のシャーウィン・ヌーランドは指摘する。「また彼は人間らしい弱さから、センメルヴェイスが多くの人命を救い得る真に貴重な発見をしたことが明らかになっていく現実に向き合えなかった。しかもそれは、彼自身が時代遅れの見解にとらわれていたせいで見逃した発見だったのだ[13]」。

主任研修医の2年の任期が切れ、センメルヴェイスは更新を希望したが、クラインに却下された。彼はこれを不服として学部長室に訴えたが、古参教授たちの結束は固かった。ある年長の教授は、クラインとセンメルヴェイスの軋轢が病棟に悪影響をおよぼしている、あの男はやめさせるべきだと決めつけた。センメルヴェイスの存在自体がトラブルを招いていた。かくして彼は解任され、クラインの秘蔵っ子が後任に就いた。

次にセンメルヴェイスは、病院の死体解剖室などの施設を利用できる教員に応募したが、またもや却下された。再度応募し、今度は成功したが、正式に選任されたのは応募から18か月も経ってからで、しかも土壇場になって雇用契約が変更された。彼の期待に反して、遺体を使って授業を行うことは許されなかった。木製の解剖模型を使うこと、と契約には記されていた。

これがとどめの一撃となった。古参教授の影響力は少しずつ弱まり、若手の有望研究者には彼を支持する者たちもいたのに、それでも彼は制約のない、ふつうの教職を得ることさえできなかった。クラインの取り巻き連のひがみ根性や、自説への風当たりの強さにはもううんざりだった。彼は先駆者を自負していたが、病院ではのけ者扱いだった。

教職の条件変更を知った5日後、センメルヴェイスは親しい友人たちにも行き先を知らせず、急ぎウィーンを去った。

センメルヴェイスが身をもって知ったように、声を上げることは解決策の半分でしかない。少数意見を唱えても、耳を傾ける人がいなければ何にもならない。そして少数意見に耳を傾けることは、声を上げることと同じくらい難しいのだ。

人に逆らわれること――誰かに意見を却下されたり疑問視されること――による影響は、心理的なものにとどまらない。身体に実際に物理的影響がおよぶことが、研究で証明されている。[14] 心拍と血圧が上昇する。戦いでの出血に備えて血管が収縮する。肌が青ざめ、ストレスレベルが急上昇する。ジャングルで突然トラに遭遇したときと同じ反応だ。

こうした原始的な闘争・逃走反応が起こるせいで、耳を傾けるのは難しい。またウィスコンシン大学マディソン校の研究によると、人は権力をもつ立場にあるとき、そう、ちょうどクライン教授の立場にあるとき、この傾向がさらに強くなるという。[15]

この実験では面識のない3人の参加者を一組にして、学内での飲酒禁止や卒業試験の導入といった、さまざまな問題を議論してもらった。議論はすぐに中だるみした。だがさいわい30分後に、研究助手がチョコレートチップクッキーを載せた皿を差し入れた。これで一息つける。だが参加者は知らなかったが、クッキー皿も実験のうち、いや、じつは一番肝心な部分だったのだ。

この30分前、セッションが開始する直前に、研究者は3人の参加者からランダムに選んだ1人を「評価者」に指名した。何の権限もなく、ただ議論への貢献度に応じてほかの2人に「実験点」をつけるという役割だ。実験点には大した意味はなく、参加者の報酬にも、将来の実験に呼ばれる可能性にも影響を与えなかった。それに点数は匿名化され、研究室の人以外は誰が何点取ったかを知りようがなかった。

その場限りのささやかな権力意識だ。評価者は、自分が選ばれたのはただの偶然で、能力や経験が買われたのではないと知っていた。自分のつける評価に何の力もないことも知っていた。

それなのに、クッキーが運ばれてきたとき、評価者はほかの2人とは明らかにちがう行動をとった。皿には全員分のお代わりはなかったのに、評価者は仲間よりも2枚めに手を出す可能性が高かった。自分が希少な資源をもらう権利があると感じるには、ほんのわずかなボス感覚で十分だったのだ。

「全員がクッキーを1枚ずつとる」[16]と、研究の共同著者の1人、ダッチャー・ケルトナーは書いている。でも2枚めに最初に手を出すのは誰だろう？　「手を伸ばしてクッキーをつかみ、『これは自分のものだ！』と主張するのは、権力者に指名された人物なのだ」。

研究者はあとで実験の映像を確認したとき、「評価者」の食べたクッキーの枚数だけでなく、食べ方にも驚かされた。彼らには「脱抑制摂食行動」の兆候が見られた[17]。これは動物のような食べ方を指す心理学用語だ。彼らはほかの参加者に比べて口を大きく開けて食べたり、クッキーのかけらを顔やテーブルに飛ばしたりすることがずっと多かったのだ。

このクッキー研究は単純な実験だが、大きな意味合いをもっている。ほんのささやかな権力意識――明らかにささいな役目――を手にするだけで、人は腐敗するのだ。またこの研究は、同じ結論に至った数多くの研究の1つでしかない。人は権力の座にあるとき、いやただ権力意識をもつだけで、他人の意見を曲解したり却下したりする、議論で他人の発言をさえぎる、自分の順番でないときに発言する、専門家であろうとなかろうと他人の助言を受け入れない、といった可能性が高くなることが、研究により示されている。

実際、権力をもっている状態は、脳に損傷がある状態と少し似ている。「権力者は脳の前頭葉眼窩部に損傷を受けた患者とそっくりの言動をとることが多い[18]」と、ケルトナーは説明する。この領域の活動が低下すると、衝動的で無神経な言動をとりがちになるのだ。

このように、私たちは権力をもつと、他人の考えを受け入れにくくなる。これは危険な傾向だ。なぜなら権力が大きい人ほど優れた考えをもっているとは限らないからだ。複雑系では、ときに失敗が近いことを示す手がかりが現れるが、そうした警告サインはヒエラルキーを尊重しない。つまり角部屋の重役よりも、現場の人たちの前に現れることが多い。

なのに彼らは、どうせ上司は聞いてくれないと思い込み、声を上げようとしない。[19] この傾向がとくに顕著なのが、上司がクライン教授のような独裁的な人物の場合だ。だが少数意見を押さえ込もうとするのは、暴君だけではない。善意の上司でさえ、部下を黙らせることがある。これが、この問題の世界的権威ジム・ディタートが長年の研究から導いた結論である。[20]

「意識していてもいなくても、あなたはおそらくさりげないシグナルを通じて、自分の権力を見せつけようとしている[21]」と、ディタートと共著者のイーサン・バリスは書いている。「誰かが思い切ってあなたのオフィスを訪ねてきたとき、あなたはイスにふんぞり返って頭の後ろで両腕を組んでいないだろうか？　リラックスした雰囲気を演出しているつもりかもしれないが、実際には威圧感を与えているのだ」。

ディタートらが従業員の率直な意見を促すために企業が行っている取り組みを調査した結果、「ベストプラクティス」の名とはほど遠い現状が浮き彫りになった。レストランチェーンであれ、病院、金融機関であれ、「従業員の率直な発言を促すためにどんなことをしていますか」という問いに対し、ほとんどのリーダーは「オープン・ドア・ポリシー〔部下がいつでも上司に話しかけられる状態にしておくこと〕を設けている」と答えた。ところがディタートらが従業員に聞き取り調査を行うと、ほとんど効果が上がっていないことが判明した。[22] 上司との会話を開始し、問題を提起する責任は、まだ部下の側にあり、そのことが乗り越えがたいハードルになっていたのだ。また当の上司は、手ごわいアシスタントたちにガードされ、何枚もの閉ざされた扉の向こうにすわっていることさえあった。

積極的に部下の意見を求める上司もいるが、そうした試みは失敗に終わることが多い。よくあるのが匿名で意見をいえるしくみだ。どこにでもある匿名調査や意見箱、匿名ホットラインなどは、匿名の保証があれば従業員が声を上げ、率直な反応を見せるだろうという前提に立っている。だが匿名をウリにするのは、声を上げることのリスクを強調するようなものだ。ディタートとバリスも書いている。「こうしたしくみの背後には、『この組織で思っていることを率直にいうのは危険だ』という言外のメッセージが隠れている[23]」。

4 権力ある者のふるまい

あの発見から約20年後、47歳のイグナーツ・センメルヴェイスは、頭がはげ上がりでっぷり太って、もう昔の面影はなかった。この年、彼はウィーンの国営精神科病院に入れられた。あるとき逃亡を図ったが、守衛たちに取り押さえられた。腹を殴られ、蹴り倒され、そのまま殴る蹴るの暴行を加えられ、踏みつけられた。おとなしくなると暗い独房に入れられた。2週間後、このときのケガがもとで彼は亡くなった。遺体は近くのウィーン総合病院に運ばれ、彼がかつて仕事で使っていた台の上で検死解剖された。

センメルヴェイスは1850年にウィーンを離れてから、ハンガリーに暮らしていた。地元の病院に手洗いプログラムを導入し、めざましい成果を挙げたにもかかわらず、彼の理論はほとんどの産科医に黙殺され続けた。説明もなくいきなりウィーンを去ったことで、親しい支援者とも疎遠になり、孤立した。批判者を厳しく非難したことも、孤立に輪をかけた。[24] 1860年に著書を発表し、そこで自説を展開し、論敵を酷評した。著書が批判を受けると、評者に攻撃的な公開書簡を送りつけた。「貴殿の教授法は、無知によって命を奪われた妊婦たちの死体を踏み台にして得られたものである」[25]と、ある教授に宛てて書いている。こうした辛辣で冗長な手紙は、狂気への転落の始まりだった。奇行がますます目立つようになり、1865年になると家族や友人たちに残された道はただ1つ、彼を精神科病院に入れることだった。

医学界がようやくセンメルヴェイスの考えを受け入れたのは後年、微生物学の進展により細菌病因論が浸透してからのことだ。それまでの間手洗いは定着せず、産褥熱で亡くなる女性と赤ちゃんがあとを絶たなかった。

今ならそんなことは起こらない、そんなに明らかなことを見逃すはずがない、と考えたくもなる。なにしろ私たちは科学を信奉する現代人なのだ。だがセンメルヴェイスの時代の人々も同じように考えていた。彼らは世界最高峰の病院や大学で働く優秀な人々で、科学を信奉していた。そんな彼らでさえ、センメルヴェイスの考えは的外れだと片づけたのだ。どんなに証拠が集まっても、頑なに考えを変えようとしなかった。

今日のシステムがかつてないほど複雑化していることを考えれば、センメルヴェイスの発見と同じくらい明白なリスクが、きっとどこかで見過ごされていることだろう。数十年後の人たちは今の時代を振り返り、私たちがクライン教授とその取り巻きを見るような目で、私たちを見るかもしれない。なぜ、こんなあたりまえのことに気づかなかったのか？

組織には、隠れたリスクに気づいていたり、何かがおかしいという違和感をぬぐえずにいる人たちがいることが多い。そうしたセンメルヴェイスたちは、私たちの部下や同僚にもいるかもしれない。どうすれば彼らに声を上げてもらえるだろうか？

教訓その1：マナー講座

ロバートは大柄でたくましい60代の男性だ。[26] 彼はトロント中心街にある歯科医院に定期検診を受けにきた。毎回午前8時の診察を予約し、遅れたことは一度もない。いつも健康で元気いっぱいの様子で待合室に入ってきて、ベテラン受付係のドナに愛想よく話しかけた。

ところがその朝入ってきた彼を見て、ドナは何かがおかしいと感じた。顔が真っ赤で、汗をびっしょりかいている。イスにすわらせ、どうかしましたかと尋ねると、「いや、大丈夫だよ」と彼は答えた。「よく眠れなかっただけだ。消化不良を起こしてね。それに背中も少し痛むんだ」。ネットで症状を検索したが、医者に行くほどではないと判断したという。

なんでもなさそうな口ぶりだったが、ドナは何かがおかしいという違和感をぬぐえなかった。歯科医のリチャード（ディック）・スピアーズは診察中だったが、彼女はかまわず診察室に入っていった。「ディック、ロバートさんがお見えですが、何かがおかしい気がするんです。すぐに診てもらえないかしら？」

「今本当に手が離せないんだよ」とスピアーズは答えた。

「どうしても診ていただかないと困ります」とドナは譲らなかった。「何かがおかしいんです」。

「でも今は処置の最中だから」

「ディック、お願いですから診てあげて」

スピアーズは観念した。彼は歯科助手、衛生士、そして受付係を含むスタッフ全員に、何かがおかしいと思ったら遠慮せずいうように、いつも指導していた。彼自身が気づかないことを指摘してもらえるかもしれないと考えたのだ。

彼は手袋を外し、待合室に行った。そしてロバートに矢継ぎ早に質問をした。胸焼けの薬を飲みましたか？　効きましたか？　左腕に痛みは？　肩甲骨の間は痛みますか？　ロバートは胸焼けの薬を飲んだが効かなかった。左腕の手首のあたりに痛みがあった。そしてそう、背中の上の方にも痛みがあった。

「ご家族に心臓病の人はいますか？」スピアーズは尋ねた。

「ええ、父と兄が心臓発作で亡くなっています」

「何歳のときでしたか？」

「2人とも、私くらいの年齢のときでしたね」

スピアーズは一刻の猶予もなく、彼をすぐ先のトロント総合病院心臓センターに送った。ロバートは心臓発作後18時間を経過していて、3か所のバイパス手術を受けて一命を取り留めたのだった。

スピアーズ博士はアマチュアパイロットで、航空マニアでもある。そんな彼は航空業界の教訓を歯科医に伝えることを使命と考えている。彼がパイロットから学んだ最大の教訓は、ヒエラルキーの下位の人たちが声を上げ、上位の人たちがそれに耳を傾けることの大切さだ。

1970年代以降、航空業界は一連の死亡事故を受け、改革を迫られた。古き悪しき時代には、機長はコックピットの絶対君主で、誰も逆らえなかった。副操縦士は気がかりなことがあっても自分の胸に納め、たとえ意見をいうことがあったとしても、問題をほのめかすにとどまった。組織研究者のカール・ワイクは、彼らの態度をこんなふうに表現する。[27]「何かがおかしい気がするが、自分より経験豊かで年齢も階級も上の人たちが黙っているんだから、きっと大丈夫なんだろう」。

だが業界が成長するうちに、航空機や航空管制、空港業務は複雑になりすぎて、この方法は通用しなくなった。機長は依然王だったが、その王はまちがうことが多くなった。可変要素が増え、しかもそれらが複雑に関わり合っていたため、1人がすべてのことに留意し把握することは、とてもできなくなった。

機長と副操縦士は、交代で飛行機を操縦することが多い。操縦パイロットが主系統を操作する一方、非操縦パイロットは無線連絡を行い、チェックリストを確認し、操縦パイロットのまちがいを指摘することを求められる。一般に飛行時間のほぼ半分は機長が操縦パイロットになり、副操縦士が非操縦パイロットになる。残りの半分は、役割を交代する。つまり統計学的には、事故の約50%が機長が飛行機を操縦している間に起こり、50%が副操縦士が操縦中に起こるはずだ、そうだろう？

１９９４年にＮＴＳＢ（国家運輸安全委員会）は、１９７８年から１９９０年の間に運航乗員の過失が原因で起こった航空事故に関する調査報告書を発表した[28]。驚くべき結果が明らかになった。重大事故の４分の３近くが、機長が飛行機を操縦している間に起こっていたのだ。経験の浅いパイロットが飛行機を操縦しているときの方が、乗客は安全だった。

もちろん、機長の操縦が下手だったわけではない。だが機長が操縦を担当しているとき、副操縦士は異議を唱えづらく、機長のミスは黙認されがちだった。実際この報告書によれば、重大事故で最もよくある過失は、副操縦士が機長の不適切な決定に反論しないことだという。逆の状況では、つまり副操縦士が操縦している間は、この方式はうまく機能した。機長が懸念を示し、まちがいを指摘し、副操縦士が複雑な状況を理解できるよう手助けした。だがこのしくみは一方向にしか機能しなかった。

しかし、クルー・リソース・マネジメント（ＣＲＭ）と呼ばれる研修プログラムが導入されると、すべてが変わった[29]。ＣＲＭはコックピットだけでなく、業界全体の文化に革命をもたらした。安全をチーム全体の問題としてとらえ直し、機長から副操縦士、客室乗員に至るすべての乗員を、より対等な立場に立たせた。上司の決定に異議を唱えることは、もはや無礼ではなく、義務になった。ＣＲＭが異議申し立ての言葉を乗員に教えたのだ。

ＣＲＭにはあたりまえに思えるものや、それを通り越して滑稽に思えるものまである。たとえば研修の重要な部分では、副操縦士が懸念を伝えるために用いる5段階プロセスを教えている。

1．まず機長の注意を引く（「ねえ、マイク」）
2．懸念を伝える（「雷雨が空港の方に移動したようで、心配です」）
3．目に映るままの問題を説明する（「危険な気流の激変が起こるかもしれません」）
4．解決策を提案する（「嵐が空港から去るまで待ちましょう」）
5．明確な同意をとりつける（「それでいいでしょうか、マイク？」）

これらのステップは、助けを求める方法を子どもに教えるのと変わらないようにも思える。だがＣＲＭが導入されるまでは、ほとんど実行されていなかった。副操縦士は事実を表明することはあっても（「雷雨が空港の方に移動したようです」）、機長の注意を促したり、懸念を表したり、ましてや解決策を提案するのはためらった。そのため、重大な懸念を示そうとしたときも、ただの感想のように聞こえがちだった。

ＣＲＭは大成功だった。ＣＲＭがアメリカの民間航空会社に定着したおかげで、運航乗員の過失による事故の総発生率は急低下した。また操縦パイロットが機長か、副操縦士かによるちがいはなくなった。１９９０年代には機長が操縦中に事故が起こる確率は（4分の3ではなく）2分の1になった。[30]

プログラムが効果を上げているのは、荷物係からパイロットに至る全員が、目的意識をもって任務に当たるようになったことが大きい。肝心なのは、誰でも安全性に重要な貢献ができる、そして誰の意見も重要だ、ということだ。またダニエル・ピンクが著書『モチベーション3・0――持続する「やる気！（ドライブ！）」をいかに引き出すか』（講談社）のなかで説明するように、目的意識と自主性を与えるこのやり方は、やる気を起こさせる効果がとても高いのだ。

CRMの基本的な考え方は、消防や医療をはじめ、業務の複雑化に悩まされるほかの分野にも広がっている。たとえばスピアーズ博士と共著者の歯科学教授クリス・マカロックは、カナダ歯科医師会会誌に発表された2014年の論文のなかで、歯科医院にCRMを導入したらどうなるかを説明している(31)。

「歯科医は治療室の上下関係をできるだけなくす必要がある。そのためには、問題を察知した人が気兼ねなく発言できるような雰囲気づくりが欠かせない」と彼らは書いている。「歯科チームのメンバーは、歯科医が見落としたこと、たとえば検査で発見されない虫歯や、不適切な処置などに気づいているかもしれない。お互いの行動を確認し合い、必要なときに助けを差し伸べ、ミスを淡々と指摘するよう、メンバーを促すことが肝心である」。

また声を上げることは、ほかの人が問題に気づいていないときだけでなく、誰もが同じ問題に気づいているときにも助けになることがわかっている。組織研究者のミシェル・バートンとキャスリーン・サトクリフは、数十件の山火事を辛抱強く調査し、惨事に終わった山火事とその他の山火事とを区別する最も重要な要因を突き止めた。主なちがいは、消防士がトラブルの兆候にいち早く気づいたかどうかではなかった。実際、どちらの種類の山火事（その多くが大惨事に終わった）でも、消防士は警告サインに気づいていた。むしろ重要なちがいは、消防チームのメンバーが、誰もが気づいている問題への懸念を口に出したかどうかだった。口に出すことによって、個人的な懸念が周知の事実になり、議論が促された。彼らは懸念を声に出すことで「一種の雑音(アーティファクト)を――すなわちメンバーの間に宙ぶらりんの状態で存在し、認識するなり否定するなり、何らかの対応が必要なメッセージを――生み出したのだ」[32]。

この手法は、パイロットや医師、消防士でなくても、誰でも活用できる。たとえばグーグルは同社のエンジニアを対象に、「プロジェクト・アリストテレス」[33]と呼ばれる大がかりな実験を行い、進んで懸念について話し合える雰囲気のあるチームほど、生産性が高いことを発見した。別の研究は、銀行の最も業績の高い支店は、従業員が最も率直に意見をいい合える支店であることを示した[34]。

だが少数意見を受け入れる方法を学ぶのは難しい。ＣＲＭが導入された当初、多くのパイロットがこの手法を、愚にもつかないエセ心理療法だと決めつけた。「マナー講座」と揶揄(やゆ)し[35]、心温まる雰囲気づくりを教えるばかげた取り組みだと見下した。しかし声を上げず耳を傾けなかったことが大惨事につながったという事故調査結果が相次ぐうちに[36]、考え方は変わっていった。パイロット向けのマナー講座は、これまでに考案された安全対策のなかでも、群を抜いて大きな成果を挙げているのだ。

教訓その2：パワーシグナルを弱める

テキサスのある大病院の有能な救命救急医が、患者からの評価が低いことに悩んでいた。[37] 彼は優れた実績をあげ、同僚の評判もよかったが、患者に打ち解けてもらえず、満足度調査ではいつも低い評価を得ていた。そのせいで患者から重要な情報を得ていないと看護師に指摘され、やり方を変えなくてはと発奮した。

彼は病院のCOO（最高執行責任者）の勧めで、小さな行動を1つだけ変えてみた。回診のとき、ベッドの横に立って患者を見下ろしながら話すのをやめ、イスにすわって患者の顔を見ながら話すようにした。すると、ほかの行動は何も変えず、患者とのやりとりは相変わらず短かったのに、患者満足度のスコアは急上昇し、患者が心を開いてくれるようになったのだ。

航空会社の機長で元事故調査官のベン・バーマンにも、同じような秘策があるという。初めて一緒に仕事をする副操縦士に、「これまで完璧なフライトをしたことがなくてね」と、フライト前に打ち明けるのだそうだ。[38] 彼がこう告白することで、年若いパイロットは異議を唱えやすくなる。たとえ相手がベテラン機長にして一流の事故調査官で、パイロットの操縦ミスに関する著書まである、ひるんでしまいそうな経歴のもち主であったとしてもだ。

2011年夏、ボストン大学ビジネススクールの学長に招聘されたケン・フリーマンは、パワーシグナルを和らげるために思い切った施策をとった。[39] フリーマンは実業界の有力経営者として長年活躍したのち、2010年に学長に就任した。当初彼のオフィスは教室や学生生活の喧噪から離れた高層階にある、重厚な板張りの一室だった。「実業界でもあんなに大きな部屋をもったことはなかったよ」と彼はいう。部屋の外にはアシスタントが門番のように常駐し、わざわざそこまで上がってくる人はほとんどいなかった。

この高級オフィスで1年を過ごしてから、フリーマンは部屋を移ることにした。彼が選んだのは、同じ建物の賑やかな3階の中央にある、明るいガラス張りの小さな部屋だ。

「3階の私のオフィスは、ほとんどの教員のオフィスより狭いんだ」と彼はいった。ドアの外にアシスタントはいないし、フリーマンの姿はガラス越しに外から見える。それにこのオフィスは教室にも、教職員に人気のカフェにも近い。「おかげであの仰々しいオフィスにいたときにはできなかった方法で、学生や教職員と毎日ふれあえるようになった。早いときは午前7時から人が訪ねてくる。ふだんの日には10人ほどだろうか」。

フリーマンの小さな金魚鉢のオフィスの対極にあるのが、アメリカ史上最大の倒産となったリーマン・ブラザーズの地に墜ちたCEO、リチャード・ファルドの専用エレベーターだ。リーマンの元副社長ローレンス・マクドナルドは、ファルドの朝の儀式をこんなふうに説明する。[40]「ファルドの専属運転手が、リーマン・ブラザーズのロビーの受付に電話で到着を知らせる。受付係はボタンを押して、南東の角のエレベーターを止めておく。警備員がエレベーターの扉を押さえたまま、ファルドの到着を待つ。彼は裏手の専用エントランスから入ってくるから、リチャード・ファルド王がわれわれ大衆の目にさらされるのは5m足らずというわけだ」。

る。「リーマン・ブラザーズでは目立たずにいれば正気で仕事ができた。差し出たことをすれば正気も仕事も失うはめになった」。

教訓その3：リーダーが話すのは最後

イースタン・ハイスクールは苦境に立たされ、早急な対応が求められている。あなたは学校の危機対策チームの一員として、問題の解決を図らなくてはならない。地域の学校制度は財政上の問題や税収減、教職員組合内部の対立の問題を抱えている。イースタン・ハイは昔からの公立のエリート校だが、学区再編によって学力レベルの低い生徒が増えてきた。一部の教師は変化に対応できていない。たとえばお年を召した代数教師のミズ・シンプソンは、もう生徒を静かにさせておくことができない。学校の理事長は、息子の担任でもあるミズ・シンプソンにおかんむりで、速やかにかつ追加コストをかけずに事態の改善を図ろうと、学区の教育長に協力を要請する。

教育長は危機対策チームを招集する。チームのメンバーは教育長自身、イースタン・ハイの校長、学校カウンセラー、そしてあなただ。あなたは教育委員会のメンバーで、親代表の立場で参加する。

それぞれのメンバーが異なる情報をもって話し合いにのぞむ。たとえば教育長は、学区内のほかの高校にミズ・シンプソンの異動を打診したが、校長たちに断られた。校長は、ミズ・シンプソンが2年前に軽い心臓発作を起こしたことや、教師の間で人望が厚いことを知っている。カウンセラーは、生徒たちの間でミズ・シンプソンの授業は「A」が取りやすい楽勝科目という評判で、彼女が数学教師として高く評価されていないことを知っている。そしてあなたは、親たちが増税に反対していることを知っている、という具合だ。さて、あなたたちは集団として、どんな解決策を提案するだろう？

このシナリオは、1970年代に心理学者のメイティ・フラワーズが行った、単純だがとても重要な実験の設定だ。[41] フラワーズは参加者を集めて40のチームをつくり、一人ひとりに教育長、校長、学校カウンセラー、教育委員の4つの役割のどれかを割り振った。それぞれの参加者が受け取る情報シートには、ほかのチームメンバーが知らない、6、7項目の関連情報が載っている。この実験の主眼は、人によって入手できる情報が異なるという、複雑な状況をシミュレーションすることにあった。チームが解決策を考案するには、全員の協力が欠かせない。

フラワーズは実験の設定にひねりを加え、教育長を演じる参加者をランダムに「指示型リーダー」と「開かれたリーダー」の二つのタイプに分けた。そして指示型リーダーには、話し合いの冒頭で自分の提案する解決策を発表し、「最も重要なのはチーム全員が解決策に合意することだ」と強調するよう要請した。開かれたリーダーには、ほかのメンバー全員が解決策を提案するのを聞いてから自分の提案を発表し、「できるだけ多くの見解について話し合うことが最も重要だ」と強調するよう教えた。

フラワーズは議論の様子を録音し、その内容を2人の独立した判定者に分析させた。彼らはチームメンバーが提案した解決策の数と、議論で取り上げられた情報シートの事実の数を数えた。結果を見てみよう（図表7-2）。

図表7-2

	指示型リーダーのチーム	開かれたリーダーのチーム
提案された解決策の数	5.2	6.5
取り上げられた事実の数		
合計	11.8	16.4
コンセンサス到達前	8.2	15.5
コンセンサス到達後	3.6	0.9

開かれたリーダーのチームの方が、提案された解決策の数も、議論で共有された事実の数も多かった。またチームが解決策に合意する前とあとに分けて事実を数えたところ、最も顕著なパターンが明らかになった。最終決定に到達する前で比較すると、開かれたリーダーのチームは指示型リーダーの2倍近くの事実を共有していたのだ。つまり開かれたリーダーシップは、より多くの解決策を生み出しただけでなく、より多くの情報に基づく議論を行ったうえで、結論に到達していたといえる。これに対して指示型リーダーの下では、共有された事実の約3分の1が、チームが解決策に合意したあとで取り上げられた。もちろん、その時点で共有された新事実は議論にほとんど反映されず、すでに下された決定を正当化しただけだった。

フラワーズの研究からわかるのは、より多くの事実を収集し、より多くの解決策を引き出すには、ほんのわずかな労力しかかからない、ということだ。生まれながらの非凡なカリスマ性やスキルをもつリーダーは必要ない。実際、実験の「開かれたリーダー」はランダムに選ばれ、簡単な指示を受けただけだった。それでも彼らのチームは別の種類のリーダーのチームに比べ、一貫してよい成果を挙げたのだ。

少し言葉を変えるだけで、大きなちがいが生まれる。たとえばあなたはこういって会議を始めることもできる。「一番重要なことは、全員が合意のうえで決定に到達することです。では、私の考える解決策を説明します」。あるいは、こういって始めることもできる。「一番大切なのは、よい決定を下せるように、可能な限りの意見を出し合うことです。ではみなさん、どんな解決策が望ましいと思いますか？」。

実生活で教育長やCEOだという人は少ないが、開かれたリーダーシップはどんな状況でも活用できる。子育ての専門家ジェーン・ネルセンが下の2人の子どもと行った、問題解決のための話し合いを紹介しよう。[42] ネルセンは2人に毎週2つずつお手伝いをランダムに割り当てていた。何か月かすると2人は相手の方が簡単なお手伝いをしていてずるい、と文句をいい始めた。そこで毎週の家族会議でこの問題を話し合うことにした。

ネルセンは、お手伝いをランダムに割り当てるのが公平なやり方だと信じていたが、自分の意見はいわずに話し合いを始めた。「私はただ、この問題を話し合いましょうといっただけだった。なのに子どもたちは、とても単純で奥深い解決策を思いついた。こんなに簡単な方法を、どうして自分も考えなかったのか不思議だった」。子どもたちのアイデアは、朝までにお手伝いを黒板に書いておき、早く起きた方が自分のやる2つを選ぶ、というものだ。「子どもたちは機会を与えられればすばらしい解決策を考え出せることを、またしても思い知らされた」と彼女は書いている。

親は人生経験が豊富だからといって、子どもたちに効果のある方法を知っているとは限らない。だが、もしもネルセンが先に自分の考えをいっていたら、子どもたちが意見を出し合うことはなかったかもしれないのだ。*

「人がいかにヒエラルキーに忖度（そんたく）しているか。そのことへの理解を深めることが何より肝心だ」(43)とジム・ディタートはいう。そしてこう続けた。

ほとんどの人が、意識していてもいなくても、上役の機嫌を損ねていないだろうか、人間関係を損ねていないだろうか、といつも気にしている。だから上司は、ただ和やかな雰囲気をつくり、オープン・ドア・ポリシーを唱えるだけではだめなんだ。誰かがやってきて声を上げてくれるのを待つんじゃない、自分から行かなくては。会議で誰も反対しなかったからといって、全員が合意していると思ってはいけない。多様な意見を促そう。部下が意見をいえるような場を頻繁に設けよう。そうするうちに、声を上げることは特別なことではなくなり、いつものありふれたことになる。

＊著者の1人クリスは、最近4歳の息子と行ったおもちゃの剣の正しい遊び方についての話し合いで、この手法の有効性を立証した。開かれたリーダーシップは、実際に効果があるのだ。

何より大切なこととして、ただ疑問の声を抑えつけるようなことを避けるだけでは不十分だと、ディタートは釘を刺す。「声を上げるよう積極的に促さないのは、抑えつけているのと同じだ。ネガティブなことをしない、というだけではまったく不十分なのだ」。

だがもしこういった手段を尽くした末に、根拠のない懸念や的外れの意見が殺到したらどうする？　声を上げるよう促しすぎる、なんてことがあるだろうか？　寄せられるアイデアにはよくないものもあるだろうし、ただ文句をいいたいだけの不平分子もいるだろう。「率直な意見を促すとき、よいアイデアだけが出てくると思ってはいけない」とディタートはいう。「だが一部の無用なアイデアで時間を無駄にするコストと、とても重要なことを見過ごすコストをてんびんにかけることが必要だ。どちらが大切かを判断しなくては」。

線形系では、声を上げるよう促すことがあまり重要でない場合もある。失敗は明白で人目につきやすく、ささいなエラーが大きなメルトダウンを引き起こすことはめったにないからだ。だが複雑系では、何が起こっているかを把握する一個人の能力には限界がある。そのうえシステムが密に結合していれば、まちがいの代償はとても高く、疑問の声がきわめて重要になる。デンジャーゾーンでは少数意見が欠かせないのだ。

第8章 多様性という「減速帯」

「彼は黒人だ。通ってほしかったが、
レベルに届いていない」

1 「王様は裸だ!」と指摘できる理由

シティグループの元CFO（最高財務責任者）サリイ・クラウチェックが、PBS特派員ポール・ソルマンとのインタビューで、数年前に世界経済を揺るがした2007年から2008年の金融危機について語った。(1)

クラウチェック： 私が以前いた金融サービス業界に関していえば、金融機関が破綻した原因は、間近でそれを見ていた経験からいうと、「破綻を完全に予測していた天才たちが邪悪な行動をとった」せいではありません。その正反対です。まじめに働く人たちの集団が、破綻を予測できなかったのです。今から振り返ると、あれはかなり偏った集団でしたね。彼らは似たような環境に育ち、似たような学校に通い、長い間似たようなデータを見て、そして誤った結論に達したのです。

ソルマン：さやのなかの豆、ですね。

クラウチェック：まさに、さやのなかの豆ですよ。彼らがそう呼ばれて喜ぶかどうかはさておき、さやのなかの豆です。そして今でもはっきり覚えていることがあります。あるとき投資銀行部門の幹部が複雑な金融商品を説明していると、商業銀行部門の女性が彼をさえぎっていったんです。「それいったいなんですか？　なんのためにそんなことをするのかしら？」と。思うに、金融危機に至った原因は、「それいったいなに？」の問いかけが足りなかったせいではないのかと。

ソルマン：女性はむしろ、「わかりません」といいがちでは？

クラウチェック：たぶん、多様な背景をもつ多様な人たちが一緒になると、自由にものがいえる雰囲気ができるんじゃないかしら。ふつうなら「私にはわからないけれど、黙っておこう、クビになっても困るから」と思うところを、「私はちがうところから来たのでわからないんですが、もう一度私のために説明してくれませんか？」と、口に出していえる雰囲気がある。それが起こるのを、この目でたしかに見ました。でも時が経つにつれ、経営チームは多様性を失っていった。実際、金融業界は中年の白人男性が占めるなかで、あの危機を迎えたんです。そして危機からよみがえったときには、白人中年男性の比率はさらに高まっていました。

このあとクラウチェックは、多様性の大切さを切々と語った。だが彼女は正しいのだろうか？　果たして多様性は、複雑な世界で失敗を避ける助けになるのか？

シンガポールの行動研究所の待合室に、6人の参加者がすわっている。[2] 全員がこの都市国家の中国系住民で、株式の模擬取引のコンテストに参加するために集まった。彼らは知らないのだが、じつはこれから行われるのは、多様性についての一般常識を覆すことになる、画期的な実験だ。実験が多様性に関わるものだということさえ、彼らは知らない。

研究助手が待合室に入ってきて、参加者を1人ずつ、コンピュータと取引画面のある、個別に仕切られたブースに連れて行った。それから参加者に株価を計算する方法を説明した。

この模擬取引は、本物の株式市場を単純化したものだ。6人の参加者がコンピュータを使ってお互いと株式を自由に売買し、画面上で完了した取引とビッド（買い気配）、オファー（売り気配）を見ることができる。練習ラウンドののち、実際のお金を使った取引が始まった。

模擬取引は12のチームで行われた。全員がシンガポールの多数派の中国系という、同質な市場（チーム）もあれば、マイノリティのマレー系やインド系を1人以上含む、多様な市場もあった。研究者は、この二種類の市場で行われる取引の正確さを測定した。これらの市場で取引される株価は、利用可能な情報をもとに計算された適正株価にどれだけ近いのか?

「多様な市場は、同質な市場に比べてずっと正確だった」[3]と、研究著者の1人でMIT教授のエバン・アプフェルバウムが教えてくれた。「同質な市場では、1人が計算ミスをすると、誰かがそれを模倣することが多かった」と彼はいう。「多様な集団だと、ミスが拡散する確率がずっと低かった」。

研究者が遠く離れた場所で行った同じ実験でも、同じ結果が確認された。多様な市場に白人、ラテン系、アフリカ系の参加者を含めて行ったテキサスでの実験では、シンガポールのときと同様、多様な集団は株価を正確に計算する確率が高かった。そのうえ同質な市場では価格バブルがしょっちゅう起こり、バブルがはじけたとき大暴落することも多かった。多様性がバブルを抑制したのだ。

多様なチームは何がちがっていたのか?

参加者は取引を始める前に、株価のプライシング(値つけ)に関するテストを受けた。研究者はこの結果を使って、多様な集団がもともとプライシングのスキルが高かったのかどうかを調べた。そうではなかった。

カギは取引データに隠れていた。同質な市場では、参加者はチームの仲間の決定を大いに信頼していた。誰かがミスをしても、きっと妥当な判断にちがいないと思い込む傾向があった。彼らはお互いの判断を、誤った判断を含め、信用した。これに対し、多様な市場の参加者は、ミスをよりくわしく分析し、模倣することは少なかった。過失をありのままにとらえ、お互いの考えを信用しなかった。

マイノリティの参加者を含むチームが有利だったのは、彼らがユニークな視点をもっていたからではなかった。マイノリティの参加者が市場の正確さを高めたのは、「彼らがその場にいるだけで、参加者全員の意思決定の方向性が変わったからだ[4]」と、研究者らは書いている。多様な市場では誰もが懐疑的になった。

私たちは、見た目が自分に似た人たちの判断を信頼する傾向がある。そのため同質な集団では緊張が和らぎ、円滑で楽なやりとりができる。もちろん、これは必ずしも悪いことではない。仲間の判断を信頼できれば、仕事が進めやすい。だが同質性が高いと、ものごとが楽になりすぎるようなのだ。同調圧力が作用しやすく、懐疑心が不足する結果、まちがった考えにとらわれやすくなる。

これに対して、多様性の高い環境はなじみが薄く、居心地も悪い。摩擦の原因にもなる。そのため私たちはより疑い深く、より批判的に、より用心深くなり、その結果まちがいに気づきやすくなるのだ。「自分と見た目がちがう人は、考え方もちがうと思いがちだ。自分とはちがう意見や前提をもっているのだと思い込む[5]」とアプフェルバウムは教えてくれた。「それが健全な意思決定につながるんだ。多様な集団ではちょっと居心地が悪いかもしれないが、だからこそもっと客観的になれる」。

アプフェルバウムらはこの結果をさらに掘り下げるために、別の実験を行った[6]。参加者を4人ずつのチームに分け、ある一流大学に出願した高校生のプロフィールを見せて、評価を下してもらった。こんな感じのものだ（図表8−1）。

一流大学の候補者にふさわしいのは、どちらの生徒だろう？

図表8-1

	生徒A	生徒B
成績平均点（4.0点満点）	3.94	3.41
SAT*の点数 クリティカルリーディング（800点満点）	750	630
数学（800点満点）	730	620
APクラス**の数	2	3
課外活動	環境部 全米優等生協会 ライティングのチューター	演劇部 社交ダンス 飲酒運転に反対する生徒の会

（*）大学進学適性試験
（**）高校で優秀者が履修できる大学レベルの授業

ほとんどの人は生徒Aと答えるはずだ。考えるまでもないだろう。生徒Aの成績はほぼ完璧で、SATはクリティカルリーディングと数学の両方で高得点だ。生徒BはAPクラスの数が1つ多いが、学業成績は明らかに生徒Aの方が優れている。Aの課外活動もBに見劣りしない。集団ではなく個人に聞けば、ほとんどの人は生徒Aを選ぶ。

だがこの実験にはひねりがあった。チームの4人のうち、本物の参加者は1人だけだった。ほかの3人はサクラで、わざとまちがった答えをするように指示されていた。また本物の参加者は、ほかの3人がグルだということを知らなかった。

3人のサクラが先に答えた。1人めが「生徒B」と答え、2人めが「生徒B」、3人めも「生徒B」と答えた。さて本物の参加者の番だ。他人に同調するのを嫌って、少しためらってから生徒Aを選んだ人もいた。だが多くの人が、ほとんどの基準で劣っているにもかかわらず、ほかの3人に同調して生徒Bを選んだのだ。

この設定が、有名な「アッシュの同調実験」に似ていることに気づいた人もいるだろう。アッシュの実験では、これと似た状況で参加者に明らかに長さのちがう2本の線を見せたところ、多くの人が集団に同調して、2本の長さは同じだと答えた。だがアプフェルバウムらは、実験にもう一つ別の次元を加えた。本物の参加者とサクラがともに白人のチームと、本物の参加者は白人で、サクラのうちの2、3人がマイノリティのチームの二種類をつくったのだ。これが大きなちがいを生んだ。人種的に近い集団では、参加者が集団に同調して生徒Bを推すことが多かった。だが多様な集団では、参加者がまちがった答えに同調する確率はずっと低かった。

なぜそうなるのか？　株式の模擬取引の実験でと同様、同質な集団の参加者は、仲間が疑わしい選択をしたとき、あとづけの理由を考えることが多かった。「好意的に解釈するんだ」[7]とアプフェルバウムは教えてくれた。「同質な集団にいる人は、仲間のまちがった意見を正当化するようだ。仲間の意見が正しいかもしれない理由を探そうとする——この例でいえば、なぜ劣った候補者の方がよいのだろう、と考える。多様な集団では、そんなことはあまり起こらない」。

多様な集団にいる人は、他人の判断をそれほど信頼せず、「王さまは裸だ！」と指摘する。そしてこのことは、複雑系に対処するうえで大きな助けになる。小さな過失が致命的な結果を招く可能性があるとき、おかしいと思うことを「好意的に解釈」するのは災いのもとだ。むしろ、問題を深く掘り下げ、批判的な視点をもち続けることが欠かせない。多様性は、それを行う助けになる。

同様の結論に達した研究はほかにも多くある。2006年に行われた魅惑的な研究で、研究者が参加者を3人ずつのチーム――3人とも白人のチームと、人種的に多様なチーム――に分けて、殺人ミステリーの謎解きをしてもらった。[8] 複雑な事件だ。実業家が殺され、容疑者は数人いて、多くの情報を整理する必要がある。目撃者の証言、尋問の記録、刑事の報告書、犯罪現場の見取り図、新聞記事の切り抜き、犠牲者の残したメモ。これらの資料には謎解きの手がかりが数十個も隠されていて、チームの全員がその大半にアクセスできた。だがそれ以外に、一人ひとりが自分しか知らない独自の手がかりを与えられていた。殺人犯を見つけるには、すべての手がかりが必要だ。この設定には、複雑系の重要な性質が反映されている。真実は直接観察できず、どの1人もすべての関連情報を把握していない。

多様性が謎解きに役立った。多様なチームは、メンバーによってもっている手がかりがちがうことに気づきやすかった。また手がかりを共有し議論することにずっと多くの時間をかけた。「人種的に多様な集団は、多様性のない集団に比べて正解にたどり着く確率がはるかに高かった」[9]と、研究の筆頭著者であるコロンビア大学教授キャサリン・フィリップスは書いている。「似通った同士が一緒にいると、誰もが同じ情報をもち、同じ考え方をしていると思い込んでしまう。このせいで白人だけの集団は、情報を効果的に処理することができなかった」。

本物の陪審員による模擬裁判でも、同様の結果が出ている。人種的に多様な陪審団は、同質な陪審団に比べ、より多くの情報を共有し、より広範な関連情報を取り上げたうえ、事実関係をより正確に記憶していた。[10] このときも、多様性のある陪審団がよりよい議論ができたのは、マイノリティの陪審員が白人の陪審員よりも活躍したからではない。多様な陪審団では、誰もが活躍したのだ。

性別多様性にも同様の効果がある。たとえば会計学教授のラリー・アボット、スーザン・パーカー、テリーザ・プレスリーの研究によると、取締役会が性別多様性を欠く企業は、財務諸表の訂正を出す可能性が高かった。[11] 財務諸表の訂正とは、過失や不正行為を受けて過去の財務諸表を修正することをいい、投資家の信頼を損ないかねない、企業にとって面目丸つぶれの失敗である。だが取締役会の性別多様性がほんの少しでも高い企業は、修正の必要性が大幅に低いようなのだ。「多様性がより高く、集団凝集性〔集団としてのまとまりのよさ〕がより低い取締役会は、前提を疑い、同業他社との比較可能性を重視する傾向が高く、その結果としてより徹底した議論を行い、意思決定により多くの時間をかけることが多い」と研究者は書いている。「こうした行動は、取締役会の性別多様性が集団思考（グループシンク）を弱め、監視プロセスの改善をもたらすという考えを裏づけるものだ」。

皮肉なことに、同質な集団は多様な集団に比べ、複雑な課題の成績が劣るにもかかわらず、自分たちの決定をより正しいと感じることが、一連の研究室実験から明らかになっている。彼らは集団として楽しみながら課題に取り組み、よい成績を上げていると自負する。自分と同じような人たちと一緒にいると気分がよいのだ。居心地がよく、摩擦もない。すべてがなじみ深く、円滑に進行する。他方、多様性は違和感があり、煩わしい。[12] しかし、だからこそ私たちは頭を働かせ、厳しい質問をするのだ。

2　多様性を低下させるダイバーシティ施策

次の会話は何年か前にアメリカの有力コンサルティング会社内で実際に起こったものだ[13]。ヘンリーという候補者を面接した2人のコンサルタントが、彼について話し合っている場面である。

面接官1：彼は黒人だ。通ってほしかったが、レベルに届いていない。
面接官2：そつがなく、プレゼンもうまいが、ロジカルじゃない。「理由は3点あります」の前振りもなかったじゃないか。
面接官1：いろいろ水を向けてみたんだがな……（ため息）
面接官2：ダイバーシティ枠の候補者だぞ。
面接官1：ひどいってほどじゃないが、次はないな。

ヘンリーはそつがなく、プレゼンテーションがうまく、会社の多様性を高め、彼が面接を通ることを面接官の2人は願っていた。だが彼の答えはロジックに欠けていた。

続いて同じ2人の面接官が、ウィルという白人男性を検討した。「彼はほんとにそつがなく、自信があって、即戦力になりそうだが、ビジネスセンスに欠けている[14]」と1人が指摘した。もう1人も同意した。ウィルはロジカルではないが、それは何とかなるだろう。コンサルティングのケース面接に慣れていないだけだから、練習すれば大丈夫だ。２人は彼を二次面接に呼ぶことに決めた。二次面接に備えて、「ロジックを磨く」ようにとのアドバイスまで与えた。ヘンリーは、二度目のチャンスを与えられなかった。

コンサルタントには、自分たちが偏見に毒されているという自覚がなかった。彼らの評価には偏見が紛れ込んでいたのに、能力ベースで候補者を評価しているつもりでいたのだ。世界のオーケストラも長年同じ問題を抱えていた。能力主義を自認し、性別に関係なく最高の演奏家を採用しているつもりだった。候補者には女性も多く、オーディションは一見公平に見えたが、ふたを開けてみれば女性よりも男性が採用されることがずっと多かった。

オーディションにカーテンの目隠しを導入し、候補者の性別が審査員にわからないようにすると、採用時の偏見はなくなり、一夜にして多様性が高まった。[15] 今では世界最高のオーケストラの多くの男女比が、ほぼ同数である。

しかし採用や昇進の決定のほとんどでは、ただカーテンを導入するだけでは不十分だ。企業は過去30年間で膨大な数のダイバーシティ施策を導入しているが、そのほとんどが目立った変化をもたらしていない。従業員１００人以上のアメリカ企業全体で見ると、マネジャーに占める黒人男性の比率は、１９８５年から２０１４年までの間、約３％でほぼ横ばいだった。[16] 白人女性の比率は２０００年以降は30％付近で頭打ちとなっている。金融サービス業などの分野では、これらの比率はさらに低い。じつのところ、人種と性別の多様性を高めようとする取り組みのほとんどが、失敗に終わっているのだ。

これはパラドックスだ。ダイバーシティ施策はどこでも行われていて、ますます多くのコストと労力がつぎ込まれているというのに、効果は上がっていない。なぜだろう？

ハーバード大学の社会学者フランク・ドビンと同僚らはこの疑問に答えるために、800社以上のアメリカ企業から収集した30年にわたるデータをくわしく分析し、驚くべき発見をした。最も一般的なダイバーシティ施策は、多様性を高めていなかった。それどころか、企業の多様性を低下させていたのだ。

たとえば強制的なダイバーシティ研修を考えよう。これはとてもよく利用されている手法で、フォーチュン500社企業のほぼすべてと、中規模企業の半数近くが実施しているが、効果はまったく上がっていない。これを導入した企業では、5年以内にマネジャーに占めるアジア系アメリカ人の比率が5％、アフリカ系女性の比率は10％も低下した。また白人女性、アフリカ系男性、ヒスパニック系の比率にも改善は見られなかった。

ほかの一般的な施策でも同様の結果が見られた。たとえば（公平な採用プロセスを確保する目的で行われる）強制的な登用試験や、（従業員が給与、昇進、解雇決定に関して異議を申し立てることができる）公式の苦情申し立て制度などだ。これらの施策はマイノリティや女性への偏見を減らすどころか、事態をかえって悪化させているようなのだ。

ドビンらはこの原因を調べるために、マネジャー数百人に聞き取り調査を行った。その結果、プログラムに効果がないのは、マネジャーの行動を取り締まることに重点を置いているからだと判明した。つまり彼らにあれこれ強制し、採用と昇進の決定権を制限することを狙った手法である。「規則を課し、再教育を行うことによって、マネジャーを責めたり不面目を与えたりしても、彼らのやる気を高めることはできない[17]」と彼らは書いている。「社会科学者によれば、人はみずからの自律性を主張するために、規則に逆らうことが多いという。もし私にX、Y、Zをしろと強制するのなら、私は私であることを証明するためにその反対のことをする、というわけだ」。

最近の研究室実験でも、参加者が人種的偏見を糾弾するパンフレットを読まされ、それに賛同せよというプレッシャーを感じた場合には、それを読むことによってかえって人種的偏見が高まった。他方、パンフレットを読むことで偏見が減ったのは、参加者が賛同するかしないかは自由だと感じたとき、つまり彼らに判断が委ねられた場合だ。ドビンらは登用試験でも同様の発見をした。西海岸のある食品会社で、マネジャーはよそ者（主にマイノリティ）に登用試験を実施したが、実際に採用したのは試験を課さなかった白人の知り合いだった。

ではリーダーはどうすればいいのだろう？　30年間にわたるデータで有効性が実証された方法をいくつか紹介しよう。

効果のあった手法の一つは、任意参加のダイバーシティ研修だ。強制的なプログラムに文句をいう人も、任意であれば進んで参加することが多い。彼らがそうした研修を、強制された形ばかりの制度ではなく、自主的な学びの機会ととらえるとき、新しいアイデアを積極的に受け入れようとすることがわかっている。

マイノリティや女性に的を絞った採用活動も、有効な手法だ。社内のマイノリティ集団から人材を登用したり、大学やマイノリティ専門団体の既存の募集プログラムを通じて候補者を見つける。ダイバーシティ研修と同様、参加するかしないかはマネジャーの自由とする。そうすればこの施策は、みずからの裁量を狭める高圧的な命令ではなく、より大きな人材プールを利用するための手段になる。「私たちの聞き取り調査から、マネジャーは招かれれば進んで参加することがわかった[18]」と彼らは述べている。「その理由の一つは、メッセージが『多様性に富む有望な人材を見つけるのを手伝ってほしい』という、前向きなものだからだ[19]」。

若手従業員（人種、性別を問わず）のための公式なメンター制度と、（マネジャー研修生にさまざまな部署を経験させる）クロストレーニングも有効だ。なぜならこうした手法は、多様性に関する規則を強制したりしないからだ。これらの制度は本来ダイバーシティ推進を念頭に設計されたものですらないが、マネジャーと多様な集団との交流を増やす結果、偏見の減少に効果を上げている。男性の上級マネジャーが、マイノリティの若い女性のメンターに任命されれば、彼女の仕事ぶりを知るようになり、マネジャーのポストに空きが出たときには、彼女を候補に推薦しようと思うかもしれない。

もちろん、すでに非公式のメンター制度を導入している組織は多くある。だがメンターを公式に部下に割り当てる制度の方が、ずっと効果が高い。ドビンらはこう書いている。

白人男性は多くの場合、自力でメンターを見つけるが、女性やマイノリティは公式な制度の助けを必要とすることが多い。……その理由の一つは、白人男性の企業幹部は若い女性やマイノリティの男性に非公式に手を差し伸べることに戸惑いを感じるからだ。それでも彼らは部下を割り当てられれば、熱心なメンターになる。そして〔公式な制度には〕女性やマイノリティがまっ先に志願することが多いのだ。

ダイバーシティ施策の進捗をチェックする担当を決めるだけでも効果があることがわかっている。事業部門であれば、ダイバーシティ推進を任務とする役職を設けてもいいだろう。データの収集と報告程度の権限があれば十分だ。各部署から担当者を抜擢して、ダイバーシティ推進特別チームを設置するのも手だ。特別チームは、それぞれの部署のダイバーシティ指標を定期的に調べ、多様性を高めるチャンスに目を光らせる。この部署は多様な人材プールから採用しているか？　勤続年数の長い女性やマイノリティに昇進機会を与えているか？　女性やマイノリティが昇進を志願していない分野はないか？　そして特別チームが考案した解決策を、メンバーがそれぞれの部署にもち帰って提案する。

こうした方法に多様性を高める効果があるのは、「公平な人だと見られたい」という人間の欲求に訴えるものだからだ。誰かがダイバーシティ指標を追跡していることを知っていれば、マネジャーはこう考えるかもしれない。「少し客観的に考えてみようか？　もっと幅広い層から優秀な人材を採用すべきだろうか？　いつも最初に頭に浮かぶ人しか考慮していないんじゃないか？」。

ダイバーシティ推進に真剣に取り組む善意のリーダーは、努力が実を結ばないことに苛立ちを募らせている。規則と管理に頼る一般的な施策は失敗に終わっている。だがここまで紹介した任意参加のダイバーシティ研修と、的を絞った採用活動、公式のメンター制度、クロストレーニングの手法には効果があるのだ。ドビンらが調査した企業では、こうした施策により、たった5年間で女性とマイノリティのマネジャーの比率が急上昇し、多くの場合10％以上の伸びが確認されている。

なぜ効果があるかといえば、これらはソフトな手段だからだ。[20] マネジャーからむりやり主導権を奪ったりしない。「やるべきこと」と「やってはいけないこと」を押しつけるのではなく、自発的なやる気を引き出す。多様な集団との交流を増やす。周囲からよく見られたいという欲求に訴える。

この複雑系の時代、多様性は優れたリスク管理ツールになる。だが組織にむりやり多様性を受け入れさせることはできない。旧態依然とした官僚的な手法では、事態をよくするどころか、かえって悪くしてしまう。強制的な手法を緩める方が効果が高い。多様性のある組織づくりというハードな問題には、ソフトな解決策が向いている。

3 「それっていったいなんですか？」

血液検査会社セラノスは、かつてアメリカで最も勢いのある医療ベンチャーの一つだった。２０１５年10月に『ニューヨーク・タイムズ』は、19歳でスタンフォード大学を中退してセラノスを立ち上げたエリザベス・ホームズを、「世界を変える5人の先見的なハイテク起業家」の1人に選んだ。[21] 同じ頃、ホームズは「スティーブ・ジョブズの再来」[22] という見出しで、『インク』誌の表紙を飾った。セラノスの時価総額は90億ドルに達し、ホームズはわずか31歳で推定45億ドルの個人資産を築いた。[23] その数か月前には、『タイム』誌によって「世界で最も影響力のある100人」に選出されている。[24] 投資家は数億ドルの資金をセラノスに注ぎ込んだ。

セラノスは、たった1滴の血液で数十種類の医療検査を行う方法を発明したと考えられていた。指先をチクッと刺すだけで、数百種類の疾患を検査できるという触れ込みだ。静脈から採血する必要もない。大きな針も必要ない。しかもコストは既存の検査の数分の一ときている。

医療界全体を破壊する、驚異的なテクノロジーに思われた。「高価で時間のかかる気の滅入る血液検査が、安価で利用しやすく気もちのよい（といってよいほどの）経験になれば、検査を受けようとする人が増える」[25] と『ニューヨーク・タイムズ』は書いている。「その結果、疾患の早期発見が可能になり、糖尿病から心臓病、がんまでのさまざまな病気の予防や有効な治療が期待できるだろう」。

セラノスは、シリコンバレーの未来を担う企業になるかに思われた。しかし『ウォール・ストリート・ジャーナル（WSJ）』の調査ジャーナリストで、ピューリッツァー賞受賞者のジョン・カレイロウは、そうした誇大広告を真に受けなかった。[26] 彼はホームズの雑誌の特集記事を読んで、彼女が自社技術について曖昧にしか答えないことに驚いた。「記事の重要な部分に疑問をもったが、そのときはあまり気にしなかった」とカレイロウはのちに語っている。その後、「この会社はどうも見かけとちがうようだ」というタレコミがあった。

カレイロウはセラノスの調査を開始し、2015年10月15日に『ウォール・ストリート・ジャーナル』が彼の記事を掲載する。セラノスの検査機器の精度に問題があることを指摘し、検査のほとんどに自社技術が使われてもいないことを暴露した、壊滅的な記事である。[27]セラノスが行う検査の大部分が、他社から購入した従来型の血液検査機器を使って行われていることを、同社の従業員は認めた。「31歳のミズ・ホームズは、その大胆な発言と黒いタートルネックで、アップルの共同創業者スティーブ・ジョブズにたとえられることも多い」とカレイロウは書いている。「しかし舞台裏でセラノスは、自社技術への熱狂を現実のものにするのに四苦八苦しているのだ」。

この最初の一撃を受けて、砂上の楼閣はぐらつき始めた。ジャーナリストや規制当局者による調査が始まった。セラノスはまもなく法的な包囲網にとらえられた。提携関係にあった薬局チェーン大手ウォルグリーンズから契約違反で提訴され、[28]主要な投資家にも、同社の技術について虚偽の報告をしたとして訴訟を起こされた。[29]そのうえセラノスは過去に行った数万件の血液検査の結果を無効としたため、誤った検査結果を受け取った患者からの訴訟も相次いだ。[30]2016年、『フォーチュン』誌はホームズを「世界で最も残念なリーダー」[31]と呼び、『フォーブズ』誌は彼女の純資産を下方修正した――ゼロ、と。[32]

メルトダウンの数か月前、アメリカ臨床化学会(AACC)会長のデイビッド・コーク博士が、セラノスの可能性についてコメントを求められた。コークはこの分野の第一人者だが、多くを語らなかった。「この技術の将来性について意見を述べるのは難しい」[33]と彼はいった。「これ以上のことは断言できません。証拠も、文献も、とにかく反応できる材料が何もないのですから」。

セラノスは徹底した秘密主義で知られていた。技術を保護するために「ステルスモード」にする必要があるというのが、ホームズのいい分だった。データを見たことがある人はほとんどいなかったし、同社の機器を検証した査読論文は一つもなかった。[34]〔事件発覚前の2014年に〕ジャーナリストのケン・オーレッタにセラノスの技術のしくみについて問われたホームズは、こんなふうに答えている。「化学の働きによってある化学反応が起こり、サンプルとの化学的相互作用により信号が発生します。その信号を結果に変換し、それを資格をもったラボのスタッフが分析するのです」。オーレッタはこの返答を「滑稽なほど曖昧だ[35]」と評した。

曖昧さのせいで、投資を見送った企業も多かった。「われわれが掘り下げようとするたび、彼女は落ち着かなくなった[36]」と、出資を考えていた投資家が『ウォール・ストリート・ジャーナル』に答えた。グーグル・ベンチャーズ（現GV）も投資を検討したことがある。[37]「ライフサイエンス投資部門の社員がウォルグリーンズに〔セラノスの〕血液検査を受けに行った。触れ込みとかけ離れた実態は、誰の目にも明らかだった」。ウォルグリーンズはセラノスの「革命的な」指先採血ではなく、ふつうの静脈採血をしようとしたのだ。

このように、社外には何かがおかしいことに勘づいた人たちがいた。では社内はどうだろう？　会社に正しい軌道を歩ませることを命とする取締役会は、いったい何をしていたのか？

2015年秋の時点でセラノスの取締役会に名を連ねていた人たちを見てみよう（図表8－

図表8-2

氏名	主な業績	生年	性別
ヘンリー・キッシンジャー	元アメリカ国務長官	1923	男
ウィリアム・ペリー	元アメリカ国防長官	1927	男
ジョージ・シュルツ	元アメリカ国務長官	1920	男
サム・ナン	元アメリカ上院議員	1938	男
ビル・フリスト	元アメリカ上院議員	1952	男
ゲーリー・ラフェッド	元アメリカ海軍大将	1951	男
ジェームズ・マティス	元アメリカ海兵隊大将〔現国防長官〕	1950	男
ディック・コバセビッチ	元ウェルズ・ファーゴCEO	1943	男
ライリー・ベクテル	元ベクテルCEO	1952	男
ウィリアム・フォージ	疫学者	1936	男
サニー・バルワニ	セラノス取締役（社長兼COO）	1965	男
エリザベス・ホームズ	セラノス取締役（創業者兼CEO）	1984	女

2)。

「ほかに類を見ない取締役会だ」[38]と『フォーチュン』誌は書いている。「セラノスは公職経験者という点で、アメリカ史上最も輝かしい取締役会を築いた」。

実際、並外れた集団だった。これほど多くの元閣僚、上院議員、軍高官が並ぶ取締役会はそうそうあるものではない。だがこの集団は、多様性のなさでも群を抜いていた。セラノスの2人の幹部を除く10人の取締役のうち、10人全員が白人男性だったのだ。しかも彼らは1人残らず1953年より前に生まれていた。平均年齢はじつに76歳である。

セラノスの取締役会には、アプフェルバウムの研究で重要だと指摘された、表面レベル〔年齢、人種、性別など〕の多様性が欠けていただけでなく、医療やバイオテクノロジーの専門知識も不足していた。この集団のなかで当時まだ医師の資格を有していたのは、政治家転身前は外科医だった元上院議員のビル・フリストだけだ。76歳のウィリアム・フォージはかつて疫学の第一人者だったが、ずいぶん前に医療から引退していた。集団としてのセラノスの取締役たちは、最先端の医療テクノロジー企業よりも、公共政策のシンクタンクにふさわしかった。『ウォール・ストリート・ジャーナル』が最初の批判的記事を掲載した直後、『フォーチュン』誌の編集者ジェニファー・ラインゴールドが、セラノスの取締役会を専門性に欠けているとして手厳しく批判した。[39] 同社の主力分野での経験がこれほど乏しい集団が、会社を有効に監督できるはずがない。「引退した政府高官が1人や2人ならリーダーの育成に役立つかもしれないが、医療やテクノロジーの経験のない人が6人とくれば……彼らがセラノスの日常活動にどれだけ関わっているのだろうと、勘ぐりたくもなる」。多様な経歴を取り混ぜるのが望ましいと、ラインゴールドは指摘する。

その通りだ。なぜそうなのかを理解するために、別の業界を見てみよう。この業界では、元政府高官や元軍高官、元医師の取締役たち、つまりセラノスの取締役会を失敗に導いたのと同じ経歴の人々に助けられて、数百の小規模な銀行が金融危機を切り抜けることができたのだ。その理由を見ていこう。

次に挙げるのは、アメリカで1990年代末に設立された地方銀行のリストだ（図表8-3）。これよりずっと長いリストのほんの一部だが、基本的なパターンははっきり現れている。あなたはそのパターンを読み取れるだろうか？

たぶんあなたも気づいたと思うが、倒産は2009年と2010年に集中して起こっている。これは当然だ。先の大不況は、中小銀行にとっては厳しいものだった。

図表8-3

銀行名	所在地	取締役会に占める銀行家の比率	倒産したか？	倒産年
フロリダ・ビジネス・バンク	フロリダ州メルボルン	36%	×	
ケンタッキー・ネイバーフッド・バンク	ケンタッキー州エリザベスタウン	20%	×	
ミシガン・ヘリテージ・バンク	ミシガン州ファーミントンヒルズ	56%	○	2009
ニューセンチュリー・バンク	イリノイ州シカゴ	60%	○	2010
パラゴン商業銀行	ノースカロライナ州ローリー	33%	×	
ピアース商業銀行	ワシントン州タコマ	63%	○	2010

しかし、リストからはもっと奇妙なパターンが見て取れる。倒産した銀行はしなかった銀行に比べ、取締役会に占める銀行家の比率が高かったのだ。それに気づいた人は、いい勘をしている。アメリカの1300超の地方銀行の20年以上にわたるデータを分析した最近の研究により、同様のパターンが明らかになった[40]。取締役会に銀行家の多い銀行は、多様な背景をもつ取締役、つまり銀行家だけでなくNPOや法曹、医療、政府、軍などの関係者のいる銀行に比べて、倒産する確率が高かった。こうした経歴の多くは銀行業と直接関係はないが、それでもこの種の多様性、すなわち専門知識の多様性が銀行を救ったのだ。

この効果が最も顕著だったのは、事業環境が複雑で不確実な銀行である。ちなみに、リスクの高い資産構成の銀行ほど、銀行家を取締役に任命することが多かったわけではない。それに、銀行家が多数派を占める取締役会が、高収益を得るためにリスクをとりがちだったわけでもない。研究ではそうした説明は排除されている。実際に何が起こっていたのかを解明するために、研究の筆頭著者であるスペインのＩＥＳＥビジネススクール教授ジョン・アルマンドスは、数十人の取締役、銀行のＣＥＯ、銀行の創業者に聞き取り調査を行い、次の３点を明らかにした。[41]

第一に、銀行畑の取締役は、経験に頼りすぎる傾向があった。聞き取り調査を受けた人たちは、銀行家が取締役会にもたらしたものを指して、「バゲージ（荷物）」（妨げになるような古くさい考えや過去の経験など）という言葉をくり返し使った。ある取締役はこういう。「銀行出身者が取締役会にいないことのよさは、『どこぞの銀行ではこうだった』というバゲージを聞かされずにすむことだ」。[42]

第二が自信過剰だ。「銀行家の多い取締役会は、少しばかり余分に借り入れる傾向がある。少しばかり立派な経歴と経験があるからだ」[43]と、ある取締役は説明する。「一方、銀行家でない人は、少しばかり慎重なことが多い」。

第三が、建設的な対立のなさだ。銀行経験のない取締役がほんの少数派であれば、金融の専門家に異議を挟みづらかった。あるＣＥＯがいうには、銀行家の多い取締役会では「誰もがお互いのエゴを尊重し合って、批判的なことは一切いわない」[44]。だが銀行家でない人の比率が高い取締役会では、「何か気になることがあれば、ものおじせずに発言する」という。

専門家に支配されていない取締役会は、人種的に多様なチームのような行動をとった。取締役たちはお互いの判断について議論し、異議を唱えた。何ごともあたりまえと思わなかった。銀行家の話す言葉は医師や弁護士とはちがうから、たとえ「わかりきった」ことであっても、くわしい説明や話し合いを要求した。摩擦が生じ、険悪なムードになることもあった。楽ではなかった。それでも、両方の世界のよいところ取りができた。セラノスの場合とはちがって、高度な業界知識をもつ真の専門家が数人いたが、金融の素人がいたおかげで、議論や少数意見が専門知識の重みにつぶされることはなかった。「素人には、専門家にとってのあたりまえに疑問を投げかける無邪気さがあった[45]」とアルマンドスは教えてくれた。

どこかで聞いたことのある結論だ。本章の冒頭で、サリイ・クラウチェックが多様性について語っていたことに似ている――多様性が有益なのは、誰もがコンセンサスを疑うようになるからだ。「それいったいなんですか？　なんのためにそんなことをするのかしら？　もう一度私のために説明してくれませんか？」

表面レベルの多様性と専門的多様性がもたらす効果は、驚くほどよく似ている。どちらのケースでも、多様性が助けになるのは、マイノリティや素人のユニークな視点が得られるからではなく、集団全体がより懐疑的になるからだ。そのおかげで、チームの協働作業が円滑になりすぎたり、簡単に合意に達したりすることがなくなる。このことがとくに助けになるのは、大きな脅威が見過ごされやすく、小さなまちがいがたちまち制御不能になる、複雑な密結合のシステムである。

多様性はスピードバンプ（減速帯）のようなものだ。煩わしいが、私たちを居心地のよい場所から引きずり出し、あと先考えずに突進できないようにしてくれる。いわば私たちを、私たち自身から救ってくれるのだ。

第9章 リスクを引き下げる「悪魔の代弁者」

「あいつらマジシャンか何かなのか？」

1 ワシントン州矯正局の「ヤバすぎる」瞬間

ダン・パチョルキは電話機をじっと見つめながら、深いため息をついた。[1] ベロニカ・メディナ＝ゴンザレスに、彼女の息子シーザーのことで電話をかけなくてはならない。パチョルキは元刑務官で、今はワシントン州矯正局長として8億5000万ドルの予算と8000人の職員、そして1万7000人近い受刑者を監督している。ふつうなら彼が被害者の家族に電話をかけることはない。ふつうなら矯正局が人を殺すことはないからだ。

7か月前の2015年5月の曇った夜のこと、シーザー・メディナが仕事帰りに友人たちとタトゥー店でピザを食べ、ビールを飲みながらたむろしていると、銃をもった2人の男が裏口から入ってきた。エアジョーダンを履きライトグレーのフードつきパーカーを着たタトゥーの男が、拳銃を構えながらロビーに突入し、メディナを隣のフロアに押し込んで後頭部に銃を突きつけた。突然、男は飛び上がったかと思うと、天井に向かって発砲した。メディナはそのすきに床から起き上がって逃げ出した。男はもう一度発砲し、弾はメディナに命中した。

強盗は未遂に終わり、銃撃犯は逃走した。友人たちはメディナを引きずるようにして車の後部座席に乗せ、病院へ運んだが、即死だった。

警察は直ちに捜査を開始した。監視カメラがとらえた容疑者の写真を公開し、警戒を呼びかけた。写真を見たワシントン州矯正局の職員が、犯人の身元を特定した。ジェレミア・スミスという男だった。

職員がスミスに見覚えがあったのは、2週間前の5月14日に、強盗傷害の罪で服役していたスミスが刑期を終え、ワシントン州刑務所から出所したばかりだったからだ。矯正局の受刑者管理システムは、この日がスミスの刑期終了の日であることを示していた。だがシステムはまちがっていた。スミスは出所したとき、3か月以上も刑期を残していたのだ。スミスがシーザー・メディナを射殺したのは、本来ならまだ刑務所にいるはずのときだった。

スミスが予定より早く釈放された原因は、矯正局の受刑者管理システムのコーディングエラー、つまりバグである。[2] ダン・パチョルキがこの問題を知ったのは、それから半年以上経った2015年の暮れのことだ。しかし、矯正局には何年も前に気づいていた職員たちがいた。2012年に傷害事件の被害者の父親マシュー・ミランテから、矯正局の被害者支援サービス課に連絡があった。ボーイングのトラック運転手であるミランテは、矯正局が息子の加害者の刑期計算を誤ったのではないかと疑っていた。鉛筆と紙で苦心して刑期を計算すると、疑念は確信に変わった。加害者は45日間も早く釈放されていた。最初、矯正局の職員はミランテの勘ちがいだと思ったが、州検察局の法律顧問に確認を求めたところ、彼の計算が合っていることが判明した。

ミランテの発見は氷山の一角にすぎなかった。この時代遅れのカスタムソフトウェアに含まれたバグのせいで、10年以上にわたり数千人の重罪犯が刑期を終える前に誤って釈放されていたのだ。あるマネジャーがいうように、システムは「複雑な相互依存性[3]」のつぎはぎだった。この複雑性が刑期計算のまちがいを招くとともに、矯正局職員の目から問題を覆い隠していた。ミランテが計算してみるまで、矯正局の誰一人としてまちがいがあることにさえ気づいていなかった。またシステムへの盲信は、密結合も生んだ。誰もが計算を確かめようともせず、ただコンピュータの指示に従った。コンピュータが鉄格子を勝手に開いたも同然だった。

なぜこんなことが起こるのだろう？　プログラマーや法律家、職員が長年見落としていた問題を、なぜ一介のトラック運転手が指し示すことができたのか？　その答えは、ミランテ自身にも、彼の職業にもない。矯正局の職員にもこの簡単な計算はできたはずだ。ミランテがエラーに気づいたのは、彼が矯正局の一員ではなかったからだ。彼は組織の規則や前提、政治にとらわれない、外部者だった。

矯正局はミランテの指摘が正しいことを認識すると、ソフトウェア修正要求をプログラマーに出した。

当初修正は3か月後に予定されていたが、システムエラーのせいで10回以上も延期された。そしてその間、ミランテの発見がもつ恐ろしい意味合いを、誰一人理解していなかった。

ミランテが最初の問い合わせをしてから3年後、プログラマーがようやく修正を行い、現在の受刑者の刑期に影響がないことを確かめるために、修正をテストした。過去の刑期関連の修正では、数件の異例なケースで釈放日が数日動いた程度だった。ところがミランテに指摘された問題の修正により、これまでに3000人を超える受刑者が、本来の釈放日より平均2か月も早く釈放されていたことが発覚したのだ。矯正局の最高情報責任者がいったように、それは「ヤバすぎる」[4]瞬間だった。

ワシントン州上院議員で、州上院法律司法委員会委員長を務めるマイク・パッデンは、当局者が問題をこれほど長く放置したことに憤慨した。この状況を、受刑者が脱獄した場合と比べてほしいと、彼はいった。「受刑者が脱獄したら、必死に捜索するだろう?」[5]。それなのにこのケースでは、数千人の受刑者を早く釈放したまま放置していたのだ。

メディナの母親との電話で、パチョルキはお悔やみを述べ、あやまちを謝罪した。数週間後、彼は辞任した。メディナの母親は矯正局に500万ドルの賠償請求を行った。[6]引き金を引いてシーザーを殺したのはジェレミア・スミスだが、責任は矯正局にある、と彼女は訴えた。外部者の重要な指摘を3年間も放置し、そのせいで息子は殺されたのだ。

2 「異人」の客観性

もしもゲオルク・ジンメルが今生きていたら、きっとスーパースター知識人として、大勢のツイッター・フォロワーをもち、TEDトークは爆発的に拡散し、著書はニューヨーク・タイムズ・ベストセラーになっているはずだ。少なくとも19世紀末のベルリンでの彼は、そんな存在だった。優れた社会学者でショーマン的な素質を併せもつジンメルは、多くの聴衆を魅了し、彼の講義は学内外の幅広い層に人気があった。[7] 多作家でもあり、都市生活から貨幣の哲学、男女の戯れ、高級ファッションまで、数々の魅惑的なテーマの論文や論説を、学術誌だけでなく新聞や雑誌にも発表した。

それでもジンメルは、ドイツ学術界ではよそ者だった。学者としてのキャリアのほとんどを無給の私講師として過ごし、教授資格審査に落ち続けた。1901年にようやく「員外教授」の地位を得るが、それは「純粋な名誉職に過ぎず、彼は依然として学術界の問題に関わる資格をもたず、外部者の烙印を晴らすことはできなかった」[8]と、彼の伝記作家は書いている。

妨げの一つが、ジンメルのユダヤ人としての出自である。もう一つが、多くの学者のねたみを買う原因となった、大衆へのアピールだ。「彼はどのみち、その容貌から身のこなし、考え方に至るまで、骨の髄までイスラエル人である」[9]と、ある著名な歴史家がハイデルベルク大学の教授職審査の評価書に書いている。「小ざかしいいい回しを文章にちりばめる。それを喜ぶ聴衆を集める。女性の割合がとても高く……東方諸国から大勢の聴衆が毎学期のように詰めかける」。評決は次の通りだった。「ジンメルの体現する世界観と生の哲学が……われわれのドイツ的キリスト教的古典的教養の世界観とかけ離れていることは、あまりにも明白である」。

ジンメルはこのとき正教授の職を得ることはできなかった。しかし同年、彼の最も有名な作品となる短い論説を発表する。今も世界中の大学のシラバスに登場し、社会学者を感化し続けている論説だ。題名は、「異人」[10]である。

異人とは、集団のなかにいるが所属はしていない人をいう。ジンメルの想定する典型的な異人は、中世ヨーロッパの町に住むユダヤの商人だ。地域社会に暮らしているが、内部者ではない存在。集団を理解できるほどには近いが、外部者の視点をもてるほどには遠い存在である。

ジンメルは、異人の力がその客観性に由来すると主張する[11]。

> 〔異人は〕集団の特定の構成員や、集団の一面的な傾向にとらわれない。……〔また〕彼の見識や理解、評価に偏見を与えるかもしれない絆（きずな）に束縛されない。……状況をより偏見なく調べ、より普遍的でより客観的な基準に照らして評価し、慣習や忠誠、先例によって拘束されない行動をとる。

だからこそ異人は、真実を明るみに出す手助けができるのだ。ジンメルはこの典型例として、中世のある慣習を挙げる。「イタリアの都市は、裁判官を外から呼び寄せた。なぜならその土地に生まれ育った者は、いかなる者でも一族の利権のしがらみを逃れることができないからである」[12]。これが、公平な仲裁者として他の都市から招かれた執政長官、ポデスタだ。ポデスタは地域の問題に巻き込まれないように、一般に任期は短かったが、在任中は絶大な権力を有した。「市民は互いの間にいさかいや口論が絶えないことから、外で生まれた人物を招いて執政長官に任命し、都市のみならず、刑事、民事訴訟のすべてに関する全権を与えた」[13]とボローニャの年代記編者リアンドロ・アルベルティは指摘する。**異人に全権を与えた**のだ。

本書でも異人の力をすでに見てきた。マシュー・ミランテは、簡単な計算によってワシントン州矯正局の問題を明るみに出した。ハッカーのクリス・バラセクとチャーリー・ミラーは、クライスラーのエンジニアではないのに、ジープのセキュリティ上の重大な欠陥を発見した。ミシガン州フリント市ではリーアン・ウォルターズが、公衆衛生当局者によって故意に無視された鉛危機に注意を喚起した。２００１年に２人の外部者、記者のベサニー・マクリーンと空売り投資家のジム・チャノスは、十分な知識に基づく適切な疑問を投げかけ、エンロンの詐欺事件を明らかにした。

だからといって、外部者が偏見に毒されない完全無欠な世界観をもっているというわけではない。たんにジンメルが述べたように、外部者という立場にあるために、内部者とは**ちがう**ものの見方ができるというだけだ。現に、同じ人であっても、内部者のときと外部者のときとで見方が変わる場合がある。なかにいるときはあたりまえに思えたことが、外から見るとおかしなこと、とんでもないことだったりする。たとえば1970年代初頭のフォードでリコールコーディネーターをしていた、デニー・ジョイアの経験を紹介しよう。[14] 当時、人気モデルのピントに欠陥があるという証拠が続々と上がっていた。ピントが後部から追突され、ガソリンタンクが破裂して炎上する事故が相次いでいた。低速走行中にも事故は起こっていた。だがジョイアたちのチームは、リコールしないことを決定した。「膨大な数の進行中、潜在的リコール案件を追跡する仕事の複雑さと忙しさは、言葉ではとうてい表せるものではない[15]」と、現在は経営学教授のジョイアは書いている。「私は自分を消防士だと思っていた。ある同僚の言葉がぴったりの消防士だ。『この職場ではすべてが危機だ。大火事を消し止める時間しかなく、小火（ぼや）には唾を吐きかけるのがせいぜいだ』。この基準でいえば、ピントの欠陥は明らかに小火だった」。

しかし、内部者のジョイアと外部者のジョイアは、リコールの決定をまったくちがう目でとらえた。彼はこう書いている。「フォードに入る前の私なら、フォードにはリコールを行う倫理的義務があると、強硬に主張したことだろう。フォードを去った今は、当時のフォードにリコールする倫理的義務があったと考えているし、そう教えてもいる。だがあそこにいた間は、リコールする倫理的義務を強く感じたことはなかったのだ[16]」。

だが、たとえ外部者が有益な視点を提供しても、それが必ずしも活かされるとは限らない。内部者は外部者の洞察を無視したり、抵抗することさえある。矯正局はミランテの発見を軽視した。クライスラーは、ハッカーのバラセクとミラーに問題を指摘されると、更新プログラムをこっそりリリースして問題を押し隠そうとした——が、『ワイアード』誌に実態を暴露され、リコールを余儀なくされた。

フリント市はリーアン・ウォルターズを嘘つき呼ばわりした――が彼女は粘り強い大学教授の協力を得て、地域全体に広がる問題であることを証明した。エンロンの経営幹部は投資家のチャノスと記者のマクリーンの信用を傷つけようとした――が、結局は破綻に追い込まれた。

システムの複雑性と結合性が高まるにつれ、内部者が何かを見逃すリスクは高まる。しかし外部者は、ジンメルの指摘する客観性をもつがゆえに、なぜ私たちのシステムが失敗するのかを示すことができるのだ。

3　ディーゼル排出量のカラクリ

ボブ・ラッツは何もかもに困惑していた。[17] ゼネラル・モーターズ（GM）副会長のラッツは、同社の製品開発を統括していた。彼は車のデザインにとりつかれた自動車業界の重鎮として、GMの斬新な電気自動車シボレー・ボルトの開発も手がけてきた。だが彼の監督の下で、GMのエンジニアは環境に優しい別の技術の開発に手こずっていた。クリーン・ディーゼルエンジンである。

ディーゼルエンジンが有望なことは、もちろんラッツも知っていた。ディーゼル車はヨーロッパでは主流で、エネルギー密度の高い燃料（軽油）で走り、従来のガソリン車よりも30％近く燃費がよい。「私たちはディーゼル車の開発をずっと考えていました」とラッツは語っている。「なにしろGMはヨーロッパの排出ガス基準を満たしていて、世界最大のディーゼルエンジンメーカーでもあり、アメリカ市場にディーゼル車を供給できないはずがない、と」[18]。

しかしディーゼルは厄介な技術だ。ガソリンエンジンは、燃料を完全燃焼させ、有害な副産物の生成を最小化する、理想に近い空燃費を実現している。だがディーゼルエンジンはこの比率が理想とはほど遠く、有害な副産物の生成を抑制するためにさまざまな対策をとる必要がある。たとえば化学薬品を使って副産物を分解する、有害粒子を捕捉する、たんに燃料の使用量を増やす、といったことだが、いずれもディーゼル車に高価な部品を追加する必要があり、またエンジンの出力と効率を損なうことになる。

ヨーロッパでディーゼル車の人気が高いのは、ガソリン価格がとても高いため、燃費のよいディーゼル車の経済性が好まれるからだ。またヨーロッパの排ガス基準は、有害物質の排出抑制よりも燃料効率を重視したため、自動車メーカーはディーゼル車の製造において、性能やコストの面でそれほど妥協する必要がなかった。ひらたくいえば、それほど汚染を気にしなくてよかったのだ。

だが効率とコストを両立しつつ、アメリカやとくにカリフォルニアの厳しい排ガス基準を満たすディーゼル車を開発するのは、自動車メーカーにとって至難のわざだった。例外が一社だけあった。フォルクスワーゲン（VW）である。VWはクリーン・ディーゼル技術によってシェアを拡大し、世界最大の自動車メーカーをめざすという戦略を打ち出していた。ラッツは、後れをとるなと、GMのエンジニアに檄を飛ばした。「君たちいったいどうしたんだ？　VWはできるようだぞ。あいつらマジシャンか何かないのか？[19]」。

GMのエンジニアは問題を徹底的に調べた。VWのディーゼル車を動力計（車用のルームランナーのようなもの）にかけてみると、アメリカのすべての排ガス基準を満たしていた。彼らはラッツに訴えた。「VWがどうやって成し遂げたのか、見当もつきません。うちが試したのと同じ業者の同じハードウェアで……うちのエンジンにそっくりなんです。VWが合格してうちが合格しない理由を解明するために、これ以上できることは何もありません[20]」。

GMは2008年に製造開始した小型車シボレー・クルーズに、ディーゼルエンジンを搭載している。だがクルーズはカリフォルニアの基準を満たすために、多くの高価な排出低減技術を必要とした。「完成したときには大幅な原価割れを起こしていた。……コスト、性能、燃費の面にしわ寄せが行き過ぎて、『ほんとにそれだけの価値があるのか？』と自問するはめになった[21]」とラッツは語っている。

VWのエンジニアが知っていて、ラッツのチームが知らない秘訣とは、いったい何だろう？

ダニエル（ダン）・カーダーという人物が、この疑問への最初の手がかりを見つけた[22]。ウエストバージニア大学（WVU）附属の代替燃料エンジン排出研究センター（CAFEE）を統括するカーダーは、生粋のエンジン野郎だ。学部生時代にセンターの最初のエンジン試験設備の立ち上げを手伝い、ディーゼルエンジンからの粒子放出に関する修士論文を書き、その後まもなく新しいエンジン試験方法の開発を開始した。

1990年代末に、大型車用ディーゼルエンジンのメーカーによる排ガス不正が発覚した。室内での検査時と路上での長距離走行時とで、エンジンが異なる働きをするように、ソフトウェアが操作されていた。メーカーは巨額の罰金を科され、室内だけでなく、路上での試験も行うことが義務づけられた。

カーダーの仕事が変わったのはこのときだ。彼のグループは実際の走行状況で排ガスを測定できるように、トラックに搭載する可搬型の計測機器を開発した。カーダーは仕事が退けると貨物の積み降ろし場に行き、トラックのオーナーの了解を得て、排気中のガスと粒子を測定するセンサーが複雑に組み合わさった計測機器を、トラックの後部に取りつけた。翌朝夜明け前にドライバーと落ち合い、その日は一日トラックに同乗して、排ガスの測定と機器の調整を行った。必要なデータが得られなければ、翌日一からやり直した。

2013年に環境調査に取り組むNPO、国際クリーン交通委員会（ICCT）から、ディーゼル乗用車の路上走行での排ガス検査をしてほしいという依頼を受けると、カーダーたちはチャンスに飛びついた。チームはセンターが古くから移動試験場をもっている南カリフォルニアへと向かった。プロジェクトを担当した大学院生には、ウエストバージニアの厳しい冬を逃れられるというおまけつきだ。チームはロサンゼルスでVWのジェッタとパサート、BMWのX5の計3台のディーゼル車を借りた。まず環境保護庁（EPA）の標準手続きに従い、過去の所有者によって改造されていない正常な車であることを確認した。室内検査では、3台とも法令の基準値をクリアしていた。続いて、路上走行時の排気のガス成分と粒子成分を測定する段になった。

計測機器と聞いて、コンピュータスクリーンが内蔵されたブリーフケースのような機器を想像しているなら、それはおおまちがいだ。チームは排気管につないだ山ほどの機器をトランクに詰め込んだうえ、車の電気系統に負担をかけないように発電機まで搭載した。一度など、トランクからはみ出した装置を不審に思った警官に尋問されるというハプニングもあった。

「試行錯誤をくり返したよ[23]」と、カーダーは話してくれた。配線や管は切れ、発電機は車の振動のせいで作動しなかった。「補修、調整、応急処置、次善策の連続でね」。

こうして得たデータは、エンジンの燃焼効率と、窒素酸化物（NOx）をはじめとする汚染物質の排出量を示すものだった。NOxはスモッグや酸性雨の原因になり、肺組織の損傷や呼吸障害を招くおそれのある、有害な汚染物質だ。

BMWの排ガスは研究者の予測通りだった。だがVWはちがった。室内検査ではNOx排出量が基準値内に収まっていたのに、路上では基準値の5倍から35倍もの数値が出た[24]。

これはじつに多量のNOxだ。だが現代のエンジンは不透明なシステムであり、またときにはエンジン損傷を防ぐために、規制当局が基準超過をメーカーに許容するケースもある。カーダーにわかるのは、テストした車に技術的問題があるか、VWが特定の条件下での基準超過を許容する特例を得ているかのいずれか、ということだけだった。VWに問い合わせたが、はっきりした返答は得られなかった。

彼はこの奇妙な結果をもたらした原因を知りたかったが、現実問題としていつまでもこだわっているわけにはいかなかった。「うちは大学の研究プログラムの資金だけで活動をまかなっている[25]」と彼はいう。「興味があってもなくても、テストしたくてもしたくなくても、最後に費用を払うのはうちだ。だから、終わりにするしかなかった」。

カーダーのチームにとって、NOxの過剰排出は不可解だが、驚愕するほどではなかった。たった3台のサンプルを一般化することは避けたかった。彼らは報告書を次の簡潔な指摘で結んだ。

今回の計測活動でテストされた車両がわずか3台であること、またそれぞれの車両が異なる後処理技術を用い、異なる自動車メーカーによって製造されていることに注意が必要である。したがってここに掲載されたデータから導かれた結論は、これら3台の車に限定される。データセットは限定的であり、必ずしも特定の車種や後処理技術について一般化した結論を導くことはできない。[26]

このような控えめな結論にもかかわらず、彼らの研究はアメリカ史上最大の企業スキャンダルの口火を切ったのである。

この発見のもつ重大な意味合いをいち早く理解した人物がアルバート・アヤラ[27]である。彼は強大な権限をもつ環境規制当局カリフォルニア州大気資源局（CARB）の一部署の責任者だ。排出ガス試験の世界は結束が強く、ウエストバージニアの研究者が試験を行うことを聞きつけたアヤラは、室内検査のためにCARBの試験施設を使う許可を彼らに与えた。そして、路上走行時の排出量が室内検査時を大幅に上回ることが明らかになると、CARBで独自に調査を行う必要があると判断した。

規制当局者のアヤラには、大きな強みがあった。室内検査の結果について、ＶＷのエンジニアに直接説明を求めることができた。またＶＷがこの逸脱を説明できる特例を与えられているかどうかも知っていた。

通常の室内検査では、車体を台上に固定して、車輪をローラーで回転させながら排ガスを回収し、ハンドルは動かさない。だがＣＡＲＢのエンジニアはハンドルを動かしてみて、とてもおかしなことに気がついた。ハンドルを切ったとたん、NO_xの排出量が急増したのだ。車の横に誰かが立って車体を揺らしたときも、同じことが起こった。通常の室内検査の状況、つまりエンジンがかかり車輪は回転しているが、ハンドルや車体が固定されている状態では、排出量は基準内に収まっていた。ところが実際の走行時と似た状況になると、車のソフトウェアがモードを切り替え、エンジン効率が高まっているのに排出量が急増したのだ。

アヤラのチームは、ほかの可能性を段階的、体系的に排除していった。「もう1年半かかった……ただ路上検査を行う以上のことをやったからね。調査を重ねた結果、何が起こっていたのか、なぜそれが起こったのか、どうやって起こったのかを、徹底解明することができた[28]」。

アヤラのチームの調査により、ＶＷの幹部は事実を認めざるを得なくなった。ＶＷはいわゆる「無効化装置」を車に搭載していた。無効化装置とは、排ガス規制を逃れるさまざまな手法を指す規制用語である。これこそがパズルの最後のピースであり、ＧＭのエンジニアがどうしても解明できなかった性能向上の謎だった。ＶＷ車は台上と路上とでちがう走り方をした。ラッツが探し求めた「マジック」は、工学的進歩などではなかった。ＶＷはたんに不正を行う選択をしたのである。ＶＷのディーゼルエンジンは燃焼効率が高かったが、その分有害な副産物の排出が多かった。そして同社は有害物質の排出量を抑制する技術を導入しないことにより、１台あたり約３００ユーロ〔約4万円〕のコストを節約した。[29]

無効化「装置」と聞くと、エンジンに取りつけた機械のようなものを想像するかもしれない。だがＶＷ車のボンネットを開けても、無効化装置を目で見たり手で触れたりはできない。ソフトウェアがすべての操作を行っていた。またソフトウェアとその入り組んだソースコードは巧妙に隠されていた。それにＶＷは、規制当局が室内検査に――つまり直接的な路上検査ではなく、間接的な観察に――頼っていることを知っていた。このようにシステムには複雑性の要素がすべてそろっていた。それは複雑な内部構造をもつブラックボックスで、なかの状態を知るには間接的な測定法に頼るしかなかった。

数年前にエンロンが行ったように、ＶＷは複雑性に乗じて不正を行った。そして、もしも外部者の余計なお節介がなければ、そのまま逃げおおせていたかもしれない。

ＶＷはそれまでスキャンダルと無縁だったわけではない。[30] １９９３年にＶＷの辣腕ＣＥＯフェルディナンド・ピエヒは、ＧＭ子会社からスター経営者のホセ・ロペスを引き抜いた。ＧＭでコスト削減を断行し、数十億ドルもの利益をもたらした手腕を買ってのことだ。だが7人の部下を引き連れて去ったロペスを、ＧＭは70箱の機密文書をもち出したとして糾弾した。その結果起こった法廷闘争は数年に

および、VWの経営陣はマスコミをシャットアウトして沈黙を守った。最終的にVWはGMに1億ドルを支払い、約10億ドル相当の部品をGMから購入することで、訴訟を和解にもち込んだ。ピエヒ会長自身は、スキャンダルを無傷で切り抜けた。

VWを再びスキャンダルが襲ったのは2000年代半ば、英『ガーディアン』紙にこんな見出しが躍ったときだ。[31]「ワイロ、売春宿、無料バイアグラ：VW裁判にドイツは憤慨」。企業の不正行為のパロディのような醜聞だ。VWの経営陣は「会社の不正資金を使って労使協議会の委員のために高級売春婦に支払いをし、愛人を援助し、売春宿に定期的に招待し、妻たちに現金のギフトを与え、バイアグラを無料で提供した」という。そのうえVWは労使協議会の委員長に200万ユーロの賄賂まで支払っていた。[32]

2000年代半ばのこのスキャンダルを取材した『フィナンシャル・タイムズ』紙の記者リチャード・ミルンは、排気不正スキャンダルの際にもドイツのヴォルフスブルクに戻り、取材を行った。[33]「VWの企業風土と権力構造が、いつか別のスキャンダルを招くだろうと、社内では思われていた」とミルンは教えてくれた。「でもたぶん、技術関連のスキャンダルが起こるなんて、誰も予想していなかったと思う。だからこそ多くの人が不意打ちを食らった。VWは技術力の高さでは定評があったのだから。次に起こるとしたら収賄スキャンダルの第二弾だと思われていた」。

その代わりに起こったのが、排ガス不正である。GMのボブ・ラッツはそれが起こった原因を、彼なりに推測している。彼はVWゴルフの新型モデルが発表されたイベントで、ピエヒと同席した。ゴルフ車の部品の精度の高さ、たとえば車体とドアのはめ合いなどをかねてから称賛していたラッツは、ピエヒに賛辞を送った。[34]

ラッツ：クライスラーも〔高い精度を〕真似できればいいんですが。

ピエヒ：どうやったのか、秘訣をお教えしますよ。車体設計者と打ち抜き工、製造責任者、役員らを全員会議室に集めたんです。そしてこういいました。「はめ合いの悪い車体にはもううんざりだ。君たちの名を覚えておこう。6週間経ってもぴったりはまる車体を作れなければ、全員の首をすげ替える。今日は忙しいなかありがとう」と。

ラッツ：それがあなたのやり方だと？

ピエヒ：そうです。それでうまくいったんです。

しかしVWをむしばんでいたのは、独裁的な企業文化だけではなかった。コーポレートガバナンスの専門家も指摘する。「VWは取締役会の運営と構成のまずさで知られている。閉鎖的で内向き思考で、内紛があとを絶たない」[35]。同社の20人からなる監査役会は、10席が労働側の代表で、残りが上級役員と同社の大株主で占められていた。ピエヒが監査役会の会長を務め、彼の元幼稚園教諭の妻も監査役に名を連ねた。外部者は1人もいなかった。[36]

このような閉鎖性は、重役室以外にも広くおよんでいた。記者のミルンが教えてくれた。「VWはよそ者を排除する文化で知られている。ほとんどのリーダーが生え抜きだ[37]。そして同社のリーダーシップが育まれる場所も一風変わっている。VWが本拠を置くヴォルフスブルクは、究極の企業城下町だ。「信じがたいほど変わった場所だよ」とミルンはいう。「80年前は存在もしなかった。ハノーファーとベルリンの間の吹きさらしの平原にあってね。でも今じゃVWのおかげで、ドイツで最も豊かな町だ。何もかもにVWが浸透している。自前の肉屋もあれば、テーマパークもある。あそこでは誰もVWを逃れることはできない。誰もがシステムのなかで暮らしているんだ」。

私たちがダン・カーダーにインタビューしてから数か月経っても、彼の言葉が何かと思い出された。VW排ガス不正の調査を続けたいかと尋ねると、彼はこう答えた。「私がどうしたいかは重要じゃない」。なぜなら、カーダーの研究室は慢性的な資金難に悩まされていたからだ。VWの路上試験は非常に複雑で、莫大なコストを要することがわかり、カーダーはプロジェクトを続けるために数万ドルの資金をかき集めなくてはならなかった[38]。彼のグループは、VW訴訟の百数十億ドルの和解金を拝むこともなかった。カーダーは2016年に『タイム』誌により「世界で最も影響力のある100人」の1人に選ばれたが、それでも研究や機器、人員のコストをまかなうのに腐心していた。

それはおかしなことだ。カーダーのような人たちが何を望み、何を考えるかはきわめて重要なのだから。彼らのような人たちがいるおかげで、私たちは複雑系を理解することができる。彼らが内部者に見えないもの、見ようとしないものに目を留め、都合の悪い質問を投げかけてくれるからこそ、私たちのシステムは安全で公正に保たれる。チャールズ・ペローも述べている。「社会は組織を封じ込めてはいけない[39]」。必要なのは、システムを開放し、外部者を招き入れ、彼らの言葉に耳を傾けることだ。

4 チャレンジャーとコロンビア――逸脱の標準化

1986年1月の肌寒い朝、スペースシャトル・チャレンジャーは発射直後に空中で大爆発を起こした[40]。この事故の詳細は今ではよく知られている。シャトルを軌道に乗せるための固体燃料補助ロケット（ブースター）の接合部を密閉する「Oリング」が、寒さのために硬くなり破損した。ブースターを設計したエンジニアたちは、低温が〔ゴム製の〕Oリングに不具合を生じることに気づいていたが、打ち上げ前夜の緊迫した電話会議を経て、計画の続行を決定した。

従来の説明では、NASAの上層部が打ち上げのスケジュールや製造をめぐるプレッシャーから、現場の声を無視して打ち上げを強行した、ということになっている。だが社会学者のダイアン・ボーンは事故の経緯をくわしく分析し、失敗の原因によりきめ細かな説明を与えた。彼女はこれを「逸脱の標準化[41]」と名づけた。NASAがスペースシャトル計画の複雑性に対処するうちに、「許容可能なリスク」の定義が、知らず知らずのうちに少しずつ変わっていった。打ち上げが行われるたび、かつて予期できなかったことがますます予期できるようになり、最後には許容された。責任者やエンジニアは、たとえばブースターの接合部分など、システムの一部分のリスクに気づきながら、問題を解決しないままシャトルの飛行を許可することが多かった。

「当初『期待された性能からの逸脱』と解釈された証拠は、やがて『許容可能なリスクの範囲内にある』と解釈し直された」[42]とボーンは指摘する。このようなシフトにより、エンジニアや責任者は「異常が実際にあるという証拠にくり返し直面するうちに、異常が何もないかのようにふるまい続けることができた」[43]。逸脱が正常なこととして受け止められるようになったのだ。

チャレンジャー打ち上げの9年前、ブースターを設計した航空宇宙機器製造会社モートン・サイオコールのエンジニアたちは、接合部を設計し直すことを提案した。ブースターになぜ接合部があったかといえば、高さ14階建てビル相当のブースターは長すぎて、打ち上げ台まで輸送することができなかったからだ〔分割して近くまで運び、接合した〕。だが再設計のプロセスは遅々として進まず、予算も限られていたことから、エンジニアは当座の対策としてさまざまな処置を行い、それぞれの接合部を1次と2次の2本のOリングで保護したことでとりあえず満足していた。

あの大惨事の9か月前にも、Oリングの破損がチャレンジャーの別のフライトに影響をおよぼした。このときのフライトでは、〔爆発事故の原因となったものと同様の〕ブースター接合部の1次と2次のOリングが2本とも激しく破損した。サイオコールのエンジニアだったロジャー・ボイジョリーは、この問題に注意を促すメモを上司に提出した。「接合部の問題については、不具合が起こるおそれがないものとして飛行を行い、それから一連の設計評価〔設計通りの性能が確保できているかどうかを評価すること〕

を行うという方針が誤って受け入れられました」と彼は書いている。「この方針は今や大きく変わっています。もしも同じような事態が起これば……最大級の惨事を招くことはまちがいありません[44]」。

問題を危惧する声はサイオコールのエンジニアだけでなく、ＮＡＳＡ内部からも上がっていた。ＮＡＳＡ従業員のリチャード・クックは、大惨事の前年に書いたメモのなかでOリングの問題を警告している。「接合部の密閉が失われる危険によってフライトの安全性が脅かされてきたこと、また今なお脅かされていることは、疑問の余地がありません[45]」とクックは書いている。「もしも飛行中にこのような不具合が起これば、壊滅的な事態を招くことは確実です」。クックはＮＡＳＡに勤務していたが、外部者の視点をもっていた。彼が組織に加わったのはほんの数か月前で、職務はエンジニアではなく、予算アナリストだった。だからこそ、ＮＡＳＡのエンジニアたちは身構えたり反発したりせず、彼に懸念や意見を気兼ねなく話すことができたのだ。クックはエンジニアの敵ではなく、相談相手に近かった。ジンメルがあの有名な論説で指摘したように、外部者は「驚くべき率直さで受け止められ、近しい関係者には警戒して打ち明けられない、懺悔にも似た告白を受けることも多い[46]」のだ。

クックはこうした懸念の告白を、提出したメモで伝えている。しかし彼の警告は、ボイジョリーなどサイオコールのエンジニアたちの懸念と同様、聞き流されてしまう。

１９８６年１月28日、チャレンジャーは打ち上げられた。そのほぼ直後に右側ブースターの最下段の接合部を密閉していたOリングが破損した。〔そこから高温の燃料が漏れ出し、その熱で〕ブースター付近から炎が上がり、シャトルと外部燃料タンクの接続部分が焼き切れた。酸素と水素が漏れ始めた。

発射からわずか73秒後、外部燃料タンクから漏れ出した燃料に引火して爆発が起こり、チャレンジャーは高度約16㎞の地点で火の玉と化したのである。

チャレンジャー事故から17年後、歴史はくり返した。スペースシャトル・コロンビア号の打ち上げ時に、外部燃料タンクから剝がれ落ちた発泡断熱材が、シャトルの左翼を直撃し、耐熱タイルに亀裂を生じた。打ち上げはそのまま問題なく行われたが、帰還して大気圏に再突入した際に、耐熱タイルの亀裂から高温ガスが翼に侵入し、コロンビア号は空中分解を起こした。[47]

二つの事故の技術的詳細は異なるが、その背後にある組織的な要因はぶきみなほど似ていた。NASAは発泡材が剝落する可能性を認識していた。実際、過去の打ち上げでは発泡材の破片が毎回シャトルに衝突し、打ち上げのたびに耐熱タイルを交換していた。だがNASAの責任者はこれをメンテナンスに関わる問題と見なし、リスクへの慣れが生じていた。ここでも逸脱の標準化が生じていた。[48]

コロンビア号の事故を受けて、NASAは何かを変える必要があることを痛感した。また発泡材の剝落問題を解決するといった、対症療法だけでは不十分なことは明らかだった。問題の多くが組織的なもので、「こうした組織的問題が、発泡材の問題に劣らず重要であることを私たちは確信している」[49]と、事故調査委員長は述べている。

NASAは逸脱の標準化への対策を講じるよう、傘下の研究センターに指示した。そのうちの一つ、NASAの無人探査機器の開発に携わるジェット推進研究所（JPL）は、判事を招聘した中世のイタリアの都市のように、偏見としがらみを減らすために外部者の力を利用した。[50] ただし外部からコンサルタントや監査役を招くのではなく、組織のなかにいる外部者から学ぼうとしたのだ。

ＪＰＬは世界で最も複雑な工学的問題に取り組む組織だ。そのミッションは「あえて大変なことをやろう」、ひらたくいえば「不可能でなければつまらない」である。

ＪＰＬのエンジニアも、長年の間にそれなりに失敗を経験してきた。[51] たとえば１９９９年には火星探査機を２台失っている。１台めのマーズ・ポーラー・ランダーはソフトウェアの問題、２台めのマーズ・クライメイト・オービターはヤード法とメートル法の混同が原因である。

これらの失敗を受けて、ＪＰＬの責任者はミッションのリスク管理に外部者を起用し始めた。ＪＰＬやＮＡＳＡ、またはその提携企業に勤務するが、対象のミッションとは関わりがなく、したがってミッションの内部者がもつ前提を鵜呑みにしない科学者やエンジニアで構成する、リスク審査委員会を設置したのだ。

またＪＰＬのリーダーはさらに踏み込んだ施策をとった。ＪＰＬが運営するミッションにはプロジェクト管理者が１人ずつ配置され、画期的技術を追求し、コストを限られた予算内に収め、野心的なスケジュールを厳守する責任を担っている。プロジェクト管理者はこうした責務の間で綱渡りを強いられる。重圧にさらされれば、重要な部品の設計や試験で手抜きをしたくなることもあるだろう。そこでＪＰＬの上級リーダーは、ＪＰＬ内部に外部者で構成する工学技術局（ＥＴＡ）を設けた。各プロジェクトにＥＴＡのエンジニアが１人ずつ割り当てられ、プロジェクト管理者がミッションを危険にさらすような決定を行わないよう目を配る。

　ＥＴＡのエンジニアとプロジェクト管理者の意見が合わないときは、ＥＴＡプログラムの責任者バーラト・チュダサマに問題がもち込まれる。チュダサマは技術的解決を仲介する場合もあれば、プロジェクト管理者の資金や時間、人員を増やす場合もある。それでも解決に至らなければ、そのまた上司であるＪＰＬのチーフ・エンジニアに問題を上げる。このしくみがあるおかげで、ＥＴＡのエンジニアは通常の指揮系統とは異なる経路で、懸念を上層部に伝える明確な手段をもつことができるのだ。

　ＥＴＡのエンジニアは、ジンメルの異人の特質を備えている。技術を理解できるほどにはスキルがあり、集団を理解できるほどには近くにいるが、異なる視点を提供できるほどには離れている。組織の一員ではあるが、独自の報告ラインをもつため、プロジェクト管理者は彼らの懸念を受け流したり無視したりすることはできない。

　この手法に高度な技術は必要ない。実際、組織内に外部者を置く方法は、大昔からあった。ローマカトリック教会は何世紀もの間、聖人認定の審問の際に、「信仰の擁護者」、いわゆる「悪魔の代弁者」と呼ばれる役回りの人を立て、候補者の至らない点などをあえて指摘させて、性急な決定を防いだ[52]。悪魔の代弁者は、反論を提出するまでは意思決定プロセスに関わらないため、候補者の推薦人たちの先入観に影響されなかった。

　この手法の現代版が、イスラエル参謀本部諜報局、略称アマーンの「悪魔の代弁者室」である。この特別チームには精鋭たちがそろい、諜報局による分析を批判的観点から考察し、異なる前提条件を検討する。[53] 最悪のシナリオの可能性を指摘し、国防組織全体の見解に異議を投げかける。彼らのメモは諜報局の指揮系統を飛び越して、すべての主要な意思決定者に直接届けられる。「クリエイティブ」という言葉は、軍の情報解析を考えるときにふつう思い浮かばない言葉だが、諜報局の元部門長はこういっている。「『悪魔の代弁者室』があるおかげで、アマーンの情報分析は集団思考に毒されずに、クリエイティブになれる」と。

スポーツライターのビル・シモンズは、スポーツチームも同じような手法を取り入れるべきだという持論のもち主だ。「どんなプロスポーツチームも『常識担当副社長』を採用すべきだという確信を、私は日々強めている[54]」と彼は書いている。「ただし注意点として、常識担当副社長は会議に出たり、候補選手をスカウトしたり、映画を見たり、内部の情報や意見を得たりせず、いちファンとして暮らしている。大きな意思決定をするときにだけ招かれ、すべての情報を与えられたうえで、先入観のない意見を表明する」。

ここまで挙げたのは、どれも同じ基本原則をもとにした手法だ。[55] 一部の人を意思決定プロセスから意図的に外すことにより、外部者の視点を取り入れ、内部者が見落としがちな問題を見つける。そしてこの手法を取り入れるのは、大きな組織でなくてもできる。

サーシャ・ロブソンの例を紹介しよう。[56] 彼女はトロント在住の若い会計士で、数年前に最初のもち家として、小さなマンションの購入を検討した。うだるように暑いある夏の日、5週間の集中的な家探しの末に、サーシャはオンタリオ湖を見下ろすタワーマンションにとうとう有望な物件を見つけた。

彼女は期待に胸をふくらませ、アイスコーヒーと湖からの涼しいそよ風を楽しみながら、マンションに向かって水辺を歩いた。マンションは貝殻や湖岸の写真、クールなビンテージもののサーフボードで美しく演出されていた。「海の家のような潮の香りとココナッツアイスのにおいがして、ゆったりとしたいい感じだったわ」とサーシャは話してくれた。バルコニーには緑豊かなレモンの木とハーブの植わったプランターが置かれていた。サーシャと不動産担当者は部屋を見学してから、共有スペースと屋外の大きなプールを見に行った。プールサイドの大きなラウンジチェアに若い女性がすわり、午後の太陽を浴びながら本を読んでいた。「そのとき確信したの。これが私の求めていたマンション、私の求めていた生活なんだって」。タイミングもよかった。サーシャは家探しに疲れていたし、毎週末マンションめぐりにつき合わせていた不動産業者にも申し訳ない気もちだった。

だが最終決定を下す前に、彼女は友人のクリスティーナに物件の資料をメールで送って見てもらった。クリスティーナはトロントに10年暮らしてから、先日ヨーロッパに引っ越したばかりだ。彼女の意見に先入観を与えないように、サーシャは湖畔のマンションのほか、同じ価格帯の4軒のマンションの資料を取り混ぜて送り、どれがお目当てなのかはいわなかった。

クリスティーナは数時間で返事をくれたが、その内容にサーシャはショックを受けた。彼女はサーシャの夢のマンションを、5軒中4位にランクしたのだ。「屋外プールはとてもよさそうだけど、ここがトロントだってことを忘れないようにね」とクリスティーナは書いてきた。「7月にできることは、1年のほとんどの間できないのよ」。また彼女は価格の割に手狭なことと、そのうち新しいタワーマンションが建ち並び、湖の景色を隠してしまうことを懸念していた。

湖畔の物件の代わりに、クリスティーナがイチオシとして挙げたのが、広くて間取りのいい街中のマンションだ。1週間前に見たばかりの物件だが、2人の学生が入居中でとても散らかっていて、そこに暮らす自分の姿をイメージできなかった。でもクリスティーナのメールのおかげで、長い目で見ればよりよい選択肢になると気がついた。結局、サーシャはその物件を購入し、今もそこに暮らしている。

「あのときはクリスティーナのメールを読むのがつらかったけれど、いいアドバイスだった。湖畔のファンタジーから現実に引き戻してくれた」とサーシャはいう。「クリスティーナは一緒に物件を見ていなかったから、私がどんなに疲れていたかを知らなかったし、湖畔のマンションの美しい装飾も見なかった。文字通り何千㎞も離れていたから、外部者として冷徹でとても合理的な見方が、つまり私には不可能な見方ができたのね」。

第10章 サプライズも仕事の一環

「廊下があるはずのところに壁がある」

1 スティーブ・ジョブズの「なにがなんでも着きたい病」

スティーブ・ジョブズは激高していた。いらいらと歩き回り、怒鳴り散らした。彼はチャーターした小型飛行機パイパー・アローにコンピュータ機器を積んで、アップルCEOのマイク・マークラとともにこの薄汚いカーメルバレー空港をさっさと発ちたかった。そして彼はなんでも思い通りにしてきた男だった。

トラブルが始まったのはアロー機の20歳のパイロット、ブライアン・シフが、2人の乗客と彼らが運ぼうとしていた機器の重量を量ったときだ。[1] 荷物は大量で、アロー機の運べる重量は限られていた。

それだけではない。暑い夏の日の午後だった。空気が温められると膨張して密度が薄くなるのを、高校物理で習ったのを覚えているだろう。熱気球が飛んだり、沸騰した湯から蒸気が上るのも、この原理によるものだ。暑い日には、この現象は小型機に不利に働く。翼の周りを流れる空気が薄くなるため、十分な揚力が得られない。また空気が薄いと酸素濃度も薄くなり、エンジンの性能が落ちて効率的に燃料を燃やせなくなる。そのうえカーメルバレー空港は滑走路が短く、三方を丘で囲まれているため、離陸後すぐに高度を上げる必要があった。あらゆる条件が不利に働くはずだと、ブライアンの直感は告げていた。

ブライアンは、とりあえず荷物を積んで運を天に任せるのではなく、全重量を足し合わせて飛行機の性能計算をすることにした。どのパイロットも行うよう訓練されていることだが、必ずしもフライト前に行われているとは限らない。

「ちょっと計算してみなくては」と、ブライアンはジョブズとマークラに告げた。「安全に飛ばせるかどうかわかりません」。

ジョブズがキレたのは、このときだ。ブライアンは今に至るまではっきり覚えている。

自分がアローのオーナーズマニュアルを前に、飛行機の重量計算とバランス計算をしている姿が、今でも目に浮かぶよ。かんかん照りのとても暑い日で、私は大汗をかいていて、それがまたプレッシャーになっていた。それにあのスティーブ・ジョブズが、肩越しにのぞき込んでくるんだ。

お前が何を考えているのか、安全に飛べるかどうかはお見通しだぞといわんばかりにね。「それで、お前はどう思うんだ？　どうなんだ？　ここを発てるのか？　え、発てるのか？」とせっつかれているように感じた。

私はやせっぽちの若造で、まるで子どもで、なのにジョブズときたら……あの威圧感、わかるだろ？　ああいう存在なんだ。そして私はただもう――ガチガチに緊張して、手が震えていなかったといったらうそになる。

計算結果はブライアンの直感を裏づけていた。もしかしたら出発できるかもしれないが、とても安心して飛ばせるような数値ではない。彼は十分な安全率をとるように教えられていたが、到底そのレベルではなかった。

ブライアンは、出発できませんと、ジョブズとマークラに伝えた。ジョブズは爆発した。安全に飛行できるはずだとまくし立てた。「先週も飛んだばかりだ！」。

しかしブライアンは動じなかった。「先週飛ばしたのは私じゃありません」といい放った。「そのときの荷物の量も、気温も風も何も、先週のことはわかりません。私がいえるのは、今回はうまくいきっこないということだけです」。

勇気あるひと言だった。マークラはブライアンのボスだ――チャーター会社そのものを所有している。そしてジョブズは、シリコンバレーのいわずとしれた大物だ。わかりましたといって荷物を積んで出発する方がどんなに楽か。逆らったことでクビになるかもしれない。しかし、これが仕事だけの問題ではないことを、ブライアンは知っていた。「自分や誰かの命を危険にさらしてまで仕事を守るより、クビになっても生きていたかった」。

ブライアンは代案を示した。自分は近くのモンテレー国際空港まで1人で飛びます。そこは滑走路が長く、気温が低く、向かい風も弱く、障害物もありません。すべての点でここより有利です。車で25分のその空港で落ち合いましょう、と。

ジョブズは激怒していたが、マークラのとりなしで代案を飲んだ。3人はモンテレー国際空港で落ち合い、ピリピリとした空気ではあったが、無事サンノゼまで飛んだ。誰もひと言も口をきかなかった。

飛行機が着陸したとたん、ジョブズは憤然と出ていった。ブライアンが荷物を降ろしていると、整備員が彼を呼びに来た。「ブライアン、マークラがオフィスで待っているそうだ」。

「ついに来たか、もうおしまいだ」とブライアンは思った。「でもかまうもんか。正しいことをしたんだ」。マークラのオフィスに向かいながら、最悪を覚悟した。

マークラとのミーティングはこんな具合に進んだ。

マークラ：ブライアン、まあかけなさい。……われわれは君にいくら支払っているんだね？

ブライアン：日給50ドルです。

マークラ：スティーブ・ジョブズに逆らってまで安全を優先する人材こそ、うちには必要だ。給料を倍にさせてもらおう。あの男をやりこめて黙らせられるだけの勇気と信念をもつ人間なんて、そうそういるもんじゃない。よくやった。

ブライアンはその日のことを懐かしそうに語ってくれた。「なんというか、もうびっくり仰天だった。もしもあのときマークラに怒鳴られてクビになっていたら、今頃航空機パイロットにはなっていなかっただろう。あれは人生の分かれ道だった。正しいことを行い、それが評価されたことで、方向性が固まった。

「ジョブズが相手だと、わかりました、仰せの通り行きましょう、という方がはるかに楽だ。実際、みんなそうしていたんだろう。それがあたりまえだ——そしてその結果事故が起こる」。

だがブライアンは立ち止まり、じっくり計画を修正した。複雑系では多くの場合、それが正解だ。立ち止まることで、何が起こっているのかを理解し、どうやって進路を変えるかを決定する機会を得ることができる。だが私たちはたとえ立ち止まることができても、そうしないことが多い。元の計画がもう意味をなさなくなっているのに、そのまま突き進んでしまうのだ。

パイロットはこれを「なにがなんでも着きたい病」と呼ぶ。正式名称は「計画続行バイアス」といい、すべての航空機事故に共通する要因だ。[2] 目的地に近ければ近いほど、バイアスは強くなる。パイロットは天候悪化や燃料不足など、もとの計画を断念して別の空港に向かった方がよいという兆候に気づいても、目的地の空港まであと15分だとあきらめられない。

なにがなんでも着きたい病はパイロットだけでなく、どんな人にも影響をおよぼす。「そこ」が空港であれ、大きなプロジェクトの完了地点であれ、私たちはなにがなんでも着きたいと思い、状況が変化しても止まれないのだ。カナダの若いITコンサルタント、ダニエル・トランブレーも、新しいビジネスソフトウェアの開発プロジェクトでなにがなんでも着きたい病を経験した。[3]「続けてもろくなことにならないと気づくべきだった。プロジェクトの途中で得た反応は、生ぬるいどころか凍りついていた」と彼は話してくれた。「ふだんははっきりものをいわないクライアントでさえ、やめた方がいいといってくれた」。

こうした警告サインにかまわず、チームは開発を続けた。「もうあとちょっとだと思っていた」とトランブレーは回想する。「よし、あと2、3週間だ、2回ほど徹夜したら完成だ、ここでやめるわけにはいかないだろ！って」。だがプロジェクトは長引き、そしてようやく完成した製品を買おうとする人はいなかった。トランブレーは解雇された。「プロジェクトは完全に失敗し、自分でも何を考えていたのかわからない」と彼はいう。「トンネルの先に光が見えたから、立ち止まれなかった。でも、そもそもなんであんなに深くトンネルに入り込んだんだ？」。

計画続行バイアスを回避することはできるのか？　ブライアン・シフの父はパイロットとして勲章を授与され、航空安全に関する多くの著書がある人物で、ブライアンは幼い頃からなにがなんでも着きたい病に打ち勝つことの大切さを教えられたという。ではその教訓を組織に浸透させる方法はあるだろうか？

個人のフィードバックは、たしかに効果がある。マークラの思いがけない肯定的な反応は、ブライアンのキャリアを決定づける重要な瞬間になった。だが称賛が公の場で与えられれば、さらに大きな効果が得られる。組織の全員にメッセージが伝わるからだ。組織研究者のキャサリン・ティンズリー、ロビン・ディロン、ピーター・マドセンが、こんな物語を紹介している。[4]

ある海軍下士官が空母による戦闘演習中に、甲板で道具をなくしたことに気づいた。道具がジェットエンジンに吸い込まれでもしたら大惨事になりかねないことを、彼は知っていた。だがその一方で過失を報告すれば演習が中止になり、処罰される可能性があることもわかっていた。……下士官は過失を報告し、演習は中止になり、飛行中の戦闘機はすべて陸上基地に行き先を変更し、莫大な費用がかかった。下士官は過失を犯したことで処罰されるどころか、勇気ある報告をしたとして、正式な式典で部隊長に表彰された。

正式な式典で！　信じられないような反応だ。演習を中止にし、巨大な甲板を隅から隅まで探し回らせられる原因をつくった張本人を表彰するのだ！　あなたの組織でそんなことが起こるだろうか？　うっかりミスをしてしまったから、すべてをストップさせ計画を中止してほしい、といってきたその人を、あなたはほめる気になるだろうか？

甲板での式典のような象徴的行為は、強力なメッセージを伝える。「突き進むことに問題があると思ったら、立ち止まるか、上司や同僚に立ち止まろうと呼びかけよう」。複雑な密結合のシステムでは、立ち止まることによって惨事を防げる場合がある。予想外の脅威に目を留め、事態が完全に手に負えなくなる前に対策を検討する機会が得られるからだ。

だが、立ち止まることが選択肢にないような状況もある。システムがあまりに密に結合していて、進み続けなければただちにすべてが崩壊してしまうような状況だ。たとえば一刻を争うような手術の最中、暴走する原子炉を止めようとするとき、飛行機が失速しつつあるとき、立ち止まることなどできない。そんなとき、どうすればいいのか？

2

タスク、観察、診断、またタスクの「急速サイクリング」

ぜんそくの既往のある幼い男児が、アメリカ中西部の小児病院の救急外来に運び込まれた。[5] 呼吸困難を起こしていて、症状はみるみる悪化している。到着数分後に呼吸が完全に止まった。緊急救命室（ER）の医師は、男児の顔にバッグバルブマスク〔人工呼吸器具の一種〕を密着させ、バッグを押して肺に空気を強制的に送り込もうとした。突然、男児の脈拍がなくなった。3人の医師と5人の看護師のERチームは、ただちに心肺蘇生を開始した。だが1分半経ってもまだ脈拍は確認できない。バッグバルブマスクも効果がないようだ。空気を送っているのに、男児の胸が膨らむ様子はない。チームは困惑した。この子はいったいどうなっているのか？

彼らは気管挿管を行うことを決め、男児の喉に呼吸用チューブを通した。挿管した医師は、チューブが声帯を通過するのを確認した。チューブは正しい位置にあり、男児の気道をふさぐものは何もない。だが数分過ぎても胸は上がらなかった。「何も起こっていません」と看護師はいった。

チームはチューブを引き抜き、もう一度バッグバルブマスクを使った。だがバッグを押しても、男児の胸は微動だにしない。上がりも下がりもしない。そして時間は過ぎていった。焦りは募るばかりだ。とうとう除細動器で心臓の再起動を試みたが、それでも脈拍も胸の上がりも確認できなかった。「すべてが空回りだ」と医師の1人がつぶやいた。空回りはもう3分間続いた。

そのとき、看護師の1人が人工呼吸時のトラブルを暗記するための語呂合わせを思い出した。「DOPE（ドープ）」（Displacement, Obstruction, Pneumothorax, Equipment failure の略）だ。「D」はチューブの位置異常だが、チューブは正しい位置にある。「O」はチューブの閉塞だが、それもあてはまらない。「P」は気胸つまり肺の破れだが、その可能性はすでに排除していた。残るは1つ。「E」は……「器具の不具合だわ!!」と看護師が叫んだ。「機器が故障しているのよ！」。

彼女は正しかった。バッグバルブマスク、略称バッグが壊れていたのだ。パッと見ではわからないが、酸素が送られていなかった。しかしチームがこのことにようやく気づき、バッグを交換した時点で、男児は10分以上酸素のない状態でいた。現実世界ではきっと亡くなっていただろう。さいわい、これは救急外来チームを対象とした病院の研修プログラムのシミュレーションだった。患者は男児ではなく、本物の患者の生理学的反応をシミュレーションする巨大コンピュータにつながれた、医療マネキンだった。

どのチームも、同じシナリオでスタートした。ぜんそく歴のある男児が病院に運び込まれ、その後呼吸が停止する。そしてどのチームも同じサプライズに見舞われた。バッグバルブマスクが壊れていた。だが問題を十分(じゅうぶん)早く解決できたチームはほんの少数だった。

このシミュレーションには大いなる密結合と複雑性が関わっていた。時間はどんどんなくなっていく。患者の意識がないため、チームは自分たちの視覚、聴覚、触覚だけを頼りに、何が問題なのかを見つけなくてはならない。またすべてのチームが同じ予想外のできごとに遭遇したため、このシミュレーションはプレッシャー下で複雑な危機に対処する方法がチームによってどうちがうかを示すデータの宝庫になった。

では一部のチームはどうやって機器の不具合に気づき、男児の命を救ったのだろう？　失敗したチームとどこがちがっていたのか？　これを調べるために、元医師でトロント大学経営学部准教授のマーリス・クリスチャンソンは、長時間におよぶチームの映像記録を丹念に分析した。

非常に早く解決策を見つけた、少数のチームがあった。たとえばあるチームでは、バッグの音や感触がおかしいことに1人がすぐ気づいた。「こうしたチームは、適材適時適所の幸運に恵まれていた」とクリスチャンソンは教えてくれた。「一番早かったチームは、看護師がバッグを2回ほど握ってこういった。『これ動いてないぞ、壊れてる！』。そしてバッグを肩越しに投げ捨て、バッグはフットボールのように回転しながら床に落ちた。彼はすぐに新しいバッグをもってきた」。

だがほとんどのチームは、すぐに答えにたどり着かなかった。手がかりをいくつか見落として、誤った方向に進んだ――危機時にはよくあることだ。またこれらのチームのうち、出だしの失敗を挽回できたのは約半数にとどまり、残りのチームは、バッグが壊れていることに最後まで気づかなかった。

何がちがいを生んだのか？　クリスチャンソンの意見を聞いてみよう。

重要なのは、患者をケアするタスクと、状況を理解することのバランスをとれるかどうか。チームは当然、蘇生処置や投薬などのタスクを続ける必要があったから、ずっと手を止めたまま状況について考えるのはまずかった。でもタスクだけに集中して、状況を理解するために立ち止まらないのもよくなかった。どちらか一方に完全にとらわれてしまったチームもあった。(6)

対照的に、最も有能なチームは適切なバランスを見つけた。「彼らはタスクの連携を図ることに集中するだけでなく、こんなことをいい合っていた。『一歩下がって考えてみないか？　何か別のことが起こってるんじゃないか？　現状を確認しよう！』」とクリスチャンソンはいう。「有能なチームの最も際立った特徴は、タスク、観察、診断、そしてまたタスクに戻るこのパターン、このサイクルだった」。

クリスチャンソンの説明するサイクルは、たいていタスク（たとえば気管挿管など）から始まる。次のステップは観察で、タスクの実施により期待通りの効果が上がったかどうかを確認する。もし効果が見られなければ次のステップに進み、新しい診断を下す。それからまたタスクを行う（図表10－1）。な

図表10-1

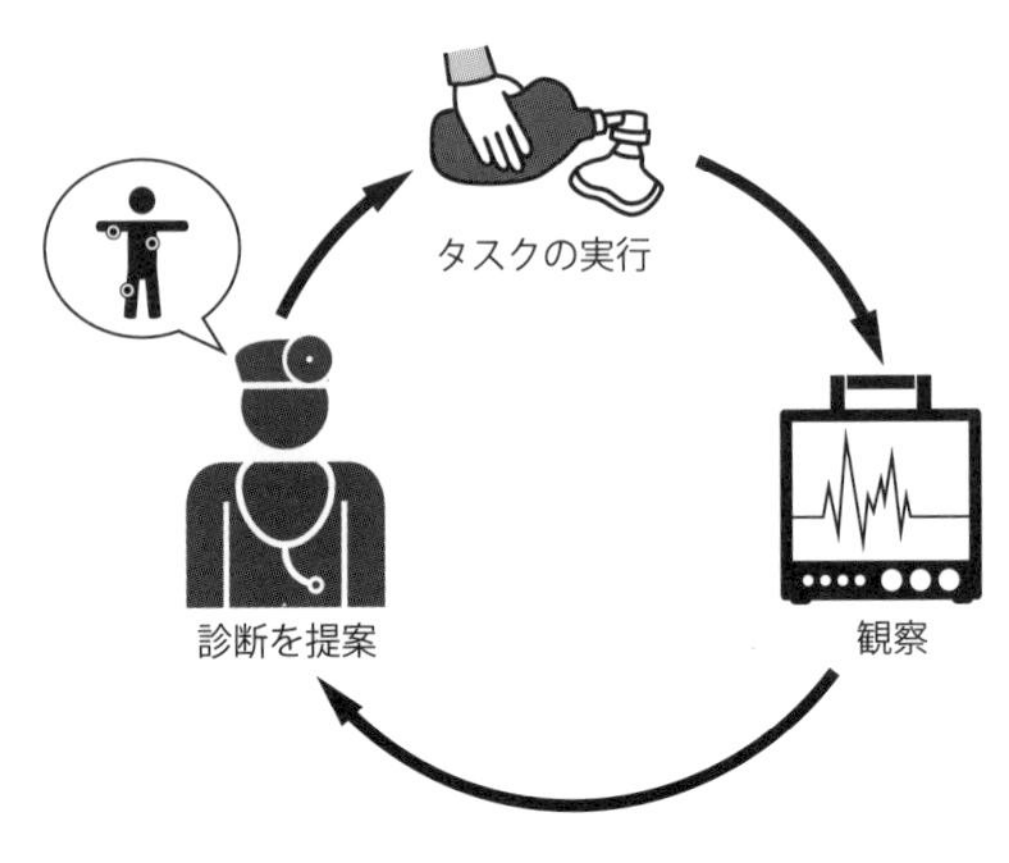

ぜなら新しい仮説を検証するために、何か（たとえば投薬やバッグ交換など）を行う必要があるからだ。

「有能なチームにはこのサイクルが必ず見られ、いろんな診断をすばやく検証するためにサイクルを何度もくり返すことが多かった」とクリスチャンソンは教えてくれた。「これを『急速サイクリング』という。短時間で複数の診断を検証できるように、すべてのステップを急速に進める」。

急速サイクリングがとくにうまくいったのは、チームのメンバーが各ステップで考えていること、やっていることを、声に出して伝え合った場合だ。「最高のチームでは、メンバーが声に出してこんなことをいい合っていた。『ねえ、ふつうこういう問題があるときは、血圧や酸素飽和度に変化があるはずよね』。こういった活発なやりとりによって、全員がお互いの考えていることをはっきり理解し、次のステップにすばやく移ることができた」。

謎を解決したチームの間では、会話は次の順序で行われることが多かった。図表中の黒い丸はタスクや観察、診断

図表10−2

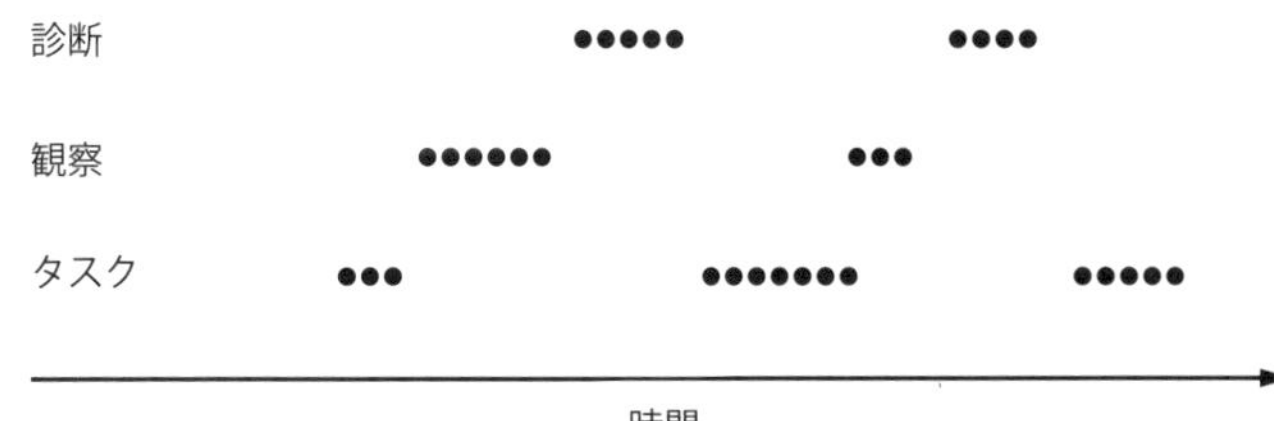

に関する会話を表している（図表10−2）。

これらのチームはタスクについて話し合い、次に結果の観察からわかったことを議論し、それから新しい診断を下し、そしてまたタスクに戻った。

しかし多くのチームはサイクルを完了できなかった。「うまくいかなかったチームは、タスクの話し合いが長すぎた」とクリスチャンソン。「また、診断にたどり着かないケースもあった。ただタスクを行い、観察し、またタスクに戻る。だからいつまで経っても原因を突き止められなかった」。

病院のシミュレーションは、1分1秒が勝負だ。だがクリスチャンソンの発見は、週単位、月単位の問題にも役立てることができる。大規模で集中的なプロジェクトに取り組んだことがある人なら、膨大なタスクに押しつぶされそうな感じがわかるだろう。何かしら急を要するタスクがあり、期限はあっという間にやってくる。1つタスクを終えたと思えば、また別の期限が迫っている。立ち止まる時間などないから、全体像

を見失いがちだ。誰もが下を向いて黙々とタスクに集中し、突き進む。

ターゲット・カナダを覚えているだろう？　ビジネス記者のジョー・カスタルドはこんなことを述べている。「カナダ進出がまずい状態になっていることは誰の目にも明らかで、ターゲットは開店を中止して業務上の問題を解決するべきだった。だが実際に声に出してそういった人は誰もいなかった」[7]。彼らはただ目先のタスクに集中し、前進し続けた。バッグの破損に気づけなかったERチームとまったく同じだ。

だがもっとよい方法がある。企業の中国進出を例にとってみよう。専門家の推定によると、中国に進出した企業の約半数が2年半以内に撤退しているという。これは厳しい数字だが、その裏には重要な事実が覆い隠されている。「この数字には、長い目で見れば失敗していない企業も含まれる」[8]と、中国を専門とする経営学教授クリス・マーキスは指摘する。「大手多国籍企業を含む多くの企業が、初期に失敗して多額の損失を被り、なかには撤退したケースもあるが、一部の企業はその後態勢を立て直し、方針を変更している」。

たとえばアメリカを代表する玩具メーカーのマテルは、２００９年に上海にバービーの旗艦店を開いた。世界最大のバービー人形のコレクションをそろえた、総工費数百万ドルの6階建てのショッキングピンクのビル、「バービー・ハウス」である。しかし販売は苦戦し、マテルはわずか2年後にストアを閉店した。マーキスと共同著者のゾーイ・ヤンはこう書いている[9]。

マテルは現地市場への適応を重視し、アジア人の特徴をもつ人形を開発して「リン」という名で売り出した。しかし、中国の少女が自分に似た人形より金髪のバービーを好むことを、同社の市場調査員は予測できなかった。

これは嫌なサプライズだ。緊急治療室のバッグバルブマスクと同様、リン人形を柱とする戦略はうまくいくはずだった。

しかし、マテルはまちがった道に長居はしなかった。同社の経営幹部は、クリスチャンソンが病院のシミュレーションで発見したサイクルと似た手法をとった。状況を観察し、まちがいを犯したことがわかると、中国市場を分析し直し——つまり新たな診断を下し——その仮説を検証するために中国に再び参入したのだ（図表10－3）。今回は人形の価格を下げ、そしてバイオリンと弓、楽譜をもつ金髪の「バイオリン・ソリスト・バービー」を売り出した。

新しい価格は、多くの親たちにとって受け入れやすかった。バイオリンをもったバービーもだ。「中国の親が、わが子に教養と品位を備えた人になってほしいと願っていることを、マテルは理解するようになった」[10]と、中国の消費者動向にくわしいヘレン・ワングは書いている。「バイオリン・ソリストのバービーは、こうした親心に訴えかける。中国の教育ママたちは、愛娘が『バービーのようになりたい』と思ってくれることを期待してこの人形を購入する可能性が高い」。

中国に進出した大企業のなかには、最初につまずいたまま撤退した企業もあるが、マテルはあきら

図表10-3

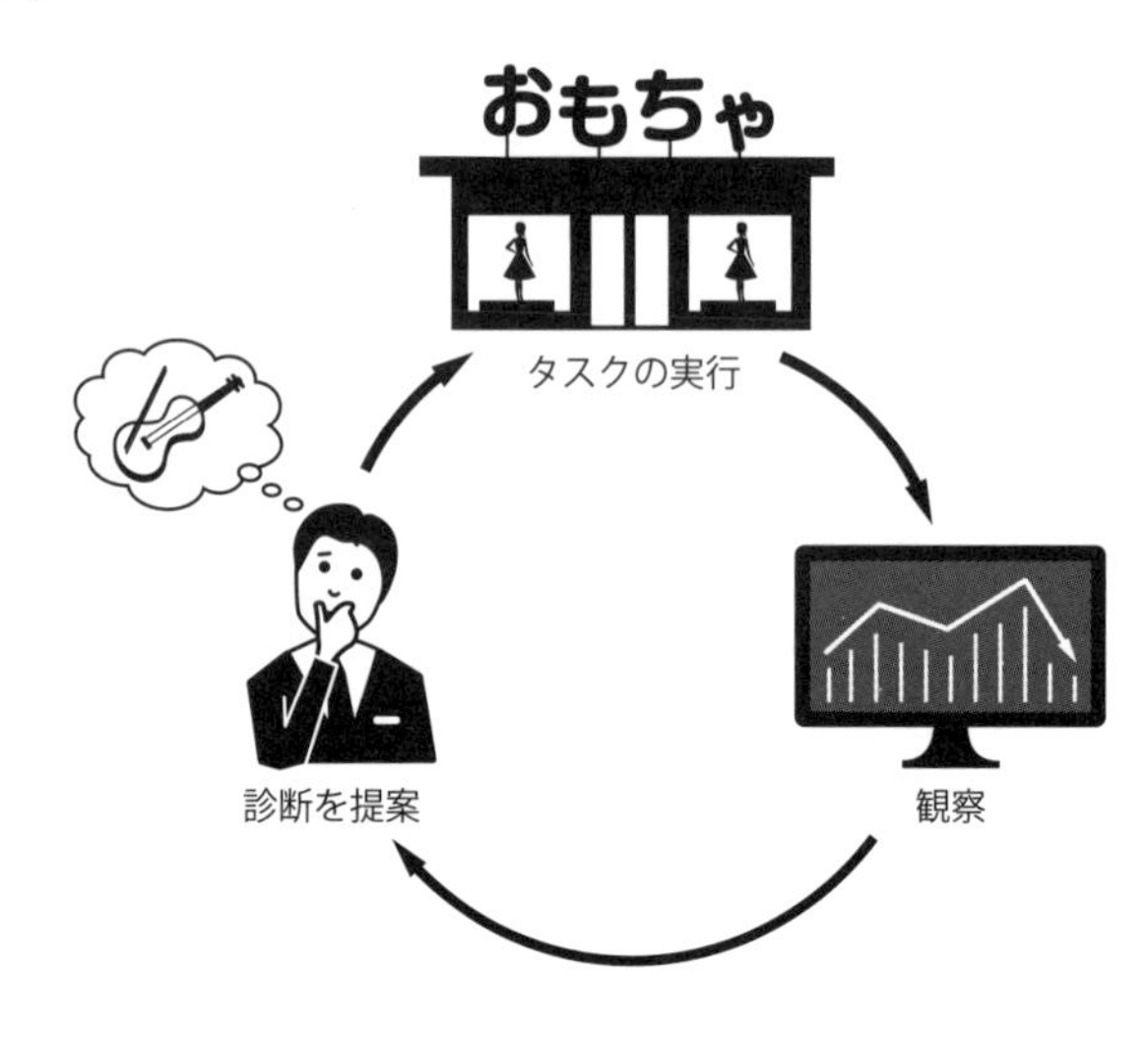

めなかった。また最初の診断にも執着しなかった。最高のERチームと同様、サイクルのステップをくり返したのだ。

同じプロセスは、現代の家庭生活にも役立てることができる。「4人の子どもと8匹のペットのいる生活はカオスだった」と、デイビッドとエレナーのスター夫妻は、すばらしくお茶目な論文「家族のためのアジャイルプラクティス：子どもと親のイテレーション〔短い間隔の反復（イテレーション）を重ねてソフトウェアなどを開発する手法〕」のなかで書いている。[11] スター家は長年にわたり子ども、上着、ペット、お弁当箱の山にまみれて暮らしていた。子どもに学校の支度をさせること一つとっても悪夢だった。だが一家は現状に甘んじず、一歩下がって考えてみた。毎週日曜の夜に家族会議を開くようになり、それがすべてを変えた。

会議はいつも3つの質問から始まった。

1. 今週うまくできたことは何だろう？
2. 来週改善すべきことは何だろう？
3. 来週絶対変えなくてはいけないことは何だろう？

家族会議を行うまでは、ただ目の前のタスクを片づけるだけで精一杯だった。でも今はそれだけではない。サイクルを最後まで回すことができるのだ。一家は何がうまくいったか、いかなかったか、何を改善できるかを考えた。毎週状況を観察し、問題を診断し、次に試す新しい解決策を考案した。また解決策がそのままでうまくいくとは思わず、改善のサイクルを毎週くり返した。こうして彼らは朝のチェックリストからごほうびのポイント制までのさまざまな解決策を試し、システムに磨きをかけ続けた。スター家がたどり着いた方法は、あたりまえに思えるかもしれない。自分も試したことがある、という人も多いだろう。だが「悪魔は細部に宿る」というように、細かいところにこそ落とし穴がある。スター家はサイクルを利用することによって、細部まで考え抜くことができたのだ。

スター家が実験を始めてから数年後、『ニューヨーク・タイムズ』のコラムニスト、ブルース・ファイラーが一家を訪ね、多くの親にとって夢のまた夢の朝のシーンを目撃した。エレナーはリクライニングチェアにゆったりとすわり、コーヒーを飲みながら、朝の支度をする子どもたちに声をかけていた。子どもたちは自分で朝ごはんを用意し、ペットのエサやりなどのお手伝いをこなしてから、学校のもちものをカバンに入れて、バスに乗るために家を出た。ファイラーは打ちのめされた。「あれは今までに見たこともない、驚くべき家族のあり方でした」[12]。

現代の家族はERチームや企業と同様、あらゆる問題に対応できるわけではない。だがいろんなやり方を試し、何がうまくいくかを観察し、分析し直すことはできる。生命兆候や売上高を分析するのに用いられている反復プロセスを、自分の生活を考えるために利用するのだ[13]。

3 全員が全員の仕事を理解する

SWATチーム（特殊部隊）は長い時間をかけて家宅捜索の準備を進めた[14]。まず隊員は麻薬犯のアジトとされる家について、できる限りのことを学んだ。入手できるすべての写真、ビデオ、間取り図を徹底的に調べ上げ、すべての部屋、すべての曲がり角を頭にたたき込んだ。そのうえで、どうやってなかに入るか、なかに入ったら各隊員がどこへ向かうかを綿密に計画した。全員がすべてを完全に理解するまでリハーサルをくり返し、計画を練り上げた。チームは準備万端で捜索の当日を迎えた。ところが彼らはドアを突破したとたん、何かがおかしいと気づいた。間取り図とまったくちがっていたのだ。間取りが変更され、部屋の位置が変わっていた。嫌なサプライズだ。「廊下があるはずのところに壁がある」と、隊員の1人が語った。

その頃、インディー系ホラー映画のセットでは、映画スタッフが派手な虐殺シーンの撮影に入ろうとしていた。大きな屋敷の最上階の浴槽に犠牲者が落ちて感電死するシーンだ。だがスタッフは重要な細部を見落としていた。湯を張りすぎたせいで、俳優が浴槽に落ちると湯があふれて床を水浸しにし、玄関ホールの天井のシャンデリアを伝って階下に流れ落ちた。制作アシスタントが無線機に向かって叫んだ。「今1階だが、水がぽたぽた落ちてきてるぞ！」。そして突然、あたりが真っ暗になった。水漏れで建物全体の配線がショートしたのだ。

SWATチームと映画スタッフは、つねにサプライズに遭遇している。想定外のことが起こっても立ち止まるわけにはいかない。たとえ家の間取りが想定外でも、SWAT隊員は突入する。現場が停電しても、映画スタッフはできるだけ早く撮影を再開する方法を考える。彼らはサプライズも仕事の一環として、巧みに対応している。具体的にどうやっているのだろう？

この疑問に答えるために、経営学者のベス・ベチキーとゲラード・オーカイゼンが、SWATチームと映画スタッフの習慣をくわしく調べた。オーカイゼンはSWATチームに聞き取り調査を行うほか、ブリーフィングや訓練実習を観察した。ベチキーは映画セットで制作アシスタントのアルバイトをしながら、見聞きしたことをすべて記録した。

2人が情報を交換し、分析したところ、共通点が明らかになった。どちらのチームも、サプライズに応じてメンバーが容易に役割をシフトした。SWATチームが上記（家宅捜索での想定外の事態）に似たサプライズに対処した方法を、研究者たちは次のように説明する。

〔SWAT隊員の〕グレンは突入の際、チームの侵入経路に予期せぬソファを見つけたときのことを説明してくれた。[15] 通常は突入班の一番手が先に駆け込み、最大限の視程を確保する。だがこのケースではソファが危険な障害物になった。「誰かがうしろに隠れているかもしれないからだ」とグレンはいう。チームはこのサプライズに対応して、役割をシフトした。グレンは当初の計画通り右に向かって走る代わりに、左に向かって走り、見晴らしの利く場所で止まって、そこからソファを視程に入れた。二番手で左に向かって走るはずだったピーターは、即座に右に走り、グレンに援護されている間ソファを一周して、当初グレンに割り当てられていたタスクを遂行した。

いいかえれば、チームは瞬時に計画を変更した。またこのすばやい役割シフトに会話は必要なかった。ピーターはグレンの元のタスクを正確に知っていた。「チーム全員が全員のやるべき仕事を知っている」とグレンはいう。

役割シフトは映画セットでも日常的に行われる。サプライズが発生して、その日に予定していたシーンを撮影できなくなるときがある。撮影シーンを変更するためには、スタッフが仕事を柔軟に入れ替えることができなくてはならない。また主要なスタッフが病気や用事で来られなくなるときもある。だが1日あたりの撮影コストは莫大で、撮影スケジュールがタイトなことを考えれば、制作をストップさせるわけにはいかない。

ベチキーが2人のスタッフから聞いたエピソードには、このことがよく現れている。[16] 2人は前の週末に貯水池でCM撮影を行っていた。

〔2人のうちの1人は〕セット制作のアシスタントとして採用されたが、実際には軽食係も兼任していた。もう1人は制作事務所のアシスタントコーディネーターとして採用されたが、専属運転手の仕事（通常はプロの運転手がする仕事）もした。別のスタッフは美術部全体の仕事をしながら、背景部も手伝ったという。「ある日の午後突然いわれたよ。『君、今すぐ池の藻をつくってくれ』って」。

仕事の肩書きはどうでもいい。とにかく今すぐ藻をつくってくれ！

別の制作現場では、航空カメラマンが仕事に来なかった。[17] まずい事態だが、長くは続かなかった。「誰かこのカメラを操作できるか？」と撮影監督がスタッフに聞き、1人が手を挙げ、その場で航空カメラマンになったのだ。当然、彼のもとの仕事の担当がいなくなったが、別の誰かがその仕事に手を挙げ、撮影は再開された。

だが役割シフトは口でいうほど簡単ではない。集団内の複数の人が、特定の仕事のやり方を知っている必要があるうえ、さまざまなタスクが全体のなかでどのような位置づけにあるのかを、全員が理解していなくてはならないからだ。

映画の世界では、そうした知識はキャリアを積むうちに自然に身につく。多くの新人が制作アシスタントとしてキャリアを開始し、衣装や照明、音響などさまざまな部門にまたがるタスクをこなしていく。またほんの数か月のうちに、多数の部門の多数のプロジェクトに取り組む人もいる。ある制作コーディネーターの言葉だ。「プロデューサー志望の人も、AD〔アシスタントディレクター〕志望の人も、みんな軌道に乗っている。制作コーディネーターとして多くの仕事に関わるから、いろんなことができるようになる[18]」。

SWATチームも同様のことを達成するために、クロストレーニング（交差訓練）に力を入れている。たとえば新入隊員は狙撃兵志望でなくても狙撃銃と照準器の使い方を学ぶ。射撃の技術をきわめる必要はないが、狙撃兵が何を見、どんな仕事をするのかを理解しておく必要がある。SWATチームのリーダーいわく、「全員が全員の仕事を理解していることが前提だ[19]」。

全員が全員の仕事を理解する？　それはふつうの仕事のやり方ではない、むしろ正反対だ。著名なデザインコンサルティング会社IDEOのCEOティム・ブラウンは、これを簡潔に説明する[20]。

会社には多様なスキルをもつ人が大勢いる。問題は、全員で同じ問題に取り組む際に、一人ひとりのスキルが異なると……協力し合って仕事をするのが難しくなるということだ。その代わりに何が起こるかというと、各分野がそれぞれの見解を主張し始める。結果的に、誰の見方が正しいかという話になり、誰もが納得できる凡庸でグレーな妥協案に落ち着く。めざましい成果が得られるはずもなく、よくて平均的といったところだ。

よくて平均的なら、壊滅的な結果は避けられるのでは？　ふつうの状況ならそうかもしれない。だがクロストレーニングの足りないチームが複雑系でサプライズに見舞われれば、メルトダウンが起こるかもしれない。アメリカの株式市場ナスダックが、フェイスブックの新規株式公開（ＩＰＯ）後に学んだ教訓が、まさにこれだった。[21] 当時の見出しを見てみよう。

フェイスブックIPOにいったい何が%$#?

ナスダック、フェイスブックIPOに「困惑している」

ナスダックのカオス、フェイスブックIPOを刻々とのみ込む

フェイスブックIPOの大失敗　原因はナスダックの「自信過剰」

フェイスブック上場前の数週間、銀行家たちは全米を行脚してフェイスブック株式を投資家に売り

込んだ。IPO後の同社の時価総額は1000億ドルを超える見通しだった。フェイスブックの上場先であるナスダックは、史上最大級のIPOに備え、数週間前からシステムの検証に余念がなかった。

2012年5月18日の朝、ナスダックは11時5分きっかりに、オープニングクロスと呼ばれる方法によって、フェイスブック株の最初の取引を成立させる予定だった。オープニングクロスとは一種のオークションで、取引開始までに買い手と売り手が入力した注文をナスダックが集計し、最も多くの取引が成立するような単一の価格を設定する方式をいう。

取引開始時刻が近づくにつれ、数十万件の売買注文が殺到した。ちょうどギャンブラーの集団が、スタートの号砲が鳴る前に馬に賭けるようなものだ。ところが11時5分になっても取引は始まらず、原因は誰にもわからなかった。

数十億ドルの資金が約定を待ち構え、ますます注目が高まるなか、ナスダックの幹部は問題の究明に奔走し、緊急電話会議を招集して原因を探ろうとした。しかし、技術的な不具合が起こっているのは明らかだったが、幹部たちは技術のしくみをよく理解していなかった。数分後、電話会議に参加していなかったプログラマーの集団が、問題の原因を「検証チェック」と呼ばれるものに絞り込んだ。

これに先立つこと何年も前、プログラマーはナスダックの取引プログラムを作成する際、オープニングクロスで約定される取引数量を独立的に計算する、「検証チェック」と呼ばれる安全機構をプログラムに含めた。そして5月18日、取引プログラムと検証チェックの結果が一致しなかったために、取引が開始しなかったのだ。

エンジニアはこの発見を、上司である取引所システムグループ担当上級副社長に報告した。上級副社長は検証チェックなるもののことは初耳だったが、ともかくもこの説明を幹部の間で共有した。会議に参加していた最も上級のマネジャーが、それでもオープニングクロスを実行できるかプログラマーに調べさせろ、と上級副社長に命じた。

次に起こったことを、SEC（証券取引委員会）はこう説明する。

> まずナスダックはIPOクロスシステムのコマンドを変更して、検証チェックを無効化しようとした。この試みは成功しなかった。次にエンジニアが……検証チェック機能を構成する数行のコードを削除することで、オープニングクロスを完了できるはずだと〔上級副社長に〕報告した。[22]

これは乱暴な解決策だった。検証チェックのせいでオープニングクロスが行われなかった原因を、幹部は誰一人理解していなかった。なのに彼らは、プログラマーに——それもいきなり——システムを変更させ、検証チェックを省略しようとしたのだ。

5分後、プログラマーは検証チェックを削除し、そこでようやく取引が開始した。しかしナスダックのシステムは途方もなく複雑なため、この次善策が一連の想定外の失敗を引き起こしたのだ。その後の調べで、検証チェック自体は正しかったことがわかった。だがバグのせいで、オープニングクロスでは20分以上の間、入ってきた売買注文が無視されていた。ウォール街では20分といえば永遠にも等しい時間だ。そして取引が始まり、30億ドル相当のフェイスブック株式の買い注文が成立したが、ナスダックはその後の数時間、どのトレーダーの注文が何株成立したのかすら把握できなかった。トレーダーはこのせいで数億ドルの損失を被ったとして、ナスダックを非難した。また株式取引を行うことを法律で禁止されているナスダックは、この障害のために誤って1億2500万ドル相当の売り注文を約定してしまった。一連の大失態により、ナスダックは訴訟と制裁金、そして嘲笑にさらされた。

SWAT隊員は、狙撃兵が何を見ているかを理解するために、狙撃銃を扱う訓練を受ける。SWATのリーダーは、チーム全員が全員の仕事を理解していなくてはならないと教える。ナスダックの責任者にも同様の訓練が必要だった。プログラミングを学ぶ必要はないし、検証チェックのコンピュータコードを書く能力も必要ない。だがそれが何なのか、なぜそれを省略してはいけないのかは、理解していてしかるべきだった。

SWATチーム：廊下があるはずのところに壁がある。

ナスダック：取引が行われているはずなのに検証チェックがある。

SWATチームは障害を打開する方法を見つけた。ナスダックの責任者は障害を強行突破しようとした。

エピローグ

メルトダウンの黄金時代

「世界は今すぐ崩壊する」

W・B・イェイツがあの予言的な詩「再臨」を書いたのは、第二次世界大戦後のことだ[1]。近年この詩が新聞やソーシャルメディアで取り上げられることが急速に増えている。とくに人気があるのが第一節だ。

しだいに広がりゆく渦に乗って鷹は
旋回をくり返す。鷹匠の声はもう届かない。
すべてが解体し、中心は自らを保つことができず、
全くの無秩序が解き放たれて世界を襲う。
血に混濁した潮(うしお)が解き放たれ、いたるところで

無垢の典礼が水に呑まれる。最良の者たちがあらゆる信念を見失い、最悪の者らは
強烈な情熱に満ち満ちている。

――高松雄一訳（岩波文庫）

この節は、テロ攻撃や金融危機、政治情勢の激変、気候変動、感染症の流行に関連して引用されてきた。それは「『世界は今すぐ崩壊する』ということを知識人ぶっていう方法[2]」だと、『ウォール・ストリート・ジャーナル』は揶揄する。

ここまで読んでくれたあなたには、とくにそう思えるだろう。スティーブン・ピンカーとアンドリュー・マックが指摘するように、「ニュースは『起こらなかったこと』ではなく、『起こったこと』を伝える[3]」ものなのだから。何事もないフライトや、掘削リグの平穏無事な1日は、見出しにならない。「人間は、例を思いつきやすいものごとほど起こりやすいと錯覚するため、ニュースをよく読む人は自分が危険な時代に生きていると感じやすい」と、ピンカーとマックは書いている。

今がひどい時代なのではない。たんに昔とはちが
う、、だけだ。この半世紀の間、人類は技術の限界を押し広げてきた。原子力を利用し、石油を抽出するために地下深くを掘削し、グローバルな金融システムを構築してきた。こうしたシステムによって、私たちは途方もない能力を手に入れるとともに、デンジャーゾーンに押しやられた。システムは失敗すれば人を殺し、環境を破壊し[4]、経済を混乱させることがある[5]。私たちは昔に比べて日々安全を脅かされているのではなく、意図しないシステムの失敗に

さらされやすくなっているのだ。

　病院を例にとってみよう。薬の過剰投与で危うく死にかけたパブロ・ガルシアを覚えているだろう？あの事件を招いたのは、処方の電子化と薬剤師ロボット、臨床のバーコードスキャナだった。あのシステムは、読みにくい手書き文字や看護師の注意散漫のせいで起こる小さな事故を排除したが、それとともに嫌なサプライズを解き放ったのだ。

　あるいは無人自動車を考えてみよう。自動運転が人間の運転より安全なことはまちがいない。疲労や注意散漫、飲酒運転による事故は大幅に減るだろう。精緻なシステムであれば、死角にいる車を確認せずに車線変更するといった、人間につきものの愚かなまちがいを排除できるだろう。だが私たちはその反面、ハッカーやシステム内の予想外の相互作用がもたらすメルトダウンにさらされやすくなっている。

　しかしこれまで見てきたように、解決策はある。より安全なシステムを設計し、よりよい意思決定を下し、警告サインに目を配り、多様な少数意見から学ぶことはできるのだ。こうした解決策はあたりまえに思えるかもしれない。決断が難しいときに構造化されたツールを使う。小さな失敗から学んで大きな失敗を防ぐ。チームの多様性を高めて疑問の声に耳を傾ける。透明性が高くスラックの大きいシステムを構築する。どれも驚くようなものではないだろう？

　それなのに、これらが実際に用いられることはほとんどない――どんなに困難な課題に対してもだ。意地悪な環境で直感に頼る。懸念の声を無視する。気候変動や食糧不足、差し迫ったテロ攻撃の警告サインに対策を講じない。[6] 世界の最も重要な金融機関や政府機関、軍事組織は同質なチームによって運営されている。[7] 食料供給体制はかつてないほど複雑化し、透明性を失っている。[8] 核兵器の管理と貯蔵における複雑性と密結合は、この危険きわまりないシステムに失敗を招きかねない。[9]

身近なところで、あなたの所属するチームや組織は、こうしたアイデアを十分に取り入れているだろうか？ もし「イエス」なら、おめでとう。でもたぶん「ノー」か、「十分ではない」だろう。それは本当にもったいないことだ。なぜならこれらを取り入れるためには巨額の予算も、最先端の技術も必要ないからだ。死亡前死因分析を行い、あらかじめ設定した基準を用い、SPIESメソッドを使って予測を立てることは、誰にでもできる。ペローのマトリックスをもとに、自分の組織やプロジェクトで嫌なサプライズに最もさらされやすい部分を予測し、対策を講じることはできる。疑問の声に耳を傾け、何かがおかしいと思ったら声を上げることはできる。企業のCEOでなくても変化をもたらすことはできる。それにこうした手法は、どこに住むか、どの仕事を選ぶか、どうやって家族と協力するかといった、暮らしのなかの決断にも役立つのだ。

警告サインから学び、少数意見を促し、多様性を育むことが大切なのは、わかりきったことかもしれないが、それをうまく*やる*方法は、わかりきったことではない。どれも実行するのは難しい。それはなぜかといえば、私たちの本能に逆らうことになるからだ。私たちは直感や自信を称え、よい知らせを聞きたがり、自分と見た目や考え方の似た人たちと過ごすことを好む。だが複雑で結合されたシステムを運営するには、その正反対のことをする必要があるのだ。注意深く謙虚に意思決定を下し、悪い知らせを隠さず共有し、疑問や少数意見、多様性を重視する。

なぜ私たちはこうしたやり方に抵抗を感じるのか？　その理由の一つは、失敗を避けていたら果敢な挑戦はできない、メルトダウンを防ぐことはイノベーションや効率性の妨げになる、という思い込みがあるからだ。これらの間にトレードオフ（二律背反）の関係はたしかにある。スラックを増やし、複雑性を減らすためにシステムを再設計すれば、コストが増え、性能が犠牲になるかもしれない。だがトレードオフについて正面から話し合うことには大いに価値がある。またコスト、便益、リスクを考える際に、複雑性と結合性を基本的なパラメーターとして用いることも、とても重要である。

とはいえ、複雑系に対処するための手法は、厳しいトレードオフを伴うとは限らない。実際、最近では本書で示した解決策の多く、とくに構造化された意思決定ツールと、多様性に富むチーム、健全な懐疑主義を促す規範は、イノベーションと生産性を抑え込むどころか、むしろ高める傾向にあることが、多くの研究からわかっている。[10] つまりこうした解決策を導入するのは、いいことずくめなのだ。

私たちがこの本を書こうと思ったのは、そのためだ。メルトダウンを防止することが十分可能だということを、わかってほしかったのだ。

人類は中世に重大な脅威にさらされた。[11] １３４７年10月、シチリア島に商船団が到着した。ほとんどの船乗りは死亡し、残った者たちは咳き込み血を吐いていた。乗船者全員が死亡したため、港に着く前に座礁した船もあった。これが数千万人の命を奪った伝染病、ペスト（黒死病）の始まりである。

ペストは中央アジアが起源で、商人やモンゴル兵によってシルクロードを経由して西へと伝えられた。モンゴル軍はこの病気を武器として用い、包囲した交易都市の城壁越しにペストで死んだ兵士の死体を投げ込んだ。[12] 流行はまもなくアフリカと中東にまで広がった。

当時の世界は、伝染病が蔓延する条件が整っていた。[13] 新しい交易路によって都市が結ばれ、移動が活発になり、人口はかつてないほど密集した。だが人間が抗生物質や疫学、公衆衛生、細菌病因論を生み出すのは、何世紀もあとになってからだ。当時は、ある歴史家によれば、「細菌の黄金時代」だった。[14] 人間は疫病に脆弱だったが、それを予防する能力はもちろん、理解する能力すら、まるで追いついていなかった。

現代はメルトダウンの黄金時代である。ますます多くのシステムがデンジャーゾーンにあるのに、それに対処する能力はまったく追いついていない。その結果、あの詩が謳うように「すべてが解体」するおそれがある。

しかし時代は変わりつつある。私たちは今やメルトダウンの黄金時代に幕を下ろす方法を知っている。あとはただ、試そうという決意さえあればいい。

謝辞

本は複雑なシステムだ。文章や段落が複雑に絡み合い、まちがった場所で話の筋に手を加えれば、簡単に崩壊する。本の執筆はどちらかといえばスラックが多い方だが、多少の密結合はある。うっかり削除したインタビューの書き起こし原稿は復元が難しいし、締切はいったん逃してしまえばもう守れない。執筆者の力だけでは、メルトダウンは避けられない。異人のフィードバックを活かし、多様な見解から学び、少数意見に耳を傾けることが欠かせない。

私たちは幸運にも、アン・ゴドフとスコット・モイヤーズ率いるペンギン・プレスのすばらしいチームの助けを借りて、執筆の複雑性を乗り越えることができた。優れた編集者のエミリー・カニンガムは、鋭いフィードバックと丁寧な指導、ゆるぎないサポートを与えてくれた。幅広い読者に読んでもらえる本を書く方法を教えてくれ、本書の方向性を大きく決定づけたのも、彼女だ。ジェニファー・エック、ミーガン・ゲリティー、カレン・メイヤー、クレア・バッカロは、細心の注意と専門知識、プロ意識をもって、本書を刊行まで導いてくれた。マット・ボイド、サラ・ハトソン、グレース・フィッシャーは、本書の強力な擁護者となり、宣伝に力を尽くしてくれた。北のペンギン・カナダでは、ダイアン・タ一バイドがインスピレーションと励まし、洞察をいつも与えてくれ、同僚のフランシス・ベッドフォードとカラ・カーンダフと一丸となってカナダでの宣伝を行ってくれた。

ワイリー・エージェンシーのクリスティーナ・ムーアとジェームズ・パレンは、私たちの当初の構想に対し貴重な意見をくれ、すばらしい出版社を探すために力を尽くしてくれた。とくに、ごく初期から私たちの研究に興味を示し、「メルトダウン」のタイトルを提案してくれたジェームズに、特別な感謝を捧げたい。

『フィナンシャル・タイムズ』紙とマッキンゼー・アンド・カンパニーに感謝する。両社の主催するブラッケン・バウアー賞を受賞したことが、本書執筆のきっかけだった。私たちのプロポーザルを評価してくれた審査員のビンディ・バンガ、リンダ・グラットン、ジョーマ・オリア、スティーブン・ルービンに感謝する。この賞のおかげで、遠くから著書を称賛するだけだった思想家たちと近づきになれた。アンドリュー・ヒル、ドミニク・バートン、ライオネル・バーバー、アン＝マリー・スローターは、すばらしい力添えと励ましをくれた。マーティン・フォードとショーン・シルコフは初期の原稿を読んで、丁寧なコメントを寄せ、本書を見ちがえるほどよくしてくれた。リチャード・セイラーは出版の世界で生きていく方法について賢明なアドバイスをくれた。

トロント大学ロットマン経営大学院に大変感謝している。1人ならず2人の学部長が、初期から私たちの研究を支援してくれた。ロジャー・マーティンはとてつもなく寛大なメンターで、10冊の本の著者ならではの貴重なアドバイスを与えてくれた。ティフ・マックレムはたゆまぬ励ましと鋭い質問を与え、また彼が世界金融危機で学んだ教訓が第10章のインスピレーションになった。ロットマンでのアンドラーシュの同僚たちは、研究と思索にうってつけの場を提供してくれた。またアンドラーシュの講座「組織における壊滅的失敗」を受講し、教室で貴重な意見を共有してくれた学生たちからも多くを学ばせてもらった。

ケン・マクガフィン、スティーブ・アレンバーグ、ロッド・ローニンほどたゆみなく熱心に本書を応援してくれた人たちはいない。２０１５年にブラッケン・バウアー賞に応募するのを勧めてくれたのはケンだった。その1年後、スティーブが企画してくれた公開講座のおかげで、多様な聴衆から初期の重要なフィードバックを得ることができた。ロッドは初めて聞いたときから私たちのアイデアに可能性を認め、彼の導きによりマイケル・リー＝チン・ファミリー・コーポレート・シティズンシップ研究所から研究に潤沢な資金を得ることができた。

本書の企画書と原稿にきわめて貴重なフィードバックをくれたみなさんに感謝する。アダム・グラントは解決策に集中し、日常的な災害の例を含めるよう、促してくれた。アンドレア・オーバンズは私たちの考えの経営上の意義について、貴重な意見をくれた。友人のマシュー・クラークとジョナサン・ワースは、いつもさりげない励ましとためになる質問を与えてくれ、マシューの助言は私たちの企画書を大きく変えた。彼は鋭い眼識でもって私たちを正しい方向に導き、システムに焦点を当てるよう助言してくれた。私たちを支援し、有用なフィードバックをくれた以下のみなさんに感謝する。ジョー・バダラッコ、ブエコ・ベジック、アレックス・バーリン、イリヤ・ボーマシュ、トム・キャラハン、カレン・クリステンセン、カラ・フィッツシモンズ、アンドレア・フローレス、リチャード・フロリダ、パトリシア・フー、ジャック・ギャラガー、ジョシュア・ガンズ、アンディ・グリーンバーグ、アレックス・ガス、クレイ・カミンスキー、サラ・カプラン、カール・ケイ、エド・コウベク、トーア・クレバー、インナ・リビッツ、ジェイミー・モルトン、シモーナ・モルトン、ニコール・マーティン、ポール・マリズ、クリス・マーキス、デイビッド・メイヤー、ジェシカ・モフェット・ローズ、パット・オブライエン、オーエン・オドンネル、キム・パーネル、トム・ローズ、ヘザー・ロスマン、モーリーン・サーナ、ジュリア・トワログ、ジム・ウェザーオール、マット・ワインストック、ミシェル・ワッカー。貴重な情報やアイデアをくれたＮＡＳＡジェット推進研究所の合同工学委員会と、時間とフィードバックを惜しみなく与えてくれたブライアン・ミュアヘッド、バラト・チュダサマ、クリス・ジョーンズ、ハワード・アイゼンに感謝する。本文デザインを手がけてくれたアントン・イオウクノベット、装丁を手がけてくれたクリストファー・キングに感謝する。

　私たちに知恵を授けてくれた多くの研究者や事故調査者、ヒーローたちに深く感謝する。彼らから学ぶことができて本当に幸運だった。彼らについては本文や注で言及したが、次の3人にはとくにこの場を借りて感謝を捧げたい。チャールズ・ペローの研究は輝かしく、彼に学んだおかげで謙虚な気もちになるとともに、勇気を与えられた。２０１６年7月にニューヘイブンでチックと過ごした週末は、本書の執筆の発端となった重要な機会であり、このプロジェクトに取り組んで本当によかったと思える瞬間でもあった。友人のベン・バーマンは才気と優しさ、謙虚さを併せもつ数少ない思想家で、プロジェクトを通して惜しみない助言をくれた。そして自身の研究を辛抱強く説明し、一緒にケースを考え、彼女の分野の研究者たちに私たちを紹介してくれたマーリス・クリスチャンソンに、心から感謝したい。

最大の感謝を家族に捧げる。幼い頃から本を愛することを教えてくれた両親に。クリスにとってつもない喜びとインスピレーションをいつも与えてくれるトーバルドと、誕生によって本書に厳しい締切を設けてくれたソレンに。アンドラーシュの執筆を忠実に助けてくれたペルに。そして最も大事なことに、私たちが何度となくくり返すアイデアに忍耐強く耳を傾け、突き刺すような鋭い質問をしてくれたリネアとマービンに、それぞれ感謝を捧げたい。私たちがメルトダウンに陥らないよう手を貸し、よいときもつらいときもいつも味方でいてくれた。君たちがいなければ本書は書けなかった。

【著者紹介】
クリス・クリアフィールド（Chris Clearfield）
企業が破滅的な失敗を避けるための危機管理方法をコンサルティングしているシステム・ロジック社社長。ハーバード大学では物理学と生物学を学んだ。前職はデリバティブのトレーダーで、ニューヨーク、香港、東京で勤務。商業飛行のパイロット資格も所有。「複雑性と失敗」について、『ガーディアン』『フォーブス』などに寄稿している。

アンドラーシュ・ティルシック（András Tilcsik）
トロント大学ロートマン・スクール・オブ・マネジメント准教授。専門は経営戦略論。アメリカ社会学会から数々の表彰を受けている気鋭の研究者の一人。世界の40歳未満で経営戦略を教える40人の教授の一人として、そして組織の未来を形作る可能性が最も高い30人の経営思想家の一人として認められている。また国連は、災害リスク管理について、ビジネススクールでの最善のコースとして、彼の「組織的失敗」に関するコースを挙げている。

【訳者紹介】
櫻井祐子（さくらい　ゆうこ）
翻訳家。京都大学経済学部卒業、オックスフォード大学大学院で経営学修士号を取得。訳書に『NETFLIXの最強人事戦略』（光文社）、『劣化国家』（東洋経済新報社）、『ハーバード医学教授が教える健康の正解』（ダイヤモンド社）、『ずる』『マイケル・ポーターの競争戦略』『アリエリー教授の「行動経済学」入門 お金篇』（いずれも早川書房）、『イノベーションへの解』（翔泳社）、『Who Gets What マッチメイキングとマーケットデザインの新しい経済学』（日本経済新聞出版社）、『地政学の逆襲』（朝日新聞出版）など多数。

巨大システム　失敗の本質
「組織の壊滅的失敗」を防ぐたった一つの方法

2018年12月13日発行

著　者――クリス・クリアフィールド／アンドラーシュ・ティルシック
訳　者――櫻井祐子
発行者――駒橋憲一
発行所――東洋経済新報社
〒103-8345　東京都中央区日本橋本石町 1-2-1
電話＝東洋経済コールセンター　03(5605)7021
https://toyokeizai.net/

装　丁…………秦　浩司（hatagram）
D T P…………アイランドコレクション
印刷・製本……丸井工文社
編集協力………パプリカ商店
編集担当………渡辺智顕
Printed in Japan　　ISBN 978-4-492-53406-9

[注]

プロローグ　いつもどこかで「メルトダウン」

(1) この事故の詳細については以下を参照した。National Transportation Safety Board's Railroad Accident Report NTSB/RAR-10/02, "Collision of Two Washington Metropolitan Area Transit Authority Metrorail Trains Near Fort Totten Station," Washington, DC, June 22, 2009, https://www.ntsb.gov/investigations/AccidentReports/Reports/RAR1002.pdf. ウェアリー夫妻をはじめ犠牲者の詳細については以下を参照した。Christian Davenport, "General and Wife, Victims of Metro Crash, Are Laid to Rest," *Washington Post*, July 1, 2009, http://www.washingtonpost.com/wp-dyn/content/article/2009/06/30/AR2009063002664.html?sid=ST2009063003813; Eli Saslow, "In a Terrifying Instant in Car 1079, Lives Became Forever Intertwined," *Washington Post,* June 28, 2009, http://www.washingtonpost.com/wp-dyn/content/article/2009/06/27/AR2009062702417.html; and Gale Curcio, "Surviving Against All Odds: Metro Crash Victim Tells Her Story," *Alexandria Gazette Packet*, April 29, 2010, http://connectionarchives.com/PDF/2010/042810/Alexandria.pdf.

(2) Davenport, "General and Wife." 合衆国に対するテロリスト攻撃に関する国家委員会の以下の報告書も参照のこと。*The 9/11 Commission Report: Final Report of the National Commission on Terrorist Attacks upon the United States* (Washington, DC: Government Printing Office, 2011), 44.

(3) これは本書執筆中に数社の航空会社に起こった事故を指している。たとえば以下を参照のこと。Alice Ross, "BA Computer Crash: Passengers Face Third Day of Disruption at Heathrow," *Guardian*, May 29, 2017, https://www.theguardian.com/business/2017/may/29/ba-computer-crash-passen gers-face-third-day-of-disruption-at-heathrow; "United Airlines Systems Outage Causes Delays Globally," *Chicago Tribune*, October 14, 2016, http://www.chicagotribune.com/business/ct-united-airlines-systems-outage-20161014-story.html; and Chris Isidore, Jethro Mullen, and Joe Sutton, "Travel Nightmare for Fliers After Power Outage Grounds Delta," CNN Money, August 8, 2016, http://money.cnn.com/2016/08/08/news/companies/delta-system-outage-flights/index.html?iid=EL.

(4) 2016年1月10日に実施したベン・バーマンへのインタビュー。

(5) Air Transport Action Group, "Aviation Benefits Beyond Borders," April 2014, https://aviationbenefits.org/media/26786/ATAG_Aviation Benefits2014_FULL_LowRes.pdf.

(6) バリュージェット航空592便墜落事故と調査の詳細については、2016年1月10日に実

施したベン・バーマンとのインタビュー、および以下を参照した。The National Transportation Safety Board's Aircraft Accident Report NTSB/AAR-97/06, "In-Flight Fire and Impact with Terrain, ValuJet Airlines Flight 592 DC-9-32, N904VJ, Everglades, Near Miami, Florida, May 11, 1996," August 19, 1997, https://www.ntsb.gov/investigations/AccidentReports/Reports/AAR9706.pdf; and William Langewiesche, "The Lessons of ValuJet 592," *Atlantic*, March 1998, https://www.theatlantic.com/magazine/archive/1998/03/the-lessons-of-valujet-592/306534/. 最後に挙げたランゲビーシュの記事は事故をくわしく説明し、その根本原因に関する興味深い議論を展開している。

(7) 元の出荷伝票の写しは以下に掲載されている。NTSB/AAR-97/06, 176. わかりやすくするために、ここでは簡略化したものを載せた。

(8) Langewiesche, "The Lessons of ValueJet 592."

(9) Michel Martin, "When Things Collide," National Public Radio, June 23, 2009, http://www.npr.org/sections/tellmemore/2009/06/when_things_collide.html.

第1章　デンジャーゾーンを生み出す複雑系と密結合

(1)『チャイナ・シンドローム』1979年コロムビア映画配給。監督ジェームズ・ブリッジス、脚本マイク・グレイ、T・S・クック、ジェームズ・ブリッジス。

(2) David Burnham, "Nuclear Experts Debate 'The China Syndrome,'" *New York Times*, March 18, 1979, http://www.nytimes.com/1979/03/18/archives/nuclear-experts-debate-the-china-syndrome-but-does-it-satisfy-the.html.

(3) Dick Pothier, "Parallels Between 'China Syndrome' and Harrisburg Incident Disturbing," *Evening Independent*, 7A, April 2, 1979.

(4) Ira D. Rosen, "Grace Under Pressure in Harrisburg," *Nation*, April 21, 1979.

(5) Tom Kauffman, "Memories Come Back as NEI Staffer Returns to Three Mile Island," Nuclear Energy Institute, March 2009, http://www.nei.org/News-Media/News/News-Archives/memories-come-back-as-nei-staffer-returns-to-three.

(6) スリーマイル島原子力発電所事故の詳細については、原子力規制委員会（NRC）の元委員ビクター・ギリンスキーと歴史研究者で元委員のトーマス・ウェロックにご教示いただいた。事故の詳細については以下を参照した。Charles Perrow, *Normal Accidents: Living with High-Risk Technologies* (Princeton, NJ: Princeton University Press, 1999); J. Samuel Walker, *Three Mile Island: A Nuclear Crisis in Historical Perspective* (Berkeley and Los Angeles: The University of California Press, 2004); John G. Kemeny et al., "The Need for Change: The Legacy of TMI," Report of the President's Commission on the Accident at Three Mile Island (Washington, DC: Government Printing Office, 1979); U.S. Nuclear Regulatory Commission, "Backgrounder

on the Three Mile Island Accident," February 2013, https://www.nrc.gov/reading-rm/doc-collections/fact-sheets/3mile-isle.html; "Looking Back at the Three Mile Island Accident," National Public Radio, March 15, 2011, http://www.npr.org/2011/03/15/134571483/Three-Mile-Island-Accident-Different-From-Fukushima-Daiichi; Victor Gilinsky, "Behind the Scenes of Three Mile Island," *Bulletin of the Atomic Scientists*, March 23, 2009, http://the bulletin.org/behind-scenes-three-mile-island-0; and Mark Stencel, "A Nuclear Nightmare in Pennsylvania," *Washington Post*, March 27, 1999, http://www.washingtonpost.com/wp-srv/national/longterm/tmi/tmi.htm.

(7) ビクター・ギリンスキーは私たちが送った事実確認の質問に答えるメモ（2017年5月17日付）のなかで、核燃料の半分が溶融した事実が発覚したのは、圧力容器が開封された数年後のことだったと明言している。「事故当時は、たとえ溶融が起こっているとしてもほんのわずかだと考えられていた。現に、約1年後に発表された事故報告書は、溶融にほとんど言及していない」。

(8) スリーマイル島のメルトダウンは、一般にアメリカ史上最悪の、または最も重大な原子力事故と称されることが多い。また国際原子力事象評価尺度（INES）においてレベル5、つまり「所外へのリスクを伴う事故」と評価されている。他方、トーマス・ウェロックが私たちからの事実確認のメールに答えるメモ（2017年5月16日付）のなかで指摘するように、「原子力委員会（AEC）の所有する開発中の原子炉でも、負傷や3人の死亡を招く事故があった」。いずれにせよ、スリーマイル島のメルトダウンは商用原子力発電史上最も重大な事故の一つだった。

(9) Gilinsky, "Behind the Scenes of Three Mile Island." ただしトーマス・ウェロックは事実確認の質問に答えるメモ（2017年5月16日付）のなかで、次の点を明示している。「弁を開くために誰かを送り込んで命を危険にさらすことが真剣に討議されたことは一度もなかった。なぜならその必要はなかったからだ。格納容器の弁のバルブを開くには建屋に入る必要はなかったし、容器が高温で高圧だったことを考えれば、弁を開くのは得策ではなかった。……私が思うに、〔大統領科学技術補佐官は〕たんにギリンスキーの説明を誤解して、不必要かつきわめて危険なことを提案したのだろう。したがってこのエピソードは〔科学技術補佐官の〕心理状態を理解する手がかりにはなるが、原子炉で実際に何が起こっていたかを知る指針にはならない」。

(10) これは非常に複雑な事故であるため、ここでは多くの詳細を省略した。たとえば主給水ポンプが停止した直後に設計上、タービンも停止した。この時点でやはり設計上、補助給水ポンプが起動したが、2日前の保守点検の際に弁が誤って閉じられたままになっていたため、水は送られなかった。その後温度が上昇し冷却水が蒸発すると、冷却水を循環させるポンプが激しく振動したため、操作員はポンプを手動で停止し、そのせいで冷却水の流出による問題がさらに悪化した。冷却水は熱せられ、開いたまま固着し

た弁から蒸気となって噴出した。詳細については以下を参照のこと。Walker, *Three Mile Island.*

(11) B. Drummond Ayres Jr., "Three Mile Island: Notes from a Nightmare," *New York Times,* April 16, 1979, http://www.nytimes.com/1979/04/16/archives/three-mile-island-notes-from-a-nightmare-three-mile-island-a.html.

(12) Gilinsky, "Behind the Scenes of Three Mile Island."

(13) ペローの理論や思想形成については、2016年7月23日と24日に実施したペローへのインタビュー、および以下を参照した。Perrow, *Normal Accidents.*

(14) この風刺画は以下の表紙を飾っている。*The Sociologist's Book of Cartoons* (New York: Cartoon Bank, 2004).

(15) Kathleen Tierney, "Why We Are Vulnerable," *American Prospect,* June 17, 2007, http://prospect.org/article/why-we-are-vulnerable.

(16) 以下の著書に向けられた、ダルトン・コンリー教授による推薦文である。*The Next Catastrophe: Reducing Our Vulnerabilities to Natural, Industrial, and Terrorist Disasters* (Princeton, NJ: Princeton University Press, 2007); ちなみにこの推薦文はプリンストン大学出版局の同書の紹介ページにも掲載されている (http://press.princeton.edu/quotes/q9442.html).

(17) Charles Perrow, "An Almost Random Career," in Arthur G. Bedeian, ed., *Management Laureates: A Collection of Autobiographical Essays,* vol. 2 (Greenwich, CT: JAI Press, 1993), 429-430.

(18) Perrow, *Normal Accidents,* viii.

(19) Laurence Zuckerman, "Is Complexity Interlinked with Disaster? Ask on Jan. 1; A Theory of Risk and Technology Is Facing a Millennial Test," *New York Times,* December 11, 1999, http://www.nytimes.com/1999/12/11/books/complexity-interlinked-with-disaster-ask-jan-1-theory-risk-technology-facing.html.

(20) ペローは自身の研究についても厳しい姿勢をとっているが、研究対象の組織に動機を疑われることもあったという。「ときには組織のマネジャーに高級店にランチに連れて行かれ、マティーニを何杯も振る舞われてから、人種差別的な意見を聞かされたこともある」と彼は話してくれた。「私の反応を探ろうとしたんだ。私が典型的な左寄りの社会学者なのか、信頼できる人物なのかを知るためにね。でも私はいつも彼らの魂胆を見抜いていたよ。データがほしかったから、そういうときはいつも相手に迎合した」。そしてにやりと笑って、こう続けた。「それに、私がマティーニがいける口なのかを知りたかったんだろう。じつはかなりいける口だとわかった」。2016年7月23日に実施したペローへのインタビュー。

(21) Lee Clarke, *Mission Improbable: Using Fantasy Documents to Tame Disaster* (Chicago and London: The University of Chicago Press, 1999), xi-xii.

(22) Charles Perrow, "Normal Accident at Three Mile Island," *Society* 18, no. 5 (1981): 23.

(23) 世界がシステムによって動かされているという重要な考え方については、以下を参照のこと。Donella Meadows, *Thinking in Systems: A Primer* (White River Junction, VT: Chelsea Green Publishing, 2008) [ドネラ・H・メドウズ『世界はシステムで動く――いま起きていることの本質をつかむ考え方』枝廣淳子訳、英治出版、2015年].

(24) Edward N. Lorenz, "Deterministic Nonperiodic Flow," *Journal of the Atmospheric Sciences* 20, no. 2 (1963): 130–141; and Edward N. Lorenz, *The Essence of Chaos* (Seattle, WA: University of Washington Press, 1993), 181–184 [E・N・ローレンツ『ローレンツ　カオスのエッセンス』杉山勝、杉山智子訳、共立出版、1997年].

(25) ここでペローの複雑性と結合性のマトリックスとして掲載した図は、以下のFigure 3.1を簡略化したものである。Perrow, *Normal Accidents*, 97.

(26) Perrow, *Normal Accidents*, 98.

(27) Charles Perrow, "Getting to Catastrophe: Concentrations, Complexity and Coupling," *Montréal Review*, December 2012, http://www.themontrealreview.com/2009/Normal-Accidents-Living-with-High-Risk-Technologies.php.

(28) Perrow, *Normal Accidents*, 5.

(29) スターバックスのツイッター炎上物語の詳細については以下を参照した。"Starbucks Twitter Campaign Hijacked by Tax Protests," *Telegraph*, December 17, 2012, http://www.telegraph.co.uk/technology/twitter/9750215/Starbucks-Twitter-campaign-hijacked-by-tax-protests.html; Felicity Morese, "Starbucks PR Fail at Natural History Museum After #SpreadTheCheer Tweets Hijacked," *Huffington Post UK*, December 17, 2012, http://www.huffingtonpost.co.uk/2012/12/17/starbucks-pr-rage-natural-history-museum_n_2314892.html; and "Starbucks' #SpreadTheCheer Hashtag Backfires as Twitter Users Attack Coffee Giant," *Huffington Post*, December 17, 2012, http://www.huffingtonpost.com/2012/12/17/starbucks-spread-the-cheer_n_2317544.html.

(30) Emily Fleischaker, "Your 10 Funniest Thanksgiving Bloopers + the Most Common Disasters," *Bon Appétit*, November 23, 2010, http://www.bonappetit.com/entertaining-style/holidays/article/your-10-funniest-thanksgiving-bloopers-the-most-common-disasters.

(31) Ibid.

(32) Ben Esch, "We Asked a Star Chef to Rescue You from a Horrible Thanksgiving," *Uproxx*, November 21, 2016, http://uproxx.com/life/5-ways-screwing-up-thanksgiving-dinner. このような方法でシステムを単純化することを好む料理専門家は、ジェイソン・クインだけではない。たとえば『ニューヨーク・タイムズ』のフードエディターで、

Thanksgiving: How to Cook It Well (New York: Random House, 2012) の著者でもあるサム・シフトンは、時間とオーブンのスペースが限られるときのために、同様の方法を提案している。以下を参照のこと。Sam Sifton, "Fastest Roast Turkey," *NYT Cooking*, https://cooking.nytimes.com/recipes/1016948-fastest-roast-turkey. 同様に、J. Kenji López-Alt, *The Food Lab: Better Home Cooking Through Science* (New York: W. W. Norton, 2015) [J・ケンジ・ロペス＝アルト『ザ・フード・ラボ〜料理は科学だ〜』上川典子訳、岩崎書店、2017年] の著者J・ケンジ・ロペス＝アルトは、七面鳥を分割してローストすることで、複雑性を減らし、さまざまな部位を正しい温度で料理できると説明する。以下を参照のこと。J. Kenji López-Alt, "Roast Turkey in Parts Recipe," *Serious Eats*, November 2010, http://www.seriouseats.com/recipes/2010/11/turkey-in-parts-white-dark-recipe.html.

第2章　残酷な「複雑性の罠」が支配するシステム

(1) イェール大学における論争の詳細については以下を参照した。Conor Friedersdorf, "The Perils of Writing a Provocative Email at Yale," *Atlantic*, May 26, 2016, https://www.theatlantic.com/politics/archive/2016/05/the-peril-of-writing-a-provocative-email-at-yale/484418. ちなみにこのセクションを通してエリカとニコラスのクリスタキス夫妻を「共同寮長 (co master)」と呼んでいるが、これはわかりやすくするために便宜上つけた名称である。正確には、社会学者で医師のニコラスが寮長 (master) で、エリカは幼児教育の講師だった。このできごとが起こってから、この職名は「head of college」に変更された。

(2) イェール大学はこうした議論の直接の当事者でもあった。以下を参照のこと。Justin Wm. Moyer, "Confederate Controversy Heads North to Yale and John C. Calhoun," *Washington Post*, July 6, 2015, https://www.washingtonpost.com/news/morning-mix/wp/2015/07/06/confederate-controversy-heads-north-to-yale-and-john-c-calhoun. これを受けてカルフーン・カレッジは2017年にグレース・ホッパー・カレッジに改名された。

(3) この対決の詳細については以下を参照した。Our description of the confrontation draws on Conor Friedersdorf's above-mentioned article in the *Atlantic* and a smartphone video available on YouTube that captured the confrontation. ニコラスの発言は以下を書き起こしたものである。"Yale Halloween Costume Controversy," YouTube playlist, posted by TheFIREorg, https://www.youtube.com/playlist?list=PLvIqJIL2k OMefn77xg6-6yrvek5kbNf3Z.

(4) 以下を参照のこと。"Yale University Statement on Nicholas Christakis," May 25, 2016, https://news.yale.edu/2016/05/25/yale-university-statement-nicholas-christakis-may-2016.

(5) たとえば以下を参照のこと。Blake Neff, "Meet the Privileged Yale Student Who Shrieked at Her Professor," *Daily Caller*, November 11, 2015, http://dailycaller.com/2015/11/09/meet-the-privileged-yale-student-who-shrieked-at-her-professor.

(6) Patrick J. Regan, "Dams as Systems: A Holistic Approach to Dam Safety," conference paper, 30th U.S. Society on Dams conference, Sacramento, 2010.

(7) Ibid., 5. もちろん、ダムの操作にはビデオが使われることもあるが、すべての場合に使われるわけではないし、絶対にまちがいが起こらないわけでもない。

(8) ニンバスダム事件については以下を参照のこと。Regan, "Dams as Systems."

(9) 当然ながら、世界の金融システムはここ数十年間の変化が起こる以前にも失敗と無縁だったわけではない。たとえば以下を参照のこと。Liaquat Ahamed, *Lords of Finance: The Bankers Who Broke the World* (New York: Random House, 2009)［ライアカット・アハメド『世界恐慌—経済を破綻させた4人の中央銀行総裁　上・下』吉田利子訳、筑摩書房、2013年］; and Ben S. Bernanke, "Nonmonetary Effects of the Financial Crisis in the Propagation of the Great Depression," *American Economic Review* 73, no. 3 (1983): 257–276.

(10) 1987年の大暴落と、LTCM、および現代ファイナンス全般（複雑性と密結合の役割含む）の詳細については、以下の優れた著書を参照のこと。Richard Bookstaber, *A Demon of Our Own Design* (Hoboken, NJ: Wiley, 2007)［リチャード・ブックステーバー『市場リスク 暴落は必然か』遠藤真美訳、日経BP社、2008年］.

(11) 金融危機を分析したもう1人の優れた著作家にマイケル・ルイスがいる。たとえば以下を参照のこと。"Wall Street on the Tundra," *Vanity Fair*, April 2009, http://www.vanityfair.com/culture/2009/04/iceland200904; *The Big Short: Inside the Doomsday Machine* (New York: W. W. Norton, 2010)［マイケル・ルイス『世紀の空売り—世界経済の破綻に賭けた男たち』東江一紀訳、文藝春秋、2010年］.

(12) このペローの発言は、ティム・ハーフォードが実施した2010年のインタビューにおけるもので、ハーフォードの次の優れた著書に引用されている。*Adapt: Why Success Always Starts with Failure* (New York: Farrar, Straus, and Giroux, 2011).

(13) ナイトの失敗の詳細については、2016年1月21日に実施したナイトのCEOトム・ジョイスへのインタビュー、2016年1月14日に実施した「ジョン・ミューラー」（仮名）へのインタビュー、その他のトレーダーの話を参照した。またナイトの誤発注に関するSEC報告書も参照した。"In the Matter of Knight Capital LLC," Administrative Proceeding File No. 3-15570, October 16, 2013. ただし、事故原因の解明を目的とする国家運輸安全委員会（NTSB）の報告書とは異なり、SEC報告書はナイト・キャピタルを訴追する根拠を提示するものである。そのほか、以下をはじめとする最近の報道も参照した。"Market Makers," Bloomberg Television, August 2, 2012（トム・ジョイスのインタビュー）; Nathaniel Popper, "Knight Capital Says Trading Glitch Cost It $440

Million," *New York Times*, August 2, 2012, https://dealbook.nytimes.com/2012/08/02/knight-capital-says-trading-mishap-cost-it-440-million/; and David Faber and Kate Kelly with Reuters, "Knight Capital Reaches $400 Million Deal to Save Firm," CNBC, August 6, 2012, http://www.cnbc.com/id/48516238.

(14) 午前10時の時点でのナイト・キャピタルの損失額は、推定約2億ドルである（トム・ジョイスの2017年5月16日付の私信より）。しかしナイトが莫大なポジションを手じまいする必要があることを知るウォール街中のトレーダーがそれに乗じたため、その後も損失が膨らんだ。ナイトのトレーダーはポジション縮小に終日奔走し、午後遅くにゴールドマン・サックスとの相対取引でようやくポジションを解消することができた。

(15)「高頻度」取引またはアルゴリズム取引の弊害の例は多いが、メリットもある。取引の処理は銀行やブローカーにとって固定費が高いため、取引量が増えれば増えるほど、また技術の利用が拡大すればするほど、取引の限界費用は低下する。加えて、取引の自動化により株式の売買スプレッドが縮小するため、消費者にとってのコストも低下する。たとえば以下を参照のこと。Terrence Hendershott, Charles M. Jones, and Albert J. Menkveld, "Does Algorithmic Trading Improve Liquidity?" *Journal of Finance* 66, no. 1 (2011): 1–33. アルゴリズム取引は、多くの投資家が上場投信（ETF）や投資信託に組み入れている、インデックスファンドなどの安価なファンドでも用いられている。高頻度取引がそうした「素人」投資家たちの利益になっているのかどうかについては意見は割れるが、利用コストの低下をもたらしたことはまちがいない。

(16) Chris Clearfield and James Owen Weatherall, "Why the Flash Crash Really Matters," *Nautilus*, April 23, 2015, http://nautil.us/issue/23/dominoes/why-the-flash-crash-really-matters.

(17) ディープウォーター・ホライズンの詳細については以下を参照した。National Commission on the BP Deepwater Horizon Oil Spill and Offshore Drilling, *Deep Water: The Gulf Oil Disaster and the Future of Offshore Drilling*, Report to the President (Washington, DC: Government Publishing Office, 2011); David Barstow, David Rohde, and Stephanie Saul, "Deepwater Horizon's Final Hours," *New York Times*, December 25, 2010, http://www.nytimes.com/2010/12/26/us/26spill.html; Earl Boebert and James M. Blossom, *Deepwater Horizon: A Systems Analysis of the Macondo Disaster* (Cambridge, MA: Harvard University Press, 2016); Peter Elkind, David Whitford, and Doris Burke, "BP: 'An Accident Waiting to Happen,'" *Fortune*, January 24, 2011, http://fortune.com/2011/01/24/bp-an-accident-waiting-to-happen; and BP's "Deepwater Horizon Accident Investigation Report," September 8, 2010, http://www.bp.com/content/dam/bp/pdf/sustainability/issue-reports/Deepwater_Horizon_Accident_Investigation_Report.pdf.

(18) "Understanding the Initial Deepwater Horizon Fire," *Hazmat Management*, May

10, 2010, http://www.hazmatmag.com/environment/understanding-the-initial-deepwater-horizon-fire/1000370689.

(19) National Commission on the BP Deepwater Horizon Oil Spill and Offshore Drilling, *Deep Water*, 105–109.

(20) Ibid., 3–4.

(21) David Barstow, Rob Harris, and Haeyoun Park, "Escape from the Deepwater Horizon," *New York Times* video, 6:34, December 26, 2010, https://www.nytimes.com/video/us/1248069488217/escape-from-the-deepwater-horizon.html.

(22) Ibid.

(23) Andrew B. Wilson, "BP's Disaster: No Surprise to Folks in the Know," CBS News, June 22, 2010, http://www.cbsnews.com/news/bps-disaster-no-surprise-to-folks-in-the-know.

(24) Elkind, Whitford, and Burke, "BP."

(25) Proxy Statement Pursuant to Section 14 (a), filed by Transocean with the U.S. Securities and Exchange Commission on April 1, 2011, https://www.sec.gov/Archives/edgar/data/1451505/000104746911003066/a2202839zdef14a.htm.

(26) イギリスの郵便窓口会社とホライズン・システムの詳細については、2014年12月17日に行われた英下院の延会動議に関する討議、なかでも国会議員のジェームズ・アーバスノット、アンドリュー・ブリッジェン、ケイティ・クラーク、ジョナサン・ジャノグリー、サー・オリバー・ヘルド、ハ・イランカ・デイビーズ、ケバン・ジョーンズ、イアン・マリー、アルバート・オーウェン、ジゼラ・スチュワート、マイク・ウッドの発言を参照した（*Parliamentary Debates*. Commons, 6th ser., vol. 589 [2014], http://hansard.parliament.uk/Commons/2014-12-17/debates/14121741000002/PostOfficeMediation Scheme）。また以下も参照した。Second Sight, "Interim Report into Alleged Problems with the Horizon System," July 8, 2013; and Second Sight, "Initial Complaint Review and Mediation Scheme: Briefing Report—Part Two," April 9, 2015, http://www.jfsa.org.uk/uploads/5/4/3/1/5431 2921/report_9th_april_2015.pdf.
2017年に、郵便窓口会社に対する集団訴訟命令がイギリス高等法院女王座部長によって承認された。郵便窓口会社はこれに抗議している。以下を参照のこと。Freeths, "Group Litigation Order against Post Office Limited Is Approved," March 28, 2017, http://www.freeths.co.uk/news/group-litigation-order-against-post-office-limited-is-approved; and HM Courts & Tribunals Service, "The Post Office Group Litigation," March 21, 2017, https://www.gov.uk/guidance/group-litigation-orders#the-post-office-group-litigation.

(27) The Post Office, "Post Office Automation Project Complete," PR Newswire, June 21, 2001, http://www.prnewswire.co.uk/news-releases/post-office-automation-project-

complete-153845715.html.

(28) "Decent Lives Destroyed by the Post Office: The Monstrous Injustice of Scores of Sub-Postmasters Driven to Ruin or Suicide When Computers Were Really to Blame," *Daily Mail*, April 24, 2015, http://www.dailymail.co.uk/news/article-3054706/Decent-lives-destroyed-Post-Office-monstrous-injustice-scores-sub-postmasters-driven-ruin-suicide-computers-really-blame.html.

(29) Tim Ross, "Post Office Under Fire Over IT System," *Telegraph*, August 2, 2015, http://www.telegraph.co.uk/news/uknews/royal-mail/11778288/Post-Office-under-fire-over-IT-system.html.

(30) Rebecca Ratcliffe, "Subpostmasters Fight to Clear Names in Theft and False Accounting Case," *Guardian*, April 9, 2017, https://www.theguardian.com/business/2017/apr/09/subpostmasters-unite-to-clear-names-theft-case-post-office.

(31) *Parliamentary Debates*, Commons, 6th ser., vol. 589 (2014), http://hansard.parliament.uk/Commons/2014-12-17/debates/14121741000002/PostOfficeMediationScheme.ジェームズ・アーバスノット議員が指摘する。「郵便窓口会社は2000年にホライズン会計システムを導入しましたが、その直後から懸念の声が寄せられるようになりました。全国の準郵便局長が、毎日の締め作業で帳簿が合わないことに気づきました。現金が不足する場合も、過剰の場合もありました。土曜に締めた金額と月曜の朝の金額がまったく違うこともあったといいます」。またアーバスノットは討議において次の例も挙げている。「〔私の選挙区民のジョー・ハミルトンは〕最初2000ポンドの不一致に気づき、ヘルプデスクに連絡したところ、何かのボタンを操作するよう指示されました。その通りやってみると、不一致がいきなり2倍の4000ポンドになった。そうこうするうちにどんどん増えていって最終的に3万ポンドを超えたのです。それでも郵便窓口会社は正式な調査を行いませんでした」。同じ討議でアルバート・オーウェン議員はこう発言している。「ホライズン・システムには問題があると考えられています。引退した(つまり郵便窓口を何らかの理由で閉めた)準郵便局長の多くから聞いた話ですが、2001年から2002年度の初めに農村部でシステムがオフラインになって再起動された際に、問題が生じたそうです。したがって、システムには何も問題がないという郵便窓口会社の結論は、受け入れられるものではありません」。同様にイアン・マリー議員もこう述べている。「全国の準郵便局長から、重大な問題が生じているという話があとを絶ちません」。ハ・イランカ・デイビーズ議員もいう。「私のある選挙区民は2008年に、昨今話題になっているような不一致を解消するために郵便窓口会社に5000ポンドを超える金額を弁済するよう求められました。彼は不一致の原因として、ホライズンのコンピュータシステムの不具合と研修不足、問題が生じたときの支援とフォローアップのなさをあげています」。以下も参照のこと。Second Sight, "Initial Complaint Review and Mediation Scheme," Freeths, "Group Litigation Order against Post Office Limited is Approved";

HM Courts & Tribunals Service, "The Post Office Group Litigation"; Gill Plimmer, "MPs Accuse Post Office over 'Fraud' Ordeal of Sub-Post-masters," *Financial Times*, December 9, 2014, https://www.ft.com/content/89e1bdf6-7fb1-11e4-adff-00144feabdc0; Michael Pooler, "Sub-Postmasters Fight Back over Post Office Accusations of Fraud," *Financial Times*, January 31, 2017, https://www.ft.com/content/6b6e4afc-e7af-11e6-893c-082c54a7f539; and Gill Plimmer and Andrew Bounds, "Dream Turns to Nightmare for Post Office Couple in Fraud Ordeal," *Financial Times*, December 12, 2014, https://www.ft.com/content/91080df0-814c-11e4-b956-00144feabdc0.

(32) Second Sight, "Initial Complaint Review and Mediation Scheme: Briefing Report—Part Two", April 9, 2015, http://www.jfsa.org.uk/uploads/5/4/3/1/54312921/report_9th_april_2015.pdf; Testimony of Ian Henderson, "Post Office Mediation," HC 935, Business, Innovation and Skills Committee, February 3, 2015, http://data.parliament.uk/writtenevidence/committeeevidence.svc/evidencedocument/business-innovation-and-skills-committee/post-office-mediation/oral/17926.html; and Tweedie, "Decent Lives Destroyed by the Post Office."

(33) Plimmer and Bounds, "Dream Turns to Nightmare" and Second Sight, "Initial Complaint Review and Mediation Scheme." These conclusions are consistent with several statements that MPs made in the House of Commons during the December 17, 2014 adjournment debate (*Parliamentary Debates*, Commons, 6th ser., vol. 589 [2014]). たとえばハ・イランカ・デイビーズ議員は「ホライズンと既存の諸制度の連携の問題」と「サポートや研修の不足」を指摘し、マイク・ウッド議員は「不足や不備は契約上、準郵便局長の責任とされる」と述べている。

(34) トム・ブラウンのケースは、下院の延会動議に関する討議において、ケバン・ジョーンズ議員が説明したものである。(*Parliamentary Debates*, Commons, 6th ser., vol. 589 [2014]). 同じ討議におけるジェームズ・アーバスノット、ケイティ・クラーク議員諸氏によるホライズンのサポートシステムに関する発言も参照のこと。たとえばケイティ・クラークはこう述べている。「ここから見えてくる重要な問題は、郵便窓口会社が提供するサポートシステムが不適切だということです。こうした状況に対処すべきヘルプデスクが、まちがったアドバイスや支援を与えているのです」。ハ・イランカ・デイビーズ議員も述べている。「私のとても狭い選挙区でも、3件問題が起こっています。3件とも問題の内容は異なりますが、本質は同じです。ホライズンと既存の諸制度の連携に問題があること。導入時にホライズンがオフラインになるという問題があり、そのせいで計算に狂いが生じたこと。その問題が生じたときに与えられた支援と研修がひどかったこと。そして全員が準郵便局長として不足分の弁償を求められたのです」。以下も参照のこと。Second Sight, "Initial Complaint Review and Mediation Scheme," 25.

(35) 以下で引用された郵便窓口会社の発言。Karl Flinders, "Post Office Faces Legal

Action Over Alleged Accounting System Failures," *Computer Weekly*, February 8, 2011, http://www.computerweekly.com/news/1280095088/Post-Office-faces-legal-action-over-alleged-accounting-system-failures. 郵便窓口会社の担当者は2017年8月11日付の事実確認のメールにこう書いている。「ホライズンはほかのITシステムと同様、完璧ではありませんが、堅牢で信頼性の高いシステムです」。

(36) この発言は、郵便窓口会社の広報チームの担当者からの2017年8月11日付のメールの引用である。私たちの見解をここに述べておくと、ホライズンは数百万件の取引を処理し、数千人の準郵便局長の役に立っていることは明らかであり、本書でホライズンを取り上げるのは、システム全体が失敗したことを意味していない。複雑な密結合のシステムは、たとえほとんどの場合適切に機能したとしても、思わぬ失敗や犠牲の多い失敗を引き起こすことがあるのだ。たとえばバリュージェット航空592便のような航空機墜落事故は、システムの失敗だが、現代の航空システム全体が失敗であることを示唆するものではない。

(37) *Parliamentary Debates*, Commons, 6th ser., vol. 589 (2014); ジェームズ・アーバスノット議員、アルバート・オーウェン議員の発言を参照のこと。また以下も参照のこと。Freeths, "Group Litigation Order against Post Office Limited is Approved"; HM Courts & Tribunals Service, "The Post Office Group Litigation"; and Pooler, "Sub-Postmasters Fight Back."

(38) *Parliamentary Debates*, Commons, 6th ser., vol. 589 (2014); ジェームズ・アーバスノット、ハ・イランカ・デイビーズ、ケバン・ジョーンズ、アルバート・オーウェン議員諸氏の発言を参照のこと。以下も参照のこと。Freeths, "Group Litigation Order against Post Office Limited is Approved"; HM Courts & Tribunals Service, "The Post Office Group Litigation"; Pooler, "Sub-Postmasters Fight Back"; and Ratcliffe, "Subpostmasters Fight to Clear Names."

(39) ジョー・ハミルトンの事例は、下院での討議においてジェームズ・アーバスノット議員によってくわしく説明された。(*Parliamentary Debates*, Commons, 6th ser., vol. 589 [2014]); ジョー・ハミルトンの発言は以下から引用した。Matt Prodger, "MPs Attack Post Office Sub-Postmaster Mediation Scheme," BBC News, December 9, 2014, http://www.bbc.com/news/business-30387973 and the accompanying audio file.

(40) *Parliamentary Debates*, Commons, 6th ser., vol. 589 (2014); see, in particular, the statements by MP James Arbuthnot.

(41) Henderson, "Post Office Mediation." 以下も参照のこと。Second Sight, "Initial Complaint Review and Mediation Scheme" and Charlotte Jee, "Post Office Obstructing Horizon Probe, Investigator Claims," *Computerworld UK*, February 3, 2015, http://www.computerworlduk.com/infra-structure/post-office-obstructing-horizon-probe-investigator-claims-3596589.

(42) Second Sight, "Initial Complaint Review and Mediation Scheme," 14–19.

(43) Ibid.

(44) *Parliamentary Debates*, Commons, 6th ser., vol. 589 (2014). たとえばジェームズ・アーバスノット議員が指摘している。「私が最も懸念するのは、こうした問題の一因とされるソフトウェアの欠陥を発見することが、不可能な場合が多いことです」。同じ討議のなかで、ビジネス・イノベーション・技能省のジョー・スウィンソン政務次官が発言している。「多くの事例が信じがたいほど複雑です。システムや大量の取引が関わっているのですから、当然なのでしょう」。加えて、『フィナンシャル・タイムズ』紙も述べている。「この種のコンピュータの故障を追跡するのは、システムが複雑で、とくに事後的に問題を検証する場合は至難のわざだと、IT専門家は指摘する」(Plimmer, "MPs Accuse Post Office")。以下も参照のこと。Second Sight, "Initial Complaint Review and Mediation Scheme" and Plimmer and Bounds, "Dream Turns to Nightmare."

(45) *Parliamentary Debates*, Commons, 6th ser., vol. 589 (2014). とくにジェームズ・アーバスノット、アンドリュー・ブリッジェン、サー・オリバー・ヘルド、ケバン・ジョーンズ、イアン・マリーの各議員による、彼らの選挙区の準郵便局長の経験に関する発言を参照のこと。また以下も参照のこと。Pooler, "Sub-Postmasters Fight Back"; and Plimmer and Bounds, "Dream Turns to Nightmare."

(46) *Parliamentary Debates*, Commons, 6th ser., vol. 589 (2014); Second Sight, "Initial Complaint Review and Mediation Scheme"; and Plimmer, "MPs Accuse Post Office."

(47) Alexander J. Martin, "Subpostmasters Prepare to Fight Post Office Over Wrongful Theft and False Accounting Accusations," *The Register*, April 10, 2017, https://www.theregister.co.uk/2017/04/10/subpostmasters_prepare_to_fight_post_office_over_wrongful_theft_and_false_accounting_accusations; and "The UK's Post Office Responds to Horizon Report," *Post & Parcel*, April 20, 2015, http://postandparcel.info/64576/news/the-uks-post-office-responds-to-horizon-report.

(48) Post Office IT System Criticised in Report," BBC News, September 9, 2014, http://www.bbc.com/news/uk-29130897. 以下も参照のこと。Karl Flinders, "Post Office IT Support Email Reveals Known Horizon Flaw," *Computer Weekly*, November 18, 2015, http://www.computerweekly.com/news/4500257572/Post-Office-IT-support-email-reveals-known-Horizon-flaw.

(49) HM Courts & Tribunals Service, "The Post Office Group Litigation" and Michael Pooler, "Post Office Faces Class Action Over 'Faulty' IT System," *Financial Times*, August 2, 2017, https://www.ft.com/content/f420f2f8-75fa-11e7-a3e8-60495fe6ca71.

(50) Pooler, "Post Office Faces Class Action Over 'Faulty' IT System."

(51) ケバン・ジョーンズ議員の発言。*Parliamentary Debates*, Commons, 6th ser., vol. 589 (2014). 同じ討議におけるジェームズ・アーバスノット、アンドリュー・ブリッジェ

ン、ケイティ・クラーク、ジョナサン・ジャノグリー、サー・オリバー・ヘルド、ハ・イランカ・デイビーズ、イアン・マリー、アルバート・オーウェン、ジゼラ・スチュワート、マイク・ウッドの各議員の発言も参照のこと。以下も参照のこと。Plimmer and Bounds, "Dream Turns to Nightmare."

(52) この発言は以下で引用された、アラン・ベイツの言葉である。ちなみにベイツは「準郵便局長同盟に正義を」という集団の創設者である。Steve White, "Post Office Wrongly Accused Sub-Postmaster of Stealing £85,000 in Five Years of 'Torture,'" *Mirror*, August 16, 2013, http://www.mirror.co.uk/news/uk-news/post-office-wrongly-accused-sub-postmaster-2176052.

第3章　ハッキング、詐欺、フェイクニュース

(1) ジャックのプレゼンテーション「ATMのジャックポット」は広く報道された。彼のトークとスライドの動画は、以下で見ることができる。https://www.youtube.com/watch?v=4StcW9OPpPc（DEFCON会議により2013年11月8日に投稿された動画）

(2) この物語は主要メディアに広く取り上げられたが、最初に取り上げたのはブライアン・クレブスである。("Sources: Target Investigating Data Breach," *Krebs on Security*, December 18, 2013, https://krebsonsecurity.com/2013/12/sources-target-investigating-data-breach/). クレブスはその後、データ漏洩そのものに関する詳細な記事を何本か書いている。

(3) このセクションは2016年8月12日に実施したアンディ・グリーンバーグへのインタビューと、彼の執筆した以下の記事を参照した。"Hackers Remotely Kill a Jeep on the Highway—With Me in It," *Wired*, July 21, 2015, https://www.wired.com/2015/07/hackers-remotely-kill-jeep-highway; "After Jeep Hack, Chrysler Recalls 1.4M Vehicles for Bug Fix," *Wired*, July 24, 2015, https://www.wired.com/2015/07/jeep-hack-chrysler-recalls-1-4m-vehicles-bug-fix; and "Hackers Reveal Nasty New Car Attacks—With Me Behind the Wheel (Video)," *Forbes*, August 12, 2013, https://www.forbes.com/sites/andygreenberg/2013/07/24/hackers-reveal-nasty-new-car-attacks-with-me-behind-the-wheel-video/#60fde1d9228c.

(4) Greenberg, "After Jeep Hack, Chrysler Recalls 1.4M Vehicles for Bug Fix." またFCAUSは携帯通信会社のスプリントの協力のもと、ハッカーがそもそもジープにアクセスできないようにした。

(5) 2016年8月12日に実施したアンディ・グリーンバーグへのインタビュー。

(6) Stilgherrian, "Lethal Medical Device Hack Taken to Next Level," *CSO Online*, October 21, 2011, https://www.cso.com.au/article/404909/lethal_medical_device_hack_taken_next_level; David C. Klonoff, "Cybersecurity for Connected Diabetes Devices," *Journal of Diabetes Science and Technology* 9, no. 5 (2015): 1143–1147; and

Jim Finkle, "U.S. Government Probes Medical Devices for Possible Cyber Flaws," *Reuters*, October 22, 2014, http://www.reuters.com/article/us-cybersecurity-medicaldevices-insight-idUSKCN0IB0DQ20141022.

(7) Darren Pauli, "Hacked Terminals Capable of Causing Pacemaker Deaths," *IT News*, October 17, 2012, https://www.itnews.com.au/news/hacked-terminals-capable-of-causing-pacemaker-deaths-319508. 興味深いことに、亡くなったジャックの研究と功績は、別のニュージーランド人で医療機器セキュリティ会社メドセックのCEO、ジャスティン・ボーンによって引き継がれている。ボーンの会社は、セント・ジュード・メディカル製の植え込み型除細動器にセキュリティ上の脆弱性を発見したと主張した。セント・ジュードは問題があることを否定し、メドセックを名誉毀損で訴えている。以下を参照のこと。Michelle Cortez, Erik Schatzker, and Jordan Robertson, "Carson Block Takes on St. Jude Medical Claiming Hack Risk," *Bloomberg*, August 25, 2016, https://www.bloomberg.com/news/articles/2016-08-25/carson-block-takes-on-st-jude-medical-with-claim-of-hack-risk; and *St Jude Medical Inc v. Muddy Waters Consulting LLC et al.*, Federal Civil Lawsuit, Minnesota District Court, Case No. 0:16-cv-03002.

(8) Barnaby Jack, "'Broken Hearts': How Plausible Was the Homeland Pacemaker Hack?" IOActive Labs Research, February 25, 2013, http://blog.ioactive.com/2013/02/broken-hearts-how-plausible-was.html.

(9) 複雑さを増す現代のシステムと、予期せぬ壊滅的なテロ攻撃の可能性との関係は、以下で考察されている。Thomas Homer-Dixon, "The Rise of Complex Terrorism," *Foreign Policy* 128, no. 1 (2002): 52–62.

(10) チャールズ・ペローの研究などに着想を得た、組織における不正行為のくわしい紹介は、以下を参照のこと。Donald Palmer, *Normal Organizational Wrongdoing: A Critical Analysis of Theories of Misconduct in and by Organizations* (New York: Oxford University Press, 2013).

(11) エンロンに関するセクションは以下Bethany McLean and Peter Elkind in *The Smartest Guys in the Room: The Amazing Rise and Scandalous Fall of Enron* (New York: Portfolio, 2003);および上記をもとにした2005年のすばらしい映画、『エンロン―巨大企業はいかにして崩壊したのか？』（アレックス・ギブニー監督）およびBethany McLeanの記事 "Is Enron Overpriced?" *Fortune*, March 5, 2001, http://money.cnn.com/2006/01/13/news/companies/enronoriginal_fortune; and Kurt Eichenwald, *Conspiracy of Fools: A True Story* (New York: Broadway Books, 2005) を参照した．またエンロン破綻後の破産手続きの書類も参照した。たとえば裁判所が任命した審査官ニール・バトソンによる以下の克明な報告書も参照した。*In re: Enron Corp. et al.*, U.S. Bankruptcy Court, Southern District of New York and appendices, November 4, 2003.

(12) Bethany McLean, "Why Enron Went Bust," *Fortune*, December 24, 2001, http://archive.fortune.com/magazines/fortune/fortune_archive/2001/12/24/315319/index.htm.

(13) エンロンの戦略は、次の2つの法的覚書のなかで説明されている。Christian Yoder and Stephen Hall, "re: Traders' Strategies in the California Wholesale Power Markets/ISO Sanctions," Stoel Rives (firm), December 8, 2000; and Gary Fergus and Jean Frizell, "Status Report on Further Investigation and Analysis of EPMI Trading Strategies," Brobeck (firm) (undated).

(14) come up with a reason to go down:『エンロン―巨大企業はいかにして崩壊したのか?』(アレックス・ギブニー監督) を参照のこと。この映画に、エンロンのトレーダーからの電話がかかってくるシーンがある。

(15) Christopher Weare, *The California Electricity Crisis: Causes and Policy Options* (San Francisco: Public Policy Institute of California, 2003).

(16) 以下で引用されたレベッカ・マークの発言。V. Kasturi Rangan, Krishna G. Palepu, Ahu Bhasin, Mihir A. Desai, and Sarayu Srinivasan, "Enron Development Corporation: The Dabhol Power Project in Maharashtra, India (A)," Harvard Business School Case 596-099, May 1996 (Revised July 1998).

(17) 時価会計が投資機関の長期的視野を阻害するという重要な見解については以下を参照のこと。Donald Guloien and Roger Martin, "Mark-to-Market Accounting: A Volatility Villain," *Globe and Mail*, February 13, 2013, https://www.theglobeandmail.com/globe-investor/mark-to-market-accounting-a-volatility-villain/article8637443.

(18) これらの取引に関する詳細はバトソンの報告書〔注 (11)〕の付属書Fを参照のこと。

(19) Peter Elkind, "The Confessions of Andy Fastow," *Fortune*, July 1, 2013, http://fortune.com/2013/07/01/the-confessions-of-andy-fastow.

(20) この発言はクレディ・スイス・ファースト・ボストンのマネージング・ディレクター、カーメン・マリノのメールからの引用である。詳細はバトソンの報告書の付属書Fを参照のこと。

(21) Julie Creswell, "J.P. Morgan Chase to Pay Enron Investors $2.2 Billion," *New York Times*, June 15, 2005, http://www.nytimes.com/2005/06/15/business/jp-morgan-chase-to-pay-enron-investors-22-billion.html.

(22) Owen D. Young, "Dedication Address," *Harvard Business Review* 5, no. 4 (July 1927), https://iiif.lib.harvard.edu/manifests/view/drs:8982551$1i. このスピーチについて教えてくれた以下の研究論文に感謝する。Malcolm Salter, "Lawful but Corrupt: Gaming and the Problem of Institutional Corruption in the Private Sector" (unpublished research paper, Harvard Business School, 2010).

(23) Elkind, "The Confessions of Andy Fastow."

(24) Sean Farrell, "The World's Biggest Accounting Scandals," *Guardian*, July 21, 2015, https://www.theguardian.com/business/2015/jul/21/the-worlds-biggest-accounting-scandals-toshiba-enron-olympus; "India's Enron," *Economist*, January 8, 2009, http://www.economist.com/node/12898777; "Europe's Enron," *Economist*, February 27, 2003, http://www.economist.com/node/1610552; "The Enron Down Under," *Economist*, May 23, 2002, http://www.economist.com/node/1147274.

(25) 元の記事に訂正が添付されたものは、今も『ニューヨーク・タイムズ』のウェブサイトで読むことができる。Jayson Blair, "Retracing a Trail: The Investigation; U.S. Sniper Case Seen as a Barrier to a Confession," *New York Times*, October 30, 2002, http://www.nytimes.com/2002/10/30/us/retracing-trail-investigation-us-sniper-case-seen-barrier-confession.html; Jayson Blair, "A Nation at War: Military Families; Relatives of Missing Soldiers Dread Hearing Worse News," *New York Times*, March 27, 2003, http://www.nytimes.com/2003/03/27/us/nation-war-military-families-relatives-missing-soldiers-dread-hearing-worse.html; and Jayson Blair, "A Nation at War: Veterans; In Military Wards, Questions and Fears from the Wounded," *New York Times*, April 19, 2003, http://www.nytimes.com/2003/04/19/us/a-nation-at-war-veterans-in-military-wards-questions-and-fears-from-the-wounded.html.

(26) このセクションは、この事件に関する『ニューヨーク・タイムズ』自身の報道を参照した。Dan Barry, David Barstow, Jonathan D. Glater, Adam Liptak, and Jacques Steinberg, "Correcting the Record; Times Reporter Who Resigned Leaves Long Trail of Deception," *New York Times*, May 11, 2003, http://www.nytimes.com/2003/05/11/us/correcting-the-record-times-reporter-who-resigned-leaves-long-trail-of-deception.html; Seth Mnookin, "Scandal of Record," *Vanity Fair*, December 2004, http://www.vanityfair.com/style/2004/12/nytimes200412; and the Siegal Committee, "Report of the Committee on Safeguarding the Integrity of Our Journalism," July 28, 2003, http://www.nytco.com/wp-content/uploads/Siegal-Committe-Report.pdf.

(27) Jayson Blair, interview by Katie Couric, "A Question of Trust," *Dateline NBC*, NBC, March 17, 2004, http://www.nbcnews.com/id/4457860/ns/dateline_nbc/t/question-trust/#.WZHenRIrKu6.

(28) Barry et al., "Correcting the Record."

(29) Mnookin, "Scandal of Record."

(30) Ibid.

(31) William Woo, "Journalism's 'Normal Accidents,'" *Nieman Reports*, September 15, 2003, http://niemanreports.org/articles/journalisms-normal-accidents.

(32) Dominic Lasorsa and Jia Da, "Newsroom's Normal Accident? An Exploratory Study of 10 Cases of Journalistic Deception," *Journalism Practice* 1, no. 2 (2007): 159–

174.

(33) ジェイソン・ブレア事件をきっかけに、『ニューヨーク・タイムズ』は「パブリック・エディター」職を新設し、読者に通常の組織体制から独立した窓口を提供した。以下を参照のこと。Margaret Sullivan, "Repairing the Credibility Cracks," *New York Times*, May 4, 2013, http://www.nytimes.com/2013/05/05/public-editor/repairing-the-credibility-cracks-after-jayson-blair.html. 2017年に『ニューヨーク・タイムズ』はこの職を廃止した。

第4章　デンジャーゾーンの脱出口

(1) アカデミー賞のエピソードについては以下を参照した。Jim Donnelly, "Moonlight Wins Best Picture After 2017 Oscars Envelope Mishap," March 3, 2017, http://oscar.go.com/news/winners/after-oscars-2017-mishap-moonlight-wins-best-picture; Yohana Desta, "Both Oscar Accountants 'Froze' During Best Picture Mess," *Vanity Fair*, March 2, 2017, http://www.vanityfair.com/hollywood/2017/03/pwc-accountants-froze-backstage; Jackson McHenry, "Everything We Know About That Oscars Best Picture Mix-up," *Vulture*, February 27, 2017, http://www.vulture.com/2017/02/oscars-best-picture-mixup-everything-we-know.html; また第89回アカデミー賞の放送自体も参照した。

(2) Brian Cullinan and Martha Ruiz, "These Accountants Are the Only People Who Know the Oscar Results," *Huffington Post*, January 31, 2017, http://www.huffingtonpost.com/entry/oscar-results-balloting-pwc_us _5890f00ee4b02772c4e9cf63.

(3) Valli Herman, "Was Oscar's Best Picture Disaster Simply the Result of Poor Envelope Design?" *Los Angeles Times*, February 27, 2017, http://www.latimes.com/entertainment/envelope/la-et-envelope-design-20170227-story.html.

(4) Michael Schulman, "Scenes from the Oscar-Night Implosion," *New Yorker*, February 27, 2017, http://www.newyorker.com/culture/culture-desk/scenes-from-the-oscar-night-implosion.

(5) 過去に何度か封筒のデザインを担当したマーク・フリードランドは、封筒の混同を防ぐために細心の注意を払ったという。「私たちのデザインした封筒だったらあの事故を防げたとはいいませんが、できるだけまちがいが起こらないように工夫しました。たとえばパッと見てわかるように、大きなフォントにするなど」と彼は『ロサンゼルス・タイムズ』に語っている。以下を参照のこと。Herman, "Oscar's Best Picture Disaster." それまではクリーム色の封筒に黒文字で部門名が書かれ、くっきりして舞台裏でも読みやすかった。

(6) Charles Perrow, "Organizing to Reduce the Vulnerabilities of Complexity," *Journal of Contingencies and Crisis Management* 7, no. 3 (1999): 152.

(7) Barbara J. Drew, Patricia Harris, Jessica K. Zègre-Hemsey, Tina Mammone, Daniel Schindler, Rebeca Salas-Boni, Yong Bai, Adelita Tinoco, Quan Ding, and Xiao Hu, "Insights into the Problem of Alarm Fatigue with Physiologic Monitor Devices: A Comprehensive Observational Study of Consecutive Intensive Care Unit Patients," *PLOS ONE* 9, no. 10 (2014): e110274, https://doi.org/10.1371/journal.pone.0110274.

(8) 安全機構や、それを導入することで得られる安心感がかえって失敗をもたらすという考えに関する魅惑的でくわしい考察は以下を参照のこと。Greg Ip, *Foolproof: Why Safety Can Be Dangerous and How Danger Makes Us Safe* (New York: Little, Brown and Company, 2015).

(9) Robert Wachter, *The Digital Doctor: Hope, Hype and Harm at the Dawn of Medicine's Computer Age* (New York: McGraw-Hill Education, 2015).

(10) Ibid., 130.

(11) Bob Wachter, "How to Make Hospital Tech Much, Much Safer," *Wired*, April 3, 2015, https://www.wired.com/2015/04/how-to-make-hospital-tech-much-much-safer.

(12) 2017年2月9日に実施した「ゲーリー・ミラー」(仮名) へのインタビュー。

(13) もちろん、将来のメルトダウンをある程度正確に予測できるに越したことはない。予測という魅惑的なトピックについては以下を参照のこと。Philip E. Tetlock and Dan Gardner, *Superforecasting: The Art and Science of Prediction* (New York: Random House, 2016) [フィリップ・E・テトロック、ダン・ガードナー『超予測力―不確実な時代の先を読む10カ条』土方奈美訳、早川書房、2016年].

(14) Thijs Jongsma, "That's Why I Love Flying the Airbus 330," *Meanwhile at KLM*, July 1, 2015, https://blog.klm.com/thats-why-i-love-flying-the-airbus-330.

(15) 2017年3月9日に実施したベン・バーマンへのインタビュー。

(16) この事故の詳細については以下の第3章を参照のこと。Charles Duhigg, *Smarter, Faster, Better: The Secrets of Being Productive* (New York: Random House, 2016) [チャールズ・デュヒッグ『あなたの生産性を上げる8つのアイディア』鈴木晶訳、講談社、2017年]; また以下も参照のこと。William Langewiesche, "The Human Factor," October 2014, http://www.vanityfair.com/news/business/2014/10/air-france-flight-447-crash.

(17) Federal Aviation Administration, *The Pilot's Handbook of Aeronautical Knowledge* (Washington, DC: Federal Aviation Administration, 2016). 厳密にいえば失速はどんな高度でも起こり得るが、これらの飛行機は、どちらも機首を急角度で上げすぎたために墜落した。

(18) 2017年3月9日に実施したベン・バーマンへのインタビュー。

(19) Peter Valdes-Dapena and Chloe Melas, "Fix Ready for Jeep Gear Shift Problem That Killed Anton Yelchin," CNN Money, June 22, 2016, http://money.cnn.com/2016/

06/22/autos/jeep-chrysler-shifter-recall-fix/index.html.

(20) Ibid. イェルチンの事故が起こった当時、ジープは自主回収措置がとられていた。

(21) ロジスティックスの問題やその他の関連問題が、どのようにしてエベレスト山での複雑で相互につながった失敗を招くかという興味深い考察は以下を参照のこと。Michael A. Roberto, "Lessons from Everest: The Interaction of Cognitive Bias, Psychological Safety, and System Complexity," *California Management Review* 45, no. 1 (2002): 136–158.

(22) Alpine Ascents International, "Why Climb with Us," Logistics and Planning: Base Camp, accessed August 29, 2017, https://www.alpineascents.com/climbs/mount-everest/why-climb-with-us.

(23) 航空における警報の階層化についてはロバート・ワクターの優れた著書*The Digital Doctor*（未邦訳）を参照した。またこのセクションで紹介した技術についてはベン・バーマン機長にご教示いただいた。いうまでもなく、残された誤りはすべて私たち著者の責任である。

(24) Wachter, "How to Make Hospital Tech Much, Much Safer."

(25) 2017年2月9日に実施した「ゲーリー・ミラー」（仮名）とのインタビュー。

第5章　複雑系には単純なツール

(1) Danny Lewis, "These Century-Old Stone 'Tsunami Stones' Dot Japan's Coastline," *Smithsonian Magazine*, August 31, 2015, http://www.smithsonianmag.com/smart-news/century-old-warnings-against-tsunamis-dot-japans-coastline-180956448. 記事をきめ細かく翻訳してくれたジュリア・トゥファログに感謝する。

(2) Martin Fackler, "Tsunami Warnings, Written in Stone," *New York Times*, April 20, 2011, http://www.nytimes.com/2011/04/21/world/asia/21stones.html.

(3) 東京電力福島第一原子力発電所事故の詳細については以下を参照のこと。International Atomic Energy Agency, "The Fukushima Daiichi Accident—Report by the Director General," 2015, http://www-pub.iaea.org/MTCD/Publications/PDF/Pub1710-ReportByTheDG-Web.pdf.

(4) Risa Maeda, "Japanese Nuclear Plant Survived Tsunami, Offers Clues," October 19, 2011, http://www.reuters.com/article/us-japan-nuclear-tsunami-idUSTRE79J0B420111020.

(5) Phillip Y. Lipscy, Kenji E. Kushida, and Trevor Incerti, "The Fukushima Disaster and Japan's Nuclear Plant Vulnerability in Comparative Perspective," *Environmental Science & Technology* 47, no. 12 (2013): 6082–6088.

(6) Ibid., 6083.

(7) 私たちがなぜ自然災害やその他の甚大なリスクに対して十分な備えができないのかを

幅広く考察した研究に以下がある。Robert Meyer and Howard Kunreuther, *The Ostrich Paradox: Why We Underprepare for Disasters* (Philadelphia, PA: Wharton Digital Press, 2017).

(8) Don Moore and Uriel Haran, "A Simple Tool for Making Better Forecasts," May 19, 2014, https://hbr.org/2014/05/a-simple-tool-for-making-better-forecasts. 過信についてくわしくは以下を参照のこと。Don A. Moore and Paul J. Healy, "The Trouble with Overconfidence," *Psychological Review* 115, no. 2 (2008): 502–517.

(9) Don A. Moore, Uriel Haran, and Carey K. Morewedge, "A Simple Remedy for Overprecision in Judgment," *Judgment and Decision Making* 5, no. 7 (2010): 467–476.

(10) Moore and Haran, "A Simple Tool for Making Better Forecasts."

(11) Akira Kawano, "Lessons Learned from the Fukushima Accident and Challenge for Nuclear Reform," November 26, 2012, http://nas-sites.org/fukushima/files/2012/10/TEPCO.pdf. 以下も参照のこと。Dennis Normile, "Lack of Humility and Fear of Public Misunderstandings Led to Fukushima Accident," *Science*, November 26, 2012, http://www.sciencemag.org/news/2012/11/lack-humility-and-fear-public-misunderstandings-led-fukushima-accident.

(12) このセクションは、ダニエル・カーネマンとゲーリー・クラインのすばらしい論文に多くを負っている。Daniel Kahneman and Gary Klein, "Conditions for Intuitive Expertise: A Failure to Disagree," *American Psychologist* 64, no. 6 (2009): 515–526; "Strategic Decisions: When Can You Trust Your Gut?" *McKinsey Quarterly* 13 (2010): 1–10; Gary Klein, "Developing Expertise in Decision Making," *Thinking & Reasoning* 3, no. 4 (1997): 337–352; Paul E. Meehl, *Clinical Versus Statistical Prediction: A Theoretical Analysis and a Review of the Evidence* (Minneapolis: University of Minnesota Press, 1954); James Shanteau, "Competence in Experts: The Role of Task Characteristics," *Organizational Behavior and Human Decision Processes* 53 (1992): 252–266; またロビン・ホガースの研究も参照した。Robin M. Hogarth, Tomás Lejarraga, and Emre Soyer, "The Two Settings of Kind and Wicked Learning Environments," *Current Directions in Psychological Science* 24, no. 5 (2015): 379–385; and Robin M. Hogarth, *Educating Intuition* (Chicago: University of Chicago Press, 2001).

(13) この話は『第1感（原題：*Blink*）』に登場するが、もとはゲーリー・クラインの優れた著書で挙げられている例である［マルコム・グラッドウェル『第1感―「最初の2秒」の「なんとなく」が正しい』沢田博、阿部尚美訳、光文社、2006年］。Gary Klein, *Sources of Power* (Cambridge, MA: MIT Press, 1998), 32.

(14) チップ・ヒースとダン・ヒースが著書のなかでこの区別を見事に説明している。Chip Heath and Dan Heath, *Decisive: How to Make Better Choices in Life and Work* (New York: Crown Business, 2013). 直感的な専門知識がどのような条件下で存在する

かという研究に関するくわしい解説は以下を参照のこと。Kahneman and Klein, "Conditions for Intuitive Expertise." なぜ常識が日常的な状況では役に立つのに、(市場やグローバルな組織などの) 複雑系について考えるときには妨げになるのかという重要な視点については以下を参照のこと。Duncan J. Watts, *Everything Is Obvious (Once You Know the Answer): How Common Sense Fails Us* (New York: Crown Business, 2011) [ダンカン・ワッツ『偶然の科学』青木創訳、早川書房、2012年].

(15) Shai Danziger, Jonathan Levav, and Liora Avnaim-Pesso, "Extraneous Factors in Judicial Decisions," *Proceedings of the National Academy of Sciences* 108, no. 17 (2011): 6889–6892; David White, Richard I. Kemp, Rob Jenkins, Michael Matheson, and A. Mike Burton, "Passport Officers' Errors in Face Matching," *PLOS ONE* 9, no. 8 (2014): e103510, https://doi.org/10.1371/journal.pone.0103510; and Aldert Vrij and Samantha Mann, "Who Killed My Relative? Police Officers' Ability to Detect Real-Life High-Stake Lies," *Psychology, Crime and Law* 7, no.1–4 (2001): 119–132.

(16) この視点については以下を大いに参照した。Mark Simon and Susan M. Houghton, "The Relationship Between Overconfidence and the Introduction of Risky Products: Evidence from a Field Study," *Academy of Management Journal* 46, no. 2 (2003): 139–149. 背景となった気象研究は、以下の2件の論文のなかで報告されている。Allan H. Murphy and Robert L. Winkler, "Reliability of Subjective Probability Forecasts of Precipitation and Temperature," *Journal of the Royal Statistical Society, Series C (Applied Statistics)* 26, no. 1 (1977): 41–47; and Allan H. Murphy and Robert L. Winkler, "Subjective Probabilistic Tornado Forecasts: Some Experimental Results," *Monthly Weather Review* 110, no. 9 (1982): 1288–1297.

(17) Jerome P. Charba and William H. Klein, "Skill in Precipitation Forecasting in the National Weather Service," *Bulletin of the American Meteorological Society* 61, no. 12 (1980): 1546–1555.

(18) 複雑な状況での意思決定を改善するツールをくわしく解説したものとして以下を参照のこと。Atul Gawande, *The Checklist Manifesto: How to Get Things Right* (New York: Metropolitan Books, 2009) [アトゥール・ガワンデ『アナタはなぜチェックリストを使わないのか? —重大な局面で"正しい決断"をする方法』吉田竜訳、晋遊舎、2011年]; Dan Ariely, *Predictably Irrational: The Hidden Forces That Shape Our Decisions* (New York: HarperCollins, 2009) [ダン・アリエリー『予想どおりに不合理—行動経済学が明かす「あなたがそれを選ぶわけ」』熊谷淳子訳、早川書房、2013年]; Richard H. Thaler and Cass R. Sunstein, *Nudge: Improving Decisions About Health, Wealth, and Happiness* (New Haven, CT: Yale University Press, 2008) [リチャード・セイラー、キャス・サンスティーン『実践行動経済学—健康、富、幸福への聡明な選択』遠藤真美訳、日経BP社、2009年]; and Dilip Soman, *The Last Mile: Creating So-*

cial and Economic Value from Behavioral Insights (Toronto: University of Toronto Press, 2015).

(19) P. Sujitkumar, J. M. Hadfield, and D. W. Yates, "Sprain or Fracture? An Analysis of 2000 Ankle Injuries," *Emergency Medicine Journal* 3, no. 2 (1986): 101–106.

(20) Ian G. Stiell, Gary H. Greenberg, R. Douglas McKnight, Rama C. Nair, I. McDowell, and James R. Worthington, "A Study to Develop Clinical Decision Rules for the Use of Radiography in Acute Ankle Injuries," *Annals of Emergency Medicine* 21, no. 4 (1992): 384–390. ここでは、この論文のFigure 2を簡略した図を使用した。

(21) 医師がどのようにして専門家になるかを別の観点から議論したものに以下がある。Atul Gawande's, *Complications* (New York: Picador, 2002) [アトゥール・ガワンデ『予期せぬ瞬間—医療の不完全さは乗り越えられるか』古屋美登里、小田嶋由美子訳、みすず書房、2017年]. ガワンデはこのなかで、トロント郊外のショールダイス病院でのヘルニア修復術の成功率を取り上げている。ショールダイス病院では、外科医がヘルニア修復術に特化し、一年間で一般外科医が一生のうちに行うよりも多くの修復術を行っている。

(22) 2017年5月21日に実施した「リサ」(仮名) へのインタビュー。

(23) この手法を考案したのは、プリンストンの社会学者マシュー・サルガニクと彼の研究グループである。彼らの無料のオープンソースのウェブサイト (www.allourideas.org) を利用すれば、誰でもペアワイズ・ウィキ調査を作成できる。ツールの裏づけとなる研究は以下を参照のこと。Matthew J. Salganik and Karen E. C. Levy, "Wiki Surveys: Open and Quantifiable Social Data Collection," *PLOS ONE* 10, no. 5 (2015): e0123483, https://doi.org/10.1371/journal.pone.0123483.

(24) ターゲット・カナダの誕生と崩壊についてはジョー・カスタルドのくわしい記事に多くを負っている。("The Last Days of Target," *Canadian Business*, January 2016, http://www.canadianbusiness.com/the-last-days-of-target-canada). また2016年10月12日に実施したカスタルドへのインタビューも参照した。

(25) Ian Austen and Hiroko Tabuchi, "Target's Red Ink Runs Out in Canada," *New York Times*, January 15, 2015, https://www.nytimes.com/2015/01/16/business/target-to-close-stores-in-canada.html.

(26) この劇"*A Community Target*"は、ロバート・モータムがターゲット・カナダの元従業員約50人とのインタビューをもとに書いたものだ。モータムは事実確認のメールへの返答 (2017年6月17日付) に次のように書いている。「セリフの90%は、一語一句インタビューのままです。わかりやすくするためにわずかに編集を加えただけです。……劇の前半ではターゲットの具体的な問題をえぐり出し……後半はカナダの現在の小売環境に目を向けます。全体としてみれば、ターゲットの元従業員とその社会を描いた物語です」。

(27) ミネソタ・パブリック・ラジオのMPRニュースにおける、司会者トム・ウェーバーとジョー・カスタルドとの対談。Tom Weber, "The Downfall of Target Canada," Minnesota Public Radio, January 29, 2016, https://www.mprnews.org/story/2016/01/29/target-canada-failure.

(28) Castaldo, "The Last Days of Target."

(29) 2016年10月12日に実施したカスタルドへのインタビュー。

(30) Castaldo, "The Last Days of Target."

(31) "Target 2010 Annual Report," http://media.corporate-ir.net/media_files/irol/65/65828/Target_AnnualReport_2010.pdf.

(32) "Performing a Project Premortem," *Harvard Business Review* 85, no. 9 (2007): 18–19.

(33) Kahneman and Klein, "Strategic Decisions."

(34) Deborah J. Mitchell, J. Edward Russo, and Nancy Pennington, "Back to the Future: Temporal Perspective in the Explanation of Events," *Journal of Behavioral Decision Making* 2, no. 1 (1989): 25–38.

(35) Ibid., 34–35.

(36) "The logic is that": Kahneman and Klein, "Strategic Decisions."

(37) 2017年5月29日に実施した「ジル・ブルーム」(仮名)へのインタビュー。ブルームと夫は死亡前死因分析を行う前に、クリス(本書の著者の1人)から折あるごとに死亡前死因分析のことを聞いていた。

(38) Kahneman and Klein, "Strategic Decisions."

第6章　災いの前兆を見抜く

(1) フリント市の水道危機については以下をはじめ多くの情報源を利用した。Julia Laurie, "Meet the Mom Who Helped Expose Flint's Toxic Water Nightmare," *Mother Jones*, January 21, 2016, http://www.motherjones.com/politics/2016/01/mother-exposed-flint-lead-contamination-water-crisis; LeeAnne Walters's testimony to the Michigan Joint Committee on the Flint Water Public Health Emergency, March 29, 2016 (via ABC News, http://abcnews.go.com/US/flint-mother-emotional-testimony-water-crisis-affected-childrens/story?id=38008707); Lindsey Smith, "This Mom Helped Uncover What Was Really Going On with Flint's Water," Michigan Radio, December 14, 2015, http://michiganradio.org/post/mom-helped-uncover-what-was-really-going-flint-s-water; the excellent radio documentary by Lindsey Smith, "Not Safe to Drink," Michigan Radio, http://michiganradio.org/topic/not-safe-drink; Gary Ridley, "Flint Mother at Center of Lead Water Crisis Files Lawsuit," *Mlive*, March 3, 2016, http://www.mlive.com/news/flint/index.ssf/2016/03/flint_mother_at_center_of_lead.html;

Ryan Felton, "Flint Residents Raise Concerns over Discolored Water," *Detroit Metro Times*, August 13, 2014, http://www.metrotimes.com/detroit/flint-residents-raise-concerns-over-discolored-water/Content?oid=2231724; Ron Fonger, "Flint Starting to Flush Out 'Discolored' Drinking Water with Hydrant Releases," *Mlive*, July 30, 2014, http://www.mlive.com/news/flint/index.ssf/2014/07/flint_starting_to_flush_out_di.html; RonFonger, "State Says Flint River Water Meets All Standards but More Than Twice the Hardness of Lake Water," *Mlive*, May 23, 2014, http://www.mlive.com/news/flint/index.ssf/2014/05/state_says_flint_river_water_m.html; Ron Fonger, "Flint Water Problems: Switch Aimed to Save $5 Million—But at What Cost?" *Mlive*, January 23, 2015, http://www.mlive.com/news/flint/index.ssf/2015/01/flints_dilemma_how_much_to_spe.html; Matthew M. Davis, Chris Kolb, Lawrence Reynolds, Eric Rothstein, and Ken Sikkema, "Flint Water Advisory Task Force Final Report," Flint Water Advisory Task Force, 2016, https://www.michigan.gov/documents/snyder/FWATF_FINAL_REPORT_21March2016_517805_7.pdf; Miguel A. Del Toral, "High Lead Levels in Flint, Michigan—Interim Report," Environmental Protection Agency, June 24, 2015, http://flintwaterstudy.org/wp-content/uploads/2015/11/Miguels-Memo.pdf; and an internal email from Miguel A. Del Toral, "Re: Interim Report on High Lead Levels in Flint," Environmental Protection Agency（以下を参照のこと。Jim Lynch, "Whistle-Blower Del Toral Grew Tired of EPA 'Cesspool,'" *Detroit News*, March 28, 2016, http://www.detroitnews.com/story/news/michigan/flint-water-crisis/2016/03/28/whistle-blower-del-toral-grew-tired-epa-cesspool/82365470/）.

（2）Dominic Adams, "Closing the Valve on History: Flint Cuts Water Flow from Detroit After Nearly 50 Years," *Mlive*, April 25, 2014, http://www.mlive.com/news/flint/index.ssf/2014/04/closing_the_valve_on_his tory_f.html.

（3）Ibid.

（4）Merrit Kennedy, "Lead-Laced Water in Flint: A Step-by-Step Look at the Makings of a Crisis," National Public Radio, April 20, 2016, http://www.npr.org/sections/thetwo-way/2016/04/20/465545378/lead-laced-water-in-flint-a-step-by-step-look-at-the-makings-of-a-crisis.

（5）Elisha Anderson, "Legionnaires'-Associated Deaths Grow to 12 in Flint Area," *Detroit Free Press*, April 11, 2016, http://www.freep.com/story/news/local/michigan/flint-water-crisis/2016/04/11/legionnaires-deaths-flint-water/82897722.

（6）rusting the engine blocks: Mike Colias, "How GM Saved Itself from Flint Water Crisis," *Automotive News*, January 31, 2016, http://www.autonews.com/article/20160131/OEM01/302019964/how-gm-saved-itself-from-flint-water-crisis.

（7）この採水手順は州当局者によって考案されたもので、多くの地元水道局によって採用

された。以下を参照のこと。Rebecca Williams, "State's Instructions for Sampling Drinking Water for Lead 'Not Best Practice,'" Michigan Radio, November 17, 2015, http://michiganradio.org/post/states-instructions-sampling-drinking-water-lead-not-best-practice.

(8) Julianne Mattera, "Missed Lead: Is Central Pa.'s Water Testing Misleading?" *Penn Live*, February 1, 2016, http://www.pennlive.com/news/2016/02/lead_in_water_flint_water_samp.html.

(9) Mark Brush, "Expert Says Michigan Officials Changed a Flint Lead Report to Avoid Federal Action," Michigan Radio, November 5, 2015, http://michiganradio.org/post/expert-says-michigan-officials-changed-flint-lead-report-avoid-federal-action.

(10) フリント水道公衆衛生緊急事態協議のためのミシガン合同委員会でのリーアン・ウォルターズの証言。

(11) コンサルティング会社のロウとLANが作成した、以下の報告書による。Rowe and LAN, "Analysis of the Flint River as a Permanent Water Supply for the City of Flint," July 2011, http://www.scribd.com/doc/64381765/Analysis-of-the-Flint-River-as-a-Permanent-Water-Supply-for-the-City-of-Flint-July-2011; とくに以下を参照のこと。"Opinion of Probable Cost" in Appendix 8, https://www.scribd.com/document/64382181/Analysis-of-the-Flint-River-as-a-Permanent-Water-Supply-for-the-City-of-Flint-July-2011-Appendices-1-to-8. 一部のメディアは1日あたりのコストを100ドルと推定しているが、私たちはそれを裏づける計算を見つけることができなかった。

(12) "Michigan Governor Signs Budget Tripling State Spending on Flint Water Emergency," *Chicago Tribune*, June 29, 2016, http://www.chicagotribune.com/news/nationworld/midwest/ct-flint-water-crisis-20160629-story.html.

(13) 以下に引用されたダーネル・アーリーの発言。Adams, "Closing the Valve on History." アーリーはミシガン州知事によって任命された緊急事態管理責任者で、フリント川への水源切り替えを主導した。アーリーによれば、水源変更の決定は、彼が任命される前に前任の緊急事態管理責任者と地元政治家によって下されたという。以下を参照のこと。Ron Fonger, "Ex-Emergency Manager Says He's Not to Blame for Flint River Water Switch," *Mlive*, October 13, 2015, http://www.mlive.com/news/flint/index.ssf/2015/10/ex_emergency_manager_earley_sa.html.

(14) Perrow, *Normal Accidents*, 214.

(15) ワシントンD.C.メトロシステム、とくに衝突事故の詳細は、以下を参照した。NTSB/RAR-10/02. メトロ第112列車衝突事故当時、運行管理は現在のワシントン首都圏交通局の市内本部のある場所で行われていた。運行管理施設はのちにワシントン郊外に移転した。

(16) NTSB/RAR-10/02, 20–23. メトロの信号伝送システムは、現在もほかの輸送機関事

業者によって利用されているが、アナログ信号を利用するため、音や送信電力その他の変数の影響を受けやすい。

(17) NTSB/RAR-10/02, 44.

(18) NTSB/RAR-10/02, 40–41. 作業員はNTSBに対し、最初の列車はシステムにより検知されたと報告したが、記録データを検証した結果、その朝軌道回路を通過した列車は1台も検知されていなかったことが判明した。

(19) NTSB/RAR-10/02, 81. 列車は軌道回路によって検知されなくなると、時速0マイルの速度指令を受信した。214列車より前にきた列車はすべて問題区間を抜け、正常運行を続けることができた。

(20) "How Aviation Safety Has Improved," Allianz Expert Risk Articles, http://www.agcs.allianz.com/insights/expert-risk-articles/how-aviation-safety-has-improved.

(21) たとえば以下を参照のこと。Ian Savage, "Comparing the Fatality Risks in United States Transportation Across Modes and Over Time," *Research in Transportation Economics* 43, no. 1 (2013): 9–22. Allianz's "How Aviation Safety Has Improved" report puts the per-mile spread even higher.

(22) Federal Aviation Administration, *The Pilot's Handbook of Aeronautical Knowledge*. 飛行機はGPS座標によって定義された航空路に沿って飛行する場合も、目的地に向かって直接飛行する場合もある。

(23) このセクションは以下を参照した。National Transportation Safety Board's Aircraft Accident Report NTSB-AAR-75-16, "Trans World Airlines, Inc, Boeing 727-231 N54328, Berryville, Virginia, December, 1, 1974," http://libraryonline.erau.edu/online-full-text/ntsb/aircraft-accident-reports/AAR75-16.pdf. ここに掲載した図は、上記の報告書の図を編集、簡素化したものである。

(24) 実際のチャートは以下に掲載されている。NTSB-AAR-75-16, 59. ここに示した側面図には、復行開始地点は記載されていない。また私たちの議論では着陸決心高度の概念を省略した。

(25) 発言はコックピットのボイスレコーダーより。以下を参照のこと。NTSB-AAR-75-16, 4.

(26) たとえば以下を参照のこと。Karl E. Weick, "The Vulnerable System: An Analysis of the Tenerife Air Disaster," *Journal of Management* 16, no. 3 (1990): 571–593; and Karl E. Weick, Kathleen M. Sutcliffe, and David Obstfeld, "Organizing and the Process of Sensemaking," *Organization Science* 16, no. 4 (2005): 409–421.

(27) NTSB-AAR-75-16, 12.

(28) NTSB-AAR-75-16, 23.

(29) NASA, "Automation Dependency," *Callback*, September 2016, https://asrs.arc.nasa.gov/publications/callback/cb_440.html.

(30) NASA, "The Dangers of Complacency," *Callback*, March 2017, https://asrs.arc.nasa.gov/publications/callback/cb_446.html.

(31) Perrow, "Organizing to Reduce the Vulnerabilities of Complexity," 153.

(32) この実験は、以下のすばらしい研究をもとにしている。Robin L. Dillon and Catherine H. Tinsley, "How Near-Misses Influence Decision Making Under Risk: A Missed Opportunity for Learning," *Management Science* 54, no. 8 (2008): 1425–1440. ディロンとティンズリーの実験は、NASAの架空のプロジェクトという設定だった。私たちの実験のシナリオを考えるのを手伝ってくれた、エンジニアのブジェコ・ベジクに感謝する。

(33)「アノマライジング」とは広義では、アノマリー（計画したことと実際に展開する状況との乖離）に気づき、理解することによって、脅威や危機を予期しようとするプロセスをいう。この概念に関するくわしい解説は以下を参照のこと。Michelle A. Barton, Kathleen M. Sutcliffe, Timothy J. Vogus, and Theodore DeWitt, "Performing Under Uncertainty: Contextualized Engagement in Wildland Firefighting," *Journal of Contingencies and Crisis Management* 23, no. 2 (2015): 74–83.

(34) 組織がニアミスやその他の警告サインから学ぶ方法については以下を大いに参照した。Catherine H. Tinsley, Robin L. Dillon, and Peter M. Madsen, "How to Avoid Catastrophe," *Harvard Business Review* 89, no. 4 (2011): 90–97. 危機一髪の状況やニアミスからの学習に関するくわしい解説は以下を参照のこと。Scott D. Sagan, *The Limits of Safety* (Princeton, NJ: Princeton University Press, 1995). 知らないことを知ろうとすることの大切さについてくわしくは以下を参照のこと。Karlene H. Roberts and Robert Bea, "Must Accidents Happen? Lessons from High-Reliability Organizations," *The Academy of Management Executive* 15, no. 3 (2001): 70–78.

(35) Edward Doyle, "Building a Better Safety Net to Detect—and Prevent—Medication Errors," *Today's Hospitalist*, September 2006, https://www.todayshospitalist.com/Building-a-better-safety-net-to-detect-and-prevent-medication-errors.

(36) Ibid.

(37) 失敗のスティグマを減らすことによって学習を促す方法についてくわしくは以下を参照のこと。Amy C. Edmondson, "Strategies for Learning from Failure," *Harvard Business Review* 89, no. 4 (2011): 48–55.

(38) 2017年3月9日に実施したベン・バーマンへのインタビュー。

(39) Wachter, "How to Make Hospital Tech Much, Much Safer."

(40) 組織が曖昧な警告サインから学ぶ方法に関する重要な考察は、Michael A. Roberto, Richard M.J. Bohmer, and Amy C. Edmondson, "Facing Ambiguous Threats," *Harvard Business Review* 84, no. 11 (2006): 106–113.

(41) 2017年4月13日に実施したクラウス・レーラップへのインタビュー。

(42) Claus Rerup, "Attentional Triangulation: Learning from Unexpected Rare Crises,"

Organization Science 20, no. 5 (2009): 876–893.

(43) 3年ごとに行う部署と毎年行う部署があるが、どの部署も少なくとも6年に一度は実施する。以下を参照のこと。Novo Nordisk, "The Novo Nordisk Way: The Essentials," http://www.novonordisk.com/about-novo-nordisk/novo-nordisk-way/the-essentials.html.

(44) Novo Nordisk, 2014 Annual Report, http://www.novonordisk.com/content/dam/Denmark/HQ/Commons/documents/Novo-Nordisk-Annual-Report-2014.pdf, 12.

(45) a trusted advisor: Vanessa M. Strike and Claus Rerup, "Mediated Sensemaking," *Academy of Management Journal* 59, no. 3 (2016): 885. 以下も参照のこと。Vanessa M. Strike, "The Most Trusted Advisor and the Subtle Advice Process in Family Firms," *Family Business Review* 26, no. 3 (2013): 293–313.

第7章　少数意見を解剖する

(1) この章のイグナーツ・センメルヴェイスの物語は、以下を大いに参照した。Sherwin B. Nuland, *The Doctors' Plague: Germs, Childbed Fever, and the Strange Story of Ignác Semmelweis* (New York and London: W. W. Norton, 2003).

(2) Ibid., 84.

(3) Ignaz (Ignác) Semmelweis, *The Etiology, Concept, and Prophylaxis of Childbed Fever*, trans. and ed. K. Codell Carter (Madison: University of Wisconsin Press, 1983), 88.

(4) Nuland, *The Doctors' Plague*, 104.

(5) Ibid.

(6) Vasily Klucharev, Kaisa Hytönen, Mark Rijpkema, Ale Smidts, and Guillén Fernández, "Reinforcement Learning Signal Predicts Social Conformity," *Neuron* 61, no. 1 (2009): 140–151.

(7) Elizabeth Landau, "Why So Many Minds Think Alike," January 15, 2009, http://www.cnn.com/2009/HEALTH/01/15/social.conformity.brain.

(8) "Social Conformism Measured in the Brain for the First Time," Donders Institute for Brain, Cognition and Behaviour, January 15, 2009, http://www.ru.nl/donders/news/vm-news/more-news/.

(9) Gregory S. Berns, Jonathan Chappelow, Caroline F. Zink, Giuseppe Pagnoni, Megan E. Martin-Skurski, and Jim Richards, "Neurobiological Correlates of Social Conformity and Independence During Mental Rotation," *Biological Psychiatry* 58, no. 3 (2005): 245–253.

(10) Ibid., 252.

(11) Landau, "Why So Many Minds Think Alike."

(12) Nuland, *The Doctors' Plague*, 120.

(13) Ibid., 121.

(14) Jeremy P. Jamieson, Piercarlo Valdesolo, and Brett J. The Physiological and Psychological Effects of Being an Agent (and Target) of Dissent During Intragroup Conflict," *Journal of Experimental Social Psychology* 55 (2014): 221–227.

(15) Dan Ward and Dacher Keltner, "Power and the Consumption of Resources," unpublished manuscript, University of Wisconsin–Madison, 1998. この研究の要約は以下に載っている。Dacher Keltner, Deborah H. Gruenfeld, and Cameron Anderson, "Power, Approach, and Inhibition," *Psychological Review* 110, no. 2 (2003): 265–284.

(16) "How Do Humans Gain Power? By Sharing It," *PBS NewsHour*, June 9, 2016, http://www.pbs.org/newshour/bb/how-do-humans-gain-power-by-sharing-i.

(17) Keltner, Gruenfeld, and Anderson, "Power, Approach, and Inhibition," 277.

(18) Dacher Keltner, "The Power Paradox," *Greater Good Magazine*, December 1, 2007, https://greatergood.berkeley.edu/article/item/power_paradox.

(19) 声を上げることの科学に関するくわしい解説は、エイミー・エドモンドソンの心理的安全性、従業員の発言、学習についての画期的研究を参照のこと。彼女の研究は、本章で取り上げた多くの研究に影響を与えている。Amy C. Edmondson, "Psychological Safety and Learning Behavior in Work Teams," *Administrative Science Quarterly* 44, no. 2 (1999): 350–383; Amy C. Edmondson, *Teaming: How Organizations Learn, Innovate, and Compete in the Knowledge Economy* (San Francisco, CA: Jossey-Bass, 2012); Amy C. Edmondson and Zhike Lei, "Psychological Safety: The History, Renaissance, and Future of an Interpersonal Construct," *Annual Review of Organizational Psychology and Organizational Behavior* 1 (2014): 23–43; Amy C. Edmondson, "Speaking Up in the Operating Room: How Team Leaders Promote Learning in Interdisciplinary Action Teams," *Journal of Management Studies* 40, no. 6 (2003): 1419–1452 ; and James R. Detert and Amy C. Edmondson, "Implicit Voice Theories: Taken-for-Granted Rules of Self-Censorship at Work," *Academy of Management Journal* 54, no. 3 (2011): 461–488.

(20) 声を上げることの研究を理解するうえで、ジム・ディタートに多くのことをご教示いただいた（2016年10月17日に実施したインタビュー）。

(21) James R. Detert and Ethan R. Burris, "Can Your Employees Really Speak Freely?" *Harvard Business Review* 94, no. 1 (2016): 84.

(22) Idid.; 以下も参照のこと。James R. Detert and Ethan R. Burris, "Leadership Behavior and Employee Voice: Is the Door Really Open?" *Academy of Management Journal* 50, no. 4 (2007): 869–884.

(23) Detert and Burris, "Can Your Employees Really Speak Freely?" 82.

(24) 声を上げる際に感情をコントロールすること（センメルヴェイスが当時明らかに欠いていたスキル）の重要性に関する研究に以下がある。Adam M. Grant, "Rocking the Boat but Keeping It Steady: The Role of Emotion Regulation in Employee Voice," *Academy of Management Journal* 56, no. 6 (2013): 1703–1723.

(25) John Waller, *Leaps in the Dark: The Making of Scientific Reputations* (New York: Oxford University Press, 2004), 155.

(26)「ロバート」は仮名である。ロバートの物語は、2016年5月5日に実施したリチャード・スピアーズと彼の受付係ドナ（ファーストネームのみを明かす）へのインタビューをもとにしている。

(27) Weick, "The Vulnerable System," 588.

(28) 機長が危険な気象条件やその他の危機状況で操縦を担当する可能性が高いことを勘案してもなお、これらの結果は有効だった。以下を参照のこと。R. Key Dismukes, Benjamin A. Berman, and Loukia D. Loukopoulos, *The Limits of Expertise: Rethinking Pilot Error and the Causes of Airline Accidents* (Burlington, VT: Ashgate, 2007); and National Transportation Safety Board, *A Review of Flightcrew-Involved Major Accidents of US Air Carriers, 1978 Through 1990* (Washington, DC: National Transportation Safety Board, 1994).

(29) クルー・リソース・マネジメントの歴史と有効性に関するくわしい解説は以下を参照のこと。Robert L. Helmreich and John A. Wilhelm, "Outcomes of Crew Resource Management Training," *International Journal of Aviation Psychology* 1, no. 4 (1991): 287–300; Robert L. Helmreich, Ashleigh C. Merritt, and John A. Wilhelm, "The Evolution of Crew Resource Management Training in Commercial Aviation," *International Journal of Aviation Psychology* 9, no. 1 (1999): 19–32; and Eduardo Salas, C. Shawn Burke, Clint A. Bowers, and Katherine A. Wilson, "Team Training in the Skies: Does Crew Resource Management (CRM) Training Work?" *Human Factors* 43, no. 4 (2001): 641–674. 過去数十年の航空業界の変化とCRMの進化については、ベン・バーマン機長に多くをご教示いただいた。

(30) Dismukes, Berman, and Loukopoulos, *The Limits of Expertise*, 283.

(31) Richard D. Speers and Christopher A. McCulloch, "Optimizing Patient Safety: Can We Learn from the Airline Industry?" *Journal of the Canadian Dental Association* 80 (2014): e37.

(32) Michelle A. Barton and Kathleen M. Sutcliffe, "Overcoming Dysfunctional Momentum: Organizational Safety as a Social Achievement," *Human Relations* 62, no. 9 (2009): 1340.

(33) この研究に関するくわしい説明は以下の第2章を参照のこと。Duhigg, *Smarter, Faster, Better.*

(34) James R. Detert, Ethan R. Burris, David A. Harrison, and Sean R. Martin, "Voice Flows to and Around Leaders: Understanding When Units Are Helped or Hurt by Employee Voice," *Administrative Science Quarterly* 58, no. 4 (2013): 624–668.

(35) Helmreich, Merritt, and Wilhelm, "Evolution of Crew Resource Management," 21.

(36) 事実確認のメールへの返答（2017年5月16日付）で、バーマン機長はクルー・リソース・マネジメントそのものが時とともに変化してきたことを強調した。プログラムの初期から、航空会社は心理学用語の使用を極力減らし、クルーが直接役立てられるような訓練を提供するよう、努めてきたという。

(37) Detert and Burris, "Can Your Employees Really Speak Freely?" 84.

(38) 2017年5月9日に実施したベン・バーマンへのインタビュー。

(39) Melissa Korn, "Where I Work: Dean of BU's School of Management," *Wall Street Journal*, June 11, 2012, https://blogs.wsj.com/atwork/ 2012/06/11/where-i-work-dean-of-bus-school-of-management.

(40) "A Look Back at the Collapse of Lehman Brothers," *PBS NewsHour*, September 14, 2009, http://www.pbs.org/newshour/bb/business-july-dec09-solmanlehman_09-14.

(41) Matie L. Flowers, "A Laboratory Test of Some Implications of Janis's Groupthink Hypothesis," *Journal of Personality and Social Psychology* 35, no. 12 (1977): 888–896. わかりやすくするために、ここではフラワーズの結果から集団凝縮性の効果を省いた。

(42) Jane Nelsen, *Positive Discipline* (New York: Ballantine, 2006), 220［ジョーン・E・デュラント『ポジティブ・ディシプリンのすすめ―親力をのばす0歳から18歳までの子育てガイド』柳沢圭子訳、明石書店、2009年］.

(43) 2016年10月17日に実施したジム・ディタートへのインタビュー。

第8章　多様性という「減速帯」

(1) "How 'Lehman Siblings' Might Have Stemmed the Financial Crisis," *PBS NewsHour*, August 6, 2014, http://www.pbs.org/newshour/making-sense/how-lehman-siblings-might-have-stemmed-the-financial-crisis.

(2) Sheen S. Levine, Evan P. Apfelbaum, Mark Bernard, Valerie L. Bartelt, Edward J. Zajac, and David Stark, "Ethnic Diversity Deflates Price Bubbles," *Proceedings of the National Academy of Sciences* 111, no. 52 (2014): 18524–18529. 参加者が売買した株式には計算可能な（本源的）価値があった。研究者はこの値をもとに、市場価格と真の価値との乖離を測定することができた。

(3) 2016年11月4日に実施したエバン・アプフェルバウムへのインタビュー。

(4) Levine et al., "Ethnic Diversity Deflates Price Bubbles," 18528.

(5) 2016年11月4日に実施したエバン・アプフェルバウムへのインタビュー。

(6) Sarah E. Gaither, Evan P. Apfelbaum, Hannah J. Birnbaum, Laura G. Babbitt, and

Samuel R. Sommers, "Mere Membership in Racially Diverse Groups Reduces Conformity," *Social Psychological and Personality Science* (2017): in press, https://doi.org/10.1177/1948550617708013.

(7) 2016年11月4日に実施したエバン・アプフェルバウムへのインタビュー。

(8) Katherine W. Phillips, Gregory B. Northcraft, and Margaret A. Neale, "Surface-Level Diversity and Decision-Making in Groups: When Does Deep-Level Similarity Help?" *Group Processes & Intergroup Relations* 9, no. 4 (2006): 467–482.

(9) Katherine W. Phillips, "How Diversity Makes Us Smarter," *Scientific American*, October 1, 2014, https://www.scientificamerican.com/article/how-diversity-makes-us-smarter.

(10) Samuel R. Sommers, "On Racial Diversity and Group Decision Making: Identifying Multiple Effects of Racial Composition on Jury Deliberations," *Journal of Personality and Social Psychology* 90, no. 4 (2006): 597–612.

(11) Lawrence J. Abbott, Susan Parker, and Theresa J. Presley, "Female Board Presence and the Likelihood of Financial Restatement," *Accounting Horizons* 26, no. 4 (2012): 613. 以下も参照のこと。Anne-Marie Slaughter, "Why Family Is a Foreign-Policy Issue," *Foreign Policy*, November 26, 2012, http://foreignpolicy.com/2012/11/26/why-family-is-a-foreign-policy-issue. スローターはこう書いている。「大統領が男性ホルモンオンリーのチームによって、アメリカの国際社会における位置づけに影響を与えることに、何か問題はあるだろうか？　大ありだ。おそらく、21世紀の地球が直面する新しい難題に対処する能力を損なうようなかたちで影響を与えるだろう」。

(12) Phillips, "How Diversity Makes Us Smarter"; 以下も参照のこと。David Rock, Heidi Grant, and Jacqui Grey, "Diverse Teams Feel Less Comfortable—and That's Why They Perform Better," September 22, 2016, *Harvard Business Review*, https://hbr.org/2016/09/diverse-teams-feel-less-comfort able-and-thats-why-they-perform-better.

(13) Lauren A. Rivera, *Pedigree: How Elite Students Get Elite Jobs* (Princeton, NJ: Princeton University Press, 2016), 227.「ヘンリー」と「ウィル」は仮名である。

(14) この会話の記録の抜粋を共有してくれたローレン・リベラに感謝する。

(15) Claudia Goldin and Cecilia Rouse, "Orchestrating Impartiality: The Impact of 'Blind' Auditions on Female Musicians," *American Economic Review* 90, no. 4 (2000): 715–741. 最近では、ほかの労働市場でもさまざまなブラインドオーディション手法の利用が進んでいる。ただし、そうした介入の有効性に関する体系的研究はこれまでほとんど行われていない。

(16) ダイバーシティ施策の有効性については以下を大いに参照した。Frank Dobbin and Alexandra Kalev, "Why Diversity Programs Fail," *Harvard Business Review* 94, no. 7

(2016): 52–60. 基盤研究については以下を参照のこと。Frank Dobbin, Daniel Schrage, and Alexandra Kalev, "Rage Against the Iron Cage: The Varied Effects of Bureaucratic Personnel Reforms on Diversity," *American Sociological Review* 80, no. 5 (2015): 1014–1044; and Alexandra Kalev, Frank Dobbin, and Erin Kelly, "Best Practices or Best Guesses? Assessing the Efficacy of Corporate Affirmative Action and Diversity Policies," *American Sociological Review* 71, no. 4 (2006): 589–617.

(17) Dobbin and Kalev, "Why Diversity Programs Fail," 54.

(18) Ibid., 57.

(19) Ibid.

(20) 多様な組織の構築と運営にまつわる困難と詳細については以下を参照のこと。Emilio J. Castilla, "Gender, Race, and Meritocracy in Organizational Careers," *American Journal of Sociology* 113, no. 6 (2008): 1479–1526; Emilio J. Castilla and Stephen Benard, "The Paradox of Meritocracy in Organizations," *Administrative Science Quarterly* 55, no. 4 (2010): 543–676; Roberto M. Fernandez and Isabel Fernandez-Mateo, "Networks, Race, and Hiring," *American Sociological Review* 71, no. 1 (2006): 42–71 ; Roberto M. Fernandez and M. Lourdes Sosa, "Gendering the Job: Networks and Recruitment at a Call Center," *American Journal of Sociology* 111, no. 3 (2005): 859–904; Robin J. Ely and David A. Thomas, "Cultural Diversity at Work: The Effects of Diversity Perspectives on Work Group Processes and Outcomes," *Administrative Science Quarterly* 46, no. 2 (2001): 229–273; and Roxana Barbulescu and Matthew Bidwell, "Do Women Choose Different Jobs from Men? Mechanisms of Application Segregation in the Market for Managerial Workers," *Organization Science* 24, no. 3 (2013): 737–756.

(21) Laura Arrillaga-Andreessen, "Five Visionary Tech Entrepreneurs Who Are Changing the World," *New York Times*, October 12, 2015, http://www.nytimes.com/interactive/2015/10/12/t-magazine/elizabeth-holmes-tech-visionaries-brian-chesky.html?_r=0.

(22) *Inc.*, October 2015, https://www.inc.com/magazine/oct-2015.

(23) Matthew Herper, "From $4.5 Billion to Nothing: Forbes Revises Estimated Net Worth of Theranos Founder Elizabeth Holmes," *Forbes*, June 1, 2016, https://www.forbes.com/sites/matthewherper/2016/06/01/from-4-5-billion-to-nothing-forbes-revises-estimated-net-worth-of-theranos-founder-elizabeth-holmes/#689b50603633.

(24) Henry Kissinger, "Elizabeth Holmes," *Time*, April 15, 2015, http://time.com/3822734/elizabeth-holmes-2015-time-100.

(25) Arrillaga-Andreessen, "Five Visionary Tech Entrepreneurs."

(26) 非営利報道組織プロパブリカのポッドキャストにおけるチャールズ・オーンスタイン

によるジョン・カレイロウへのインタビュー。"How a Reporter Pierced the Hype Behind Theranos," Pro-Publica, February 16, 2016, https://www.propublica.org/podcast/item/how-a-reporter-pierced-the-hype-behind-theranos.

(27) John Carreyrou, "Hot Startup Theranos Has Struggled with Its Blood-Test Technology," *Wall Street Journal*, October 15, 2015, https://www.wsj.com/articles/theranos-has-struggled-with-blood-tests-1444881901.

(28) Kia Kokalitcheva, "Walgreens Sues Theranos for $140 Million for Breach of Contract," *Fortune*, November 8, 2016, http://fortune.com/2016/11/08/walgreens-theranos-lawsuit.『フィナンシャル・タイムズ』紙は2017年8月、セラノスとウォルグリーンズが訴訟を解決するために秘密保持契約を結んだと報じた。ウォルグリーンズは、「この問題は双方が受け入れ可能な条件で解決された」と述べている。(Jessica Dye and David Crow, "Theranos Settles with Walgreens over Soured Partnership," *Financial Times*, August 1, 2017, https://www.ft.com/content/0d32febf-10f6-39cd-b520-c420c3d5391f).

(29) Maya Kosoff, "More Fresh Hell for Theranos," *Vanity Fair*, November 29, 2016, http://www.vanityfair.com/news/2016/11/theranos-lawsuit-investors-fraud-allegations.

(30) Jef Feeley and Caroline Chen, "Theranos Faces Growing Number of Lawsuits Over Blood Tests," *Bloomberg*, October 14, 2016, https://www.bloomberg.com/news/articles/2016-10-14/theranos-faces-growing-number-of-lawsuits-over-blood-tests.

(31) "The World's 19 Most Disappointing Leaders," *Fortune*, March 30, 2016, http://fortune.com/2016/03/30/most-disappoint ing-leaders.

(32) Herper, "From $4.5 Billion to Nothing."

(33) Kevin Loria, "Scientists Are Skeptical About the Secret Blood Test That Has Made Elizabeth Holmes a Billionaire," *Business Insider*, April 25, 2015, http://www.businessinsider.com/science-of-elizabeth-holmes-the ranos-2015-4.

(34) Nick Bilton, "Exclusive: How Elizabeth Holmes's House of Cards Came Tumbling Down," *Vanity Fair*, October 2016, http://www.vanityfair.com/news/2016/09/elizabeth-holmes-theranos-exclusive.

(35) Ken Auletta, "Blood, Simpler," *New Yorker*, December 15, 2014, http://www.newyorker.com/magazine/2014/12/15/blood-simpler.

(36) John Carreyrou, "At Theranos, Many Strategies and Snags," *Wall Street Journal*, December 27, 2015, http://www.wsj.com/articles/at-theranos-many-strategies-and-snags-1451259629.

(37) Jillian D'Onfro, "Bill Maris: Here's Why Google Ventures Didn't Invest in Theranos," *Business Insider*, October 20, 2015, http://www.businessinsider.com/bill-maris-

explains-why-gv-didnt-invest-in-theranos-2015-10.

(38) Jennifer Reingold, "Theranos' Board: Plenty of Political Connections, Little Relevant Expertise," *Fortune*, October 15, 2015, http://fortune.com/2015/10/15/theranos-board-leadership; and Roger Parloff, "A Singular Board at Theranos," *Fortune*, June 12, 2014, http://fortune.com/2014/06/12/theranos-board-directors.

(39) Reingold, "Theranos' Board."

(40) Juan Almandoz and András Tilcsik, "When Experts Become Liabilities: Domain Experts on Boards and Organizational Failure," *Academy of Management Journal* 59, no. 4 (2016): 1124–1149.

(41) 2016年12月3日に実施したジョン・アルマンドスへのインタビュー。専門家のコントロールにまつわるその他のリスクについては以下を参照のこと。Kim Pernell, Jiwook Jung, and Frank Dobbin, "The Hazards of Expert Control: Chief Risk Officers and Risky Derivatives," *American Sociological Review* 82, no. 3 (2017): 511–541.

(42) Almandoz and Tilcsik, "When Experts Become Liabilities," 1127.

(43) Ibid., 1128.

(44) "Everybody respects each other's ego": Ibid.

(45) 2016年12月3日に実施したジョン・アルマンドスへのインタビュー。

第9章　リスクを引き下げる「悪魔の代弁者」

(1) このセクションは以下を参照した。Detective Paul Lebsock, "Statement of Investigating Officer, Report Number: 15-173057," Spokane County, July 1, 2015; Senate Law and Justice Committee, "Majority Report: Investigation of Department of Corrections Early-Release Scandal," Washington State Senate, May 24, 2016, and witness statements; Carl Blackstone and Robert Westinghouse, "Investigative Report, Re: Department of Corrections, Early Release of Offenders," Yarmuth Wilsdon PLLC (firm), February 19, 2016; Joseph O'Sullivan and Lewis Kamb, "Fix to Stop Early Prison Releases Was Delayed 16 Times," *Seattle Times*, December 29, 2015, http://www.seattletimes.com/seattle-news/crime/fix-to-stop-early-prison-releases-delayed-16-times; Joseph O'Sullivan, "In 2012, AG's Office Said Fixing Early-Prisoner Release 'Not So Urgent,'" *Seattle Times*, December 20, 2015, http://www.seattletimes.com/seattle-news/politics/in-2012-ags-office-called-early-prisoner-release-not-so-urgent; Kip Hill, "Teen Killed When Men Broke into Tattoo Shop, Witness Tells Police," *Spokesman-Review*, May 28, 2015, http://www.spokesman.com/stories/2015/may/28/teen-killed-when-men-broke-into-tattoo-shop; Kip Hill, "Mother of Slain Spokane Teenager Files $5 Million Claim Against State," *Spokesman-Review*, February 26, 2016, http://www.spokesman.com/stories/2016/feb/26/mother-of-slain-spokane-teenager-files-5-million-c;

Nina Culver, "Second Suspect Arrested in Burglary, Murder of 17-Year-Old," *Spokesman-Review*, July 23, 2015, http://www.spokesman.com/stories/2015/jul/23/second-suspect-arrested-burgglary-murder-17-year-o; Mark Berman, "What Happened After Washington State Accidentally Let Thousands of Inmates Out Early," *Washington Post*, February 9, 2016, https://www.washingtonpost.com/news/post-nation/wp/2016/02/09/heres-what-happened-after-the-state-of-washington-accidentally-let-thousands-of-inmates-out-early/; and Bert Useem, Dan Pacholke, and Sandy Felkey Mullins, "Case Study—The Making of an Institutional Crisis: The Mass Release of Inmates by a Correctional Agency," *Journal of Contingencies and Crisis Management* (in press). マイク・パッデン上院議員（2016年7月21日に実施したパッデン上院議員とのインタビュー）とエリック・スミスに、貴重な意見と時間をいただいたことに感謝する。またこの危機の直接の当事者として、事件の幅広い政策的背景を説明してくれたダン・パチョルキとサンディ・マリンズに感謝する。

(2) 事実確認のメールへの返信（2017年6月30日付）にて、ある上院スタッフはこれはバグではなく、矯正局が2002年の判決を誤解したことによる人為的ミスだと主張した。スタッフによれば、矯正局はその結果、みずからの誤解を反映するようなかたちでシステムを導入するよう、ソフトウェア開発者に指示したという。開発者はその通り仕事を遂行し、ハードウェアとソフトウェアは設計通り動作した。とはいえ、何かをバグと称しても、その影響を小さくしたり、原因を限定したり、それが些細なミスだと示唆することはできない。

(3) 以下の証人陳述書に記載された2016年2月21日付上院調査官によるジェイ・アーン博士へのインタビュー。"Majority Report: Investigation of Department of Corrections Early-Release Scandal."

(4) 以下の証人陳述書に記載された2016年2月19日付上院調査官によるアイラ・フュアーへのインタビュー。"Majority Report: Investigation of Department of Corrections Early-Release Scandal."

(5) 2016年7月21日に実施したマイク・パッデン州上院議員へのインタビュー。

(6) この損害賠償はメディナの母親とシーザー・メディナの遺産の代理人によって請求された。訴訟は2017年に325万ドルで和解した。2017年8月23日に実施したデイビス・ロー・グループPSのクリス・デイビスへのインタビュー。

(7) ジンメルの生涯、思想、影響についてくわしくは以下を参照のこと。Lewis A. Coser, "Georg Simmel's Style of Work: A Contribution to the Sociology of the Sociologist," *American Journal of Sociology* 63, no. 6 (1958): 635–641; Lewis A. Coser, *Masters of Sociological Thought* (New York: Harcourt Brace Jovanovich, 1971); Donald N. Levine, Ellwood B. Carter, and Eleanor Miller Gorman, "Simmel's Influence on American Sociology," *American Journal of Sociology* 81, no. 4 (1976): 813–845; and

Rosabeth Moss Kanter and Rakesh Khurana, "Types and Positions: The Significance of Georg Simmel's Structural Theories for Organizational Behavior," in Paul S. Adler, ed., *The Oxford Handbook of Sociology and Organization Studies: Classical Foundations* (New York: Oxford University Press, 2009), 291–306.

(8) Coser, *Masters of Sociological Thought*, 195.

(9) ディートリッヒ・シェーファーの書いたこの手紙の英訳版は、以下に記載されている。Coser, "Georg Simmel's Style of Work," 640–641.

(10) Georg Simmel, "The Stranger," in D. Levine, ed., *On Individuality and Social Forms* (Chicago: University of Chicago Press, 1971), 143–149.

(11) Ibid., 145–146.

(12) Ibid., 145.

(13) リアンドロ・アルベルティについては以下に引用されている。Lester K. Born, "What Is the Podestà?" *American Political Science Review* 21, no. 4 (1927): 863–871.

(14) Dennis A. Gioia, "Pinto Fires and Personal Ethics: A Script Analysis of Missed Opportunities," *Journal of Business Ethics* 11, no. 5 (1992): 379–389. ジェリー・ユーシムのすぐれた記事も参照のこと。"What Was Volkswagen Thinking?" *Atlantic*, January/February 2016, https://www.theatlantic.com/magazine/archive/2016/01/what-was-volkswagen-thinking/419127.

(15) Gioia, "Pinto Fires and Personal Ethics," 382.

(16) Ibid., 388. デニー・ジョイアとピントについてくわしくは、マルコム・グラッドウェルの論説を参照のこと。Malcolm Gladwell, "The Engineer's Lament," *New Yorker*, May 4, 2015, http://www.newyorker.com/magazine/2015/05/04/the-engineers-lament.

(17) このセクションについては、以下を参照した。Sonari Glinton, "How a Little Lab in West Virginia Caught Volkswagen's Big Cheat," National Public Radio, September 24, 2015, http://www.npr.org/2015/09/24/4430 53672/how-a-little-lab-in-west-virginia-caught-volkswagens-big-cheat; またジェイソン・バインによるボブ・ラッツのインタビューも参照した。*The Frank Beckmann Show*, WJR-AM, Detroit, Michigan, February 16, 2016.

(18) ジェイソン・バインによるボブ・ラッツのインタビュー。*The Frank Beckmann Show*.

(19) 以下に引用されたボブ・ラッツの発言。Alisa Priddle, "VW Scandal Puts Diesel Engines on Trial," *Detroit Free Press*, September 26, 2015, http://www.freep.com/story/money/cars/2015/09/26/vw-cheat-emissions-diesel-engine-fallout/72612616. 強調の傍点は著者による。

(20) Jason Vines's interview with Bob Lutz, *The Frank Beckmann Show*.

(21) Ibid.

(22) このセクションは、2016年11月9日に実施したダン・カーダーへのインタビューと、国際クリーン交通委員会（ICCT）のために作成されたウエストバージニア大学代替燃料エンジン排出研究センター（CAFEE）の報告書を参照した。Gregory J. Thompson et al., "In-Use Emissions Testing of Light-Duty Diesel Vehicles in the United States" (2014), prepared for the International Council on Clean Transportation (ICCT). 研究者らは、本文でのちに登場するカリフォルニア州大気資源局（CARB）と共同で試験場試験を行った。

(23) 2016年11月9日に実施したダン・カーダーへのインタビュー。

(24) Thompson et al., "In-Use Emissions Testing of Light-Duty Diesel Vehicles in the United States," 106.

(25) 2016年11月9日に実施したダン・カーダーへのインタビュー。

(26) Thompson et al., "In-Use Emissions Testing of Light- Duty Diesel Vehicles in the United States."

(27) 2017年3月2日に実施したアルバート・アヤラへのインタビュー。事実確認のメールへの返答（2017年5月17日付）で、CARBの広報官は次のように書いている。

「CARBは実際にウエストバージニア大学（WVU）とともにこの排気調査（もう半分の方）に関わっていました。ICCTはプロジェクト開始時から、私たちCARBのエンジニアや施設を、研究の目玉にしたがっていたのです。アルバート〔アヤラ〕はICCTが関与する少し前から、EUのVW車の排出量が異常に多いという話をヨーロッパの規制当局から聞いていて、その議論には最初からずっと関わっていました。つまりCARBはたんに研究の結果をICCTから手渡されたわけではなく、その結果を得るために積極的に関与していたということです。私たちが室内検査を実施し、WVUは可搬型ガス分析計（PEM）検査を行い、そのデータを私たちのエルモンテの施設で分析したと記憶しています。

ここで強調したいのは、この件に関してCARBが受動的な立場にあったわけでは決してなく、最初から最後（この件に終わりというものがあるのならば）まで直接関与していたという点です。私たちがこれまでこの件の大部分について何も発言できなかったのは、規制捜査と訴訟を行う当事者だったからです」。

また明確化を求める要請への返答（2017年5月22日付）に、彼はこう書いている。「私たちはすでにその調査を行っていました。その調査がCARBにとって興味深く、実行すべきものであるという決定をすでに下しており、調査を完了する必要があったため、このとき私たちが決定すべきこと（分岐点）は、作業を単独で行うか、どこかと共同で行うかということでした。私たちは多くの大学と共同しており、この場合の相手はWVUだったということです」。

(28) 2017年3月2日に実施したアルバート・アヤラへのインタビュー。

(29) Staff Report, "Bosch Warned VW About Illegal Software Use in Diesel Cars,

Report Says," *Automotive News*, September 27, 2015, http://www.autonews.com/article/20150927/COPY01/309279989/bosch-warned-vw-about-illegal-software-use-in-diesel-cars-report-says.

(30) Diana T. Kurylko and James R. Crate, "The Lopez Affair," *Automotive News Europe*, February 20, 2006, http://europe.autonews.com/article/20060220/ANE/60310010/the-lopez-affair.

(31) Kate Connolly, "Bribery, Brothels, Free Viagra: VW Trial Scandalises Germany," *Guardian*, January 13, 2008, https://www.theguardian.com/world/2008/jan/13/germany.automotive.

(32) "Labor Leader Receives First Jail Sentence in VW Corruption Trial," *Deutsche Welle*, February 22, 2008, http://www.dw.com/en/labor-leader-receives-first-jail-sentence-in-vw-corruption-trial/a-3143471.

(33) VWの企業文化については、2017年3月2日に実施したリチャード・ミルンとのインタビューのほか、以下を参照した。Bob Lutz, "One Man Established the Culture That Led to VW's Emissions Scandal," *Road & Track*, November 4, 2015, http://www.roadandtrack.com/car-culture/a27197/bob-lutz-vw-diesel-fiasco.

(34) Lutz, "One Man Established the Culture That Led to VW's Emissions Scandal."

(35) Lucy P. Marcus, "Volkswagen's Lost Opportunity Will Change the Car Industry," *Guardian*, October 25, 2015, https://www.theguardian.com/business/2015/oct/18/volkswagen-scandal-lost-opportunity-car-industry.

(36) Richard Milne, "Volkswagen: System Failure," *Financial Times*, November 4, 2015, https://www.ft.com/content/47f233f0-816b-11e5-a01c-8650859a4767.

(37) 2017年3月2日に実施したリチャード・ミルンへのインタビュー。

(38) Jack Ewing, "Researchers Who Exposed VW Gain Little Reward from Success," *New York Times*, July 24, 2016, https://www.nytimes.com/2016/07/25/business/vw-wvu-diesel-volkswagen-west-virginia.html.

(39) Perrow, "Organizing to Reduce the Vulnerabilities of Complexity," 155.

(40) このセクションでは以下を参照した。Presidential Commission on Space Shuttle *Challenger* Accident, *Report to the President by the Presidential Commission on the Space Shuttle Challenger Accident* (Washington, DC: Government Printing Office, 1986); またダイアン・ボーンの優れた著書も参照のこと。Diane Vaughan, *The Challenger Launch Decision: Risky Technology, Culture, and Deviance at NASA*, enl. ed. (Chicago, IL: University of Chicago Press, 2016). このセクションの原稿を批評していただいたボーン教授にも感謝する。いうまでもなく、残された誤りはすべて私たち著者の責任である。チャレンジャー事故に関する洞察力あふれる論説（ボーンの研究とチャールズ・ペローの考えについての議論を含む）は以下を参照のこと。Malcolm Gladwell,

"Blowup," *New Yorker*, January 22, 1996, http://www.newyorker.com/magazine/1996/01/22/blowup-2.

(41) Vaughan, *The Challenger Launch Decision*, 62–64.

(42) Ibid., 120.

(43) Ibid., 62.

(44) Roger Boisjoly, "SRM O-Ring Erosion/Potential Failure Criticality," Morton Thiokol interoffice memo, July 31, 1985, included in the report of the Presidential Commission on the *Challenger* Accident, vol. 1, 249.

(45) Richard Cook, "Memorandum: Problem with SRB Seals," NASA, July 23, 1985. Included in the report of the Presidential Commission on the *Challenger* Accident, vol. 4, 1–2.

(46) Georg Simmel, "The Stranger," in *The Sociology of Georg Simmel*, translated and edited by Kurt H. Wolff (New York: The Free Press, 1950), 404.

(47) コロンビア号事故とその影響についてくわしくは以下を参照のこと。William Starbuck and Moshe Farjoun, eds., *Organization at the Limit: Lessons from the Columbia Disaster* (Malden, MA: Blackwell, 2005); Julianne G. Mahler, *Organizational Learning at NASA: The Challenger and Columbia Accidents* (Washington, DC: Georgetown University Press, 2009); Diane Vaughan, "NASA Revisited: Theory, Analogy, and Public Sociology," *American Journal of Sociology* 112, no. 2 (2006): 353–393; Roberto, Bohmer, and Edmondson, "Facing Ambiguous Threats"; and "Strategies for Learning from Failure."

(48) Vaughan, *The Challenger Launch Decision*, xiv–xv.

(49) Admiral Harold Gehman, "*Columbia* Accident Investigation Board Press Briefing," August 26, 2003, https://govinfo.library.unt.edu/caib/events/press_briefings/20030826/transcript.html.

(50) ジェット推進研究所（JPL）のみなさんに感謝する。とくに合同工学委員会のみなさん、なかでもブライアン・ミュアヘッド、バラト・チュダサマ、クリス・ジョーンズ、ハワード・アイゼンに感謝する。このセクションは、2016年9月13日にJPLキャンパスで行った、徹底した議論をもとに執筆した。

(51) Arthur G. Stephenson et al., "Mars Climate Orbiter Mishap Investigation Board Phase I Report," November 10, 1999, ftp://ftp.hq.nasa.gov/pub/pao/reports/1999/MCO_report.pdf; and Arden Albee et al., "Report on the Loss of the Mars Polar Lander and Deep Space 2 Missions," March 22, 2000, https://spaceflight.nasa.gov/spacenews/releases/2000/mpl/mpl_report_1.pdf.

(52) Theodore T. Herbert and Ralph W. Estes, "Improving Executive Decisions by Formalizing Dissent: The Corporate Devil's Advocate," *Academy of Management*

Review 2, no. 4 (1977): 662–667; and Michael A. Roberto, *Why Great Leaders Don't Take Yes for an Answer: Managing for Conflict and Consensus* (Upper Saddle River, NJ: FT Press, 2013)［マイケル・A・ロベルト『決断の本質―プロセス志向の意思決定マネジメント』スカイライト コンサルティング株式会社訳、英治出版、2006年］.

(53) Yosef Kuperwasser, "Lessons from Israel's Intelligence Reforms," The Saban Center for Middle East Policy at the Brookings Institution, Analysis Paper no. 14 (2007): 4.

(54) Bill Simmons, "Welcome Back, Mailbag," May 19, 2016, http://www.espn.com/espn/print?id=2450419 ; 以下も参照のこと。Bill Simmons, "The VP of Common Sense Offers His Draft Advice," June 20, 2007, http://www.espn.com/espn/print?id=2910007.

(55) ペンシルベニア大学ウォートン校教授のアダム・グラントが著書『ORIGINALS　誰もが「人と違うこと」ができる時代（原題：*Originals*)』（楠木建監訳、三笠書房、2016年）のなかで説明するように、仕事で義務的に声を上げる場合は、本心から懸念を表明する場合と比べて、それほど真剣に受け止めてもらえない傾向にある（もとの研究は以下を参照のこと）。Charlan Nemeth, Keith Brown, and John Rogers, "Devil's Advocate Versus Authentic Dissent: Stimulating Quantity and Quality," *European Journal of Social Psychology* 31, no. 6 (2001): 707–720; and Charlan Nemeth, Joanie B. Connell, John D. Rogers, and Keith S. Brown, "Improving Decision Making by Means of Dissent," *Journal of Applied Social Psychology* 31, no. 1 (2001): 48–58. これは重要な指摘である。はっきりさせておくと、私たちはランダムに選ばれたチームメンバーによる人為的なロールプレイングを勧めているのではない。私たちが提唱するのは、外部者（最初から意思決定プロセスに関わっていない人）が、問題に関してより客観的な視点を提供し、内部者が見逃した問題を指摘できるということである。思慮深い文書での批評というかたちで提供された外部者の批判的意見を、熟考の前にチーム全員で検討することが、意思決定に大いに役立つことが、研究により示されている（たとえば以下を参照のこと。Charles R. Schwenk, "Effects of Devil's Advocacy and Dialectical Inquiry on Decision Making: A Meta-Analysis," *Organizational Behavior and Human Decision Processes* 47, no. 1 [1990]: 161–176)。もちろん、グラントが指摘するように、それでも本物の少数意見の方が人為的な少数意見よりも効果が高い。その点については私たちも同意する。本物の少数派が声を上げられるように手助けすることは、デンジャーゾーンに不可欠なタスクなのだ（第7章参照のこと）。

(56) 2017年6月5日に実施した「サーシャ・ロブソン」（仮名）へのインタビュー。

第10章　サプライズも仕事の一環

(1) 私たちが初めてこの物語を知ったのは、バリー・シフのすばらしい記事のおかげであ

る。"Saving Jobs," *AOPA Pilot*, April 5, 2016, https://www.aopa.org/news-and-media/all-news/2016/april/pilot/proficient. バリーに連絡を取ると、彼は親切にも息子のブライアン・シフ機長に紹介してくれ、ブライアン・シフ機長が詳細を教えてくれた(2016年11月2日に実施したインタビュー)。ブライアン・シフ機長の発言は、このインタビューからとったものである。話をわかりやすくするために、このフライトを「チャーター便」と呼んでいるが、飛行機はマークラの会社が所有し、連邦航空局(FAA)航空規則パート91(自家用航空規則)に沿って運航されていたため、厳密には「チャーター」便ではない。

(2) Dismukes, Berman, and Loukopoulos, *The Limits of Expertise*.

(3) 2017年4月6日に実施した「ダニエル・トランブレー」(仮名)へのインタビュー。

(4) Tinsley, Dillon, and Madsen, "How to Avoid Catastrophe," 97. この物語は、もとは以下に掲載されたものである。Martin Landau and Donald Chisholm, "The Arrogance of Optimism: Notes on Failure-Avoidance Management," *Journal of Contingencies and Crisis Management* 3, no. 2 (1995): 67–80.

(5) この物語と、更新および軌道管理について説明してくれたマーリス・クリスチャンソンに感謝する(2017年1月16日付のインタビュー)。これらの考えの背後にある研究については以下を参照のこと。Marlys Christianson, "More and Less Effective Updating: The Role of Trajectory Management in Making Sense Again," *Administrative Science Quarterly* (forthcoming).

(6) バランスに関する同様の教訓は、複雑な危機に対処するリーダーにもあてはまる。リーダーは行動を指示することと、内省とイノベーション、少数意見を促すことのバランスを図らなくてはならない。以下を参照のこと。Faaiza Rashid, Amy C. Edmondson, and Herman B. Leonard, "Leadership Lessons from the Chilean Mine Rescue," *Harvard Business Review* 91, no. 7–8 (2012): 113–119.

(7) Castaldo, "The Last Days of Target."

(8) 2017年2月24日に実施したクリス・マーキスへのインタビュー。

(9) Christopher Marquis and Zoe Yang, "Learning the Hard Way: Why Foreign Companies That Fail in China Haven't Really Failed," *China Policy Review* 9, no. 10 (2014): 80–81.

(10) Helen H. Wang, "Can Mattel Make a Comeback in China?" *Forbes*, November 17, 2013, https://www.forbes.com/sites/helenwang/2013/11/17/can-mattel-make-a-comeback-in-china/#434cc2961527.

(11) David Starr and Eleanor Starr, "Agile Practices for Families: Iterating with Children and Parents," AGILE Conference, Chicago, Illinois (2009), http://doi.ieeecomputersociety.org/10.1109/AGILE.2009.53.

(12) Bruce Feiler, "Agile Programming—For Your Family," TED Talk, February

2013, https://www.ted.com/talks/bruce_feiler_agile_programming_for_your_family?language=en.

(13) 想定外のできごとに対処する方法に関するくわしい解説として、以下の優れた著書を参照のこと。Karl Weick and Kathleen Sutcliffe', *Managing the Unexpected: Resilient Performance in an Age of Uncertainty*, 2nd ed. (San Francisco, CA: Jossey-Bass, 2007) [カール・E・ワイク、キャスリーン・M・サトクリフ『想定外のマネジメント(第3版) ―高信頼性組織とは何か―』杉原大輔ほか、高信頼性組織研究会訳、文眞堂、2017年]. 一国をゆるがした予想外の大規模な災害からの立ち直りに関する詳細なケーススタディに以下がある。Michael Useem, Howard Kunreuther, and Erwann Michel-Kerjan, *Leadership Dispatches: Chile's Extraordinary Comeback from Disaster* (Palo Alto, CA: Stanford University Press, 2015).

(14) SWATチームと映画スタッフのサプライズへの対応は以下を参照した。Beth A. Bechky and Gerardo A. Okhuysen, "Expecting the Unexpected? How SWAT Officers and Film Crews Handle Surprises," *Academy of Management Journal* 54, no. 2 (2011): 239–261.

(15) Ibid., 246.

(16) Ibid., 247.

(17) Ibid., 246.

(18) Ibid., 253.

(19) Ibid., 255.

(20) Morten T. Hansen, "IDEO CEO Tim Brown: T-Shaped Stars: The Backbone of IDEO's Collaborative Culture," January 21, 2010, http://chiefexecutive.net/ideo-ceo-tim-brown-t-shaped-stars-the-backbone-of-ideoaes-collaborative-culture__trashed.

(21) この件に関してはフェイスブックIPOの失敗に関するSEC報告書を参照した。"In the Matter of the NASDAQ Stock Market, LLC and NASDAQ Execution Services, LLC," Administrative Proceeding File No. 3-15339, May 29, 2013. ここで注意したいのは、事故原因の究明を目的とする国家運輸安全委員会(NTSB)とは異なり、SECの報告書はナスダックに対する強制措置の根拠を説明するためのものだということだ。そのほか、電話会議に参加していたナスダックの上級役員と、IPOの直前にナスダックをやめた上級テクノロジストから得た情報も参照した。

(22) U.S. Securities and Exchange Commission, "NASDAQ Stock Market, LLC and NASDAQ Execution Services, LLC," Administrative Proceeding File No. 3-15339, May 29, 2013, https://www.sec.gov/litigation/admin/2013/34-69655.pdf, 6. 強調は著者による。

エピローグ　メルトダウンの黄金時代

(1) Jim Haughey, *The First World War in Irish Poetry* (Lewisburg, PA: Bucknell University Press, 2002), 182.

(2) Ed Ballard, "Terror, Brexit and U.S. Election Have Made 2016 the Year of Yeats," *Wall Street Journal,* August 23, 2016, https://www.wsj.com/articles/terror-brexit-and-u-s-election-have-made-2016-the-year-of-yeats- 1471970174.

(3) Steven Pinker and Andrew Mack, "The World Is Not Falling Apart," *Slate,* December 22, 2014, http://www.slate.com/articles/news_and_politics/foreigners/2014/12/the_world_is_not_falling_apart_the_trend_lines_reveal_an_increasingly_peaceful.html. この魅惑的なテーマについてくわしくは以下を参照のこと。Steven Pinker, *The Better Angels of Our Nature: Why Violence Has Declined* (New York: Viking, 2011) [スティーブン・ピンカー『暴力の人類史 上・下』幾島幸子、塩原通緒訳、青土社、2015年].

(4) Jared Diamond, *Collapse: How Societies Choose to Fail or Succeed* (New York: Viking, 2005) [ジャレド・ダイアモンド『文明崩壊―滅亡と存続の命運を分けるもの 上・下』楡井浩一訳、草思社]; Al Gore, *The Future: Six Drivers of Global Change* (New York: Random House, 2013); and Jeffrey D. Sachs, *Common Wealth: Economics for a Crowded Planet* (New York: Penguin Press, 2008) [ジェフリー・サックス『地球全体を幸福にする経済学―過密化する世界とグローバル・ゴール』野中邦子訳、早川書房、2009年].

(5) Mohamed El-Erian, *The Only Game in Town: Central Banks, Instability, and Avoiding the Next Collapse* (New York: Random House, 2016) [モハメド・エラリアン『世界経済 危険な明日』久保恵美子訳、日本経済新聞出版社、2016年].

(6) Max H. Bazerman and Michael Watkins, *Predictable Surprises: The Disasters You Should Have Seen Coming, and How to Prevent Them* (Boston, MA: Harvard Business School Press, 2004)[マックス・H・ベイザーマン、マイケル・D・ワトキンス『予測できた危機をなぜ防げなかったのか？―組織・リーダーが克服すべき3つの障壁』奥村哲史訳、東洋経済新報社、2011年]; and Michele Wucker, *The Gray Rhino: How to Recognize and Act on the Obvious Dangers We Ignore* (New York: St. Martin's Press, 2016).

(7) たとえば以下を参照のこと。Alliance for Board Diversity, "Missing Pieces Report: The 2016 Board Diversity Census of Women and Minorities on Fortune 500 Boards," http://www2.deloitte.com/us/en/pages/center-for-board-effectiveness/articles/board-diversity-census-missing-pieces.html; C. Todd Lopez, "Army Reviews Diversity in Combat Arms Leadership," July 19, 2016, https://www.army.mil/article/171727/army_reviews_diversity_in_combat_arms _leadership; and Gregory Krieg and

Eugene Scott, "White Males Dominate Trump's Top Cabinet Posts," CNN, January 19, 2017, http://www.cnn.com/2016/12/13/politics/donald-trump-cabinet-diversity/index.html.

(8) たとえば以下を参照のこと。Aleda V. Roth, Andy A. Tsay, Madeleine E. Pullman, and John V. Gray, "Unraveling the Food Supply Chain: Strategic Insights from China and the 2007 Recalls," *Journal of Supply Chain Management* 44, no. 1 (2008): 22–39; Zoe Wood and Felicity Lawrence, "Horsemeat Scandal: Food Safety Expert Warns Issues Have Not Been Addressed," *Guardian*, September 4, 2014, https://www.theguardian.com/uk-news/2014/sep/04/horsemeat-food-safety-expert-chris-elliott; and "Horsemeat Scandal: Food Supply Chain 'Too Complex'—Morrisons," BBC News, February 9, 2013, http://www.bbc.com/news/av/uk-21394451/horsemeat-scandal-food-supply-chain-too-complex-morrisons.

(9) Eric Schlosser, *Command and Control: Nuclear Weapons, the Damascus Accident, and the Illusion of Safety* (New York: Penguin Press, 2013).

(10) たとえば以下を参照のこと。Dan Lovallo and Olivier Sibony, "The Case for Behavioral Strategy," *McKinsey Quarterly*, March 2010, http://www.mckinsey.com/business-functions/strategy-and-corporate-finance/our-insights/the-case-for-behavioral-strategy; Günter K. Stahl, Martha L. Maznevski, Andreas Voigt, and Karsten Jonsen, "Unraveling the Effects of Cultural Diversity in Teams: A Meta-Analysis of Research on Multicultural Work Groups," *Journal of International Business Studies* 41, no. 4 (2010): 690–709; and Edmondson, "Psychological Safety and Learning Behavior in Work Teams."

(11) Ole J. Benedictow, "The Black Death: The Greatest Catastrophe Ever," *History Today* 55, no. 3 (2005): 42; and Barbara Tuchman, *A Distant Mirror: The Calamitous 14th Century* (New York: Alfred A. Knopf, 1978) [バーバラ・W・タックマン『遠い鏡―災厄の14世紀ヨーロッパ』徳永守儀訳、朝日出版社、2013年].

(12) Mark Wheelis, "Biological Warfare at the 1346 Siege of Caffa," *Emerging Infectious Diseases* 8, no. 9 (2002): 971.

(13) これらの問題に関する相反する説についてご教示いただいた、グラスゴー大学のサミュエル・K・コーン教授(2017年5月2日に実施したインタビュー)および彼の論文に感謝する。"Book Review: The Black Death 1346–1353: The Complete History," *New England Journal of Medicine* 352 (2005): 1054–1055.

(14) Benedictow, "The Black Death."